Green Chemistry
绿色化学

◎ 李清寒　赵志刚　主编

化学工业出版社

·北京·

绿色化学是 21 世纪化学学科发展的重要方向之一，是当今国际化学科学研究的前沿。绿色化学是利用化学的技术和方法去设计合成对人类健康、社会安全、生态环境无害的化学品及其工艺。它是从源头上消除污染的化学，从根本上确保化工清洁生产，从而使对环境的治理从治标转向治本，对环境、经济和社会的和谐发展具有重要的意义。本书以绿色化学基本原理、原料的绿色化、过程的绿色化、产品的绿色化及能源的绿色化为主线，分别介绍了绿色化学的产生和发展，绿色化学的概念、原理、方法、应用及主要研究动向等内容，并结合实际，重点介绍了绿色化学品实例。全书分七章，主要包括绪论、绿色化学基本原理、绿色化学研究内容和任务、绿色化学品的设计原理及应用、绿色有机合成方法和技术、绿色化工生产技术、绿色能源。本书内容丰富，选材新颖，注意理论联系实际，注重知识创新，论述前后呼应，有较强的科学性、系统性和知识性。本书在附录中列出了"美国总统绿色化学挑战奖"获奖项目及内容，可使读者更深入地了解绿色化学的实用性。

本书可作为化学、化工、环境及制药等领域的研究生、本科高年级学生教学用书，亦可供相关科研、管理、生产人员和爱好者阅读参考。

图书在版编目（CIP）数据

绿色化学/李清寒，赵志刚主编. —北京：化学工业出版社，2016.10（2022.11重印）
ISBN 978-7-122-28121-0

Ⅰ.①绿… Ⅱ.①李…②赵… Ⅲ.①化学工业-无污染技术 Ⅳ.①X78

中国版本图书馆 CIP 数据核字（2016）第 223101 号

责任编辑：姚晓敏　金　杰　　　　　　　　文字编辑：汲永臻
责任校对：边　涛　　　　　　　　　　　　装帧设计：韩　飞

出版发行：化学工业出版社（北京市东城区青年湖南街 13 号　邮政编码 100011）
印　　装：三河市延风印装有限公司
787mm×1092mm　1/16　印张 13½　字数 325 千字　2022 年 11 月北京第 1 版第 6 次印刷

购书咨询：010-64518888　　　　　　　　售后服务：010-64518899
网　　址：http://www.cip.com.cn
凡购买本书，如有缺损质量问题，本社销售中心负责调换。

定　　价：49.00 元　　　　　　　　　　　　　　　版权所有　违者必究

《绿色化学》 编写人员名单

主　　编　　李清寒　赵志刚

编写人员　　（按姓名汉语拼音排序）

陈　峰　何　帅　李清寒

李新莹　刘兴利　易文婧

赵志刚　钟　莹

绿色化学
Green Chemistry

前言

　　化学品极大地丰富了人类的物质生活，提高了生活质量，并在控制疾病、延长寿命，增加农作物品种和产量，食物的储存和防腐等方面起到了重要作用。但在生产、使用这些化学产品的过程中也产生了大量的废物，污染了环境，目前全世界每年产生的 3 亿~4 亿吨危险废物(我国化学工业排放的废水、废气和固体废物分别占全国工业排放总量的 22.5％、7.82％、5.93％)，给人类带来了灾难，所以，在当今社会只要一提起"化学"，很多人都会紧皱双眉。然而只要留心观察和仔细思考一下，化工科技的进步实则为人类带来了巨大益处，如医药工业的发展有助治愈不少疾病，延长人类的寿命；聚合物材料的进步创造新的制衣材料和建筑材料；农药化肥的发展，控制了虫害，提高了粮食的产量。由此可见，我们的衣食住行和社会经济的发展样样都离不开化学的帮助，可以毫不夸张地说，人类的生活离不开化学的发展。但是，传统化学工业给人类环境带来了十分严重的污染，引起了社会各界的关注。解决这一矛盾已成为 21 世纪人类环境问题的科学挑战。今天，研究人员正努力探讨各种物质对环境造成的影响及研究怎样清除污染，应付各种环境问题。为此，化学家已提出绿色化学概念，提倡绿色化学和绿色生产，通过防止污染、治理污染的方法来消除环境污染，使化学成为环境的朋友。绿色化学与技术已经成为世界各国政府关注的最重要的问题与任务之一。

　　本书以绿色化学基本原理、原料的绿色化、过程的绿色化、产品的绿色化及能源的绿色化为主线，分别介绍了绿色化学的产生和发展，绿色化学的概念、原理、方法、应用及主要研究动向等内容，并结合实际，重点介绍了绿色化学品实例。本书第一章由刘兴利编写，第二章由钟莹编写，第三章由易文婧编写，第四章由何帅及李清寒编写，第五章及附录由李清寒编写，第六章由陈峰编写，第七章由李新莹编写，全书由李清寒及赵志刚统稿。由于绿色化学是一门新兴的交叉学科，涉及的知识面较广，而我们的知识水平和经验有限，再加之编写仓促，不妥之处在所难免，敬请各位读者批评指正。

　　感谢西南民族大学教育教学改革项目(No. 2013YB17)提供的支持。

编者
2016 年 7 月

第一章 绪论

第二章 绿色化学基本原理

第三章 绿色化学研究内容和任务

第四章　绿色化学品的设计原理及应用

第五章 绿色有机合成方法和技术

第六章　绿色化工生产技术

第七章　绿色能源

附录　美国总统绿色化学挑战奖

第一章 绪 论

化学是一门基础学科，它不仅是认识世界，而且也是创造新的物质世界的学科，从其诞生至今，已经取得了巨大的成就，为人类做出了巨大的贡献。可以说，人类的衣、食、住、行、用以及健康等都离不开化学，化学在这些领域中直接或间接地发挥着不可替代的作用。但是，随着人类社会的发展，人类已经意识到化学工业虽能为我们提供所需要的产品，同时也导致严重的能源浪费和环境污染，整个人类社会正面临着严峻的挑战。

第一节 化学与环境问题

人类在享受化学成果带来福利的同时，也受到化学带来的环境污染和生态破坏等环境问题的困扰。尤其是在第二次世界大战以后，世界各国经济高速发展，各种化学品的合成和使用达到了前所未有的速度，从而导致了一系列环境问题的出现。值得注意的是，这些环境问题并不是孤立存在的，而是存在着复杂的相互关系。这些环境问题的出现，也引发了人们对化学学科未来发展方向的思考。下面简单介绍当前人类面临的几个重要环境问题。

1. 全球气候变暖

全球气候变暖（global warming）是指地球表面气温呈现长期升高趋势的现象。整个20世纪，全球平均气温升高了0.8℃。变暖的趋势还在继续，政府间气候变化问题小组（IPCC）根据气候模型预测，到2100年全球气温估计将上升大约1.4～5.8℃。

全球气候变暖会给全球生态和环境带来潜在的重大影响。已经观察到的全球气候变暖的效应包括：冰川融化，尤其是在地球的南北两极；海平面上升；一些物种向更北、更高——相对较冷的区域移动；一些物种种群数量下降（例如阿德利企鹅）。如果气候继续变暖，在21世纪海平面将上升更多；飓风或其他风暴更强；旱涝灾害频率加大；可用淡水资源减少，并会影响到水力发电；疾病传播加剧；地球生态系统生态格局改变，包括物种分布区域、种群数量、物种灭绝以及物种间的依存关系等多个层面。

2001年，IPCC通过计算机模型，指出"最新、最有力证据表明，过去50年的全球变暖主要归因于人类自身的活动"。温室气体（GHGs）是造成全球气候变暖的直接原因。人类在获取化石能源的同时，在短时间内将地球千万年来存储的碳以二氧化碳的形式释放进入大气，而森林的破坏则进一步降低了地球储存二氧化碳的能力。工业时代以来，大气中二氧化碳浓度从0.028%上升到0.038%。IPCC在2007年的报告中建议将大气中二氧化碳浓度限制在0.045%以下。甲烷、一氧化二氮以及氟氯烃等也是重要的温室气体。由于大气中甲烷浓度上升以及它比二氧化碳具有更强的温室效应能力，因此受到越来越多的关注。

目前可以确定的是，浓度上升的温室气体造成了全球变暖，同时也存在更多的不确定性，例如：最终会有多少温室气体通过什么样的途径进入大气？气候系统的反应会怎样？然而，最大的不确定性不在于地球的气候系统，而在于人类自己。人类能否切实履行《京都议定书》中的节能减排承诺，能否实现能源使用形式的转变。

2. 核冬天的威胁

核冬天（nuclear winter）是一个关于全球气候变化的理论，它预测了一场大规模核战争可能产生的气候灾难。核冬天理论认为大量地使用核武器，特别是对像城市这样的易燃目标使用核武器，会让大量的烟和煤烟进入地球的大气层，这将可能导致黑暗和非常寒冷的天气。该理论是 TTAPS 小组（TTAPS 是理查德·特科、布赖恩·图恩、托马斯·阿克曼、詹姆斯·波拉克和卡尔·萨根五位科学家的姓氏首字母缩写）受到了火星沙尘暴致冷效应的启发而产生的。TTAPS 小组分别于 1983 年和 1990 年在《Science》杂志上发表论文，认为全面核战争可能导致内陆地区的温度下降数十摄氏度（中纬度地区平均下降 $10\sim20℃$，局部地区下降达 $35℃$）。

对于核冬天理论的真实性目前还存在争议，不过核冬天理论已被纳入国际学术活动计划，一些争取和平和核裁军的组织正以此理论为依据，广泛开展反核战争的宣传活动。

3. 臭氧层破坏

臭氧层（ozone layer）是指大气层的平流层中臭氧浓度相对较高的部分（90％的臭氧集中在此处），其主要作用是吸收短波紫外线。地球上的生命因为臭氧层对短波紫外线的阻挡才得以存活和繁衍，可是现在人类正亲手破坏这一保护层。

用于制冷剂的氟氯烃类化合物是破坏臭氧层的罪魁祸首，平流层中的飞行器排放的 NO 和 NO_2 也是破坏臭氧层的物质。幸运的是由于《蒙特利尔议定书》顺利实施，臭氧层消耗物的含量在 20 世纪 90 年代达到高峰后开始下降，臭氧层逐渐得到恢复，全球变暖进程显著减缓。但是臭氧层要恢复到 1980 年时的水平，预计要到 21 世纪中后期才有望实现。

4. 酸雨、光化学烟雾和大气污染

狭义的酸雨（acid rain）是指 pH 小于 5.6 的雨雪或其他形式的降水。而广义的酸雨是指大气中含氮和硫的酸性物质的湿沉降和干沉降。酸雨有硫酸型酸雨和硝酸型酸雨，而我国主要是硫酸型酸雨。化石燃料燃烧、汽车尾气排放是酸雨起始物 SO_2 和 NO_x 的主要来源。酸雨可能会造成湖泊、溪流等水体酸化，破坏森林，侵蚀敏感土壤，还会破坏雕塑、建筑等人文景观。长期吸入包含 SO_2 和 NO_x 的细颗粒物会导致人体心脏或肺功能紊乱，例如早衰、哮喘、支气管炎等。2012 年，我国监测的 466 个市（县）中，出现酸雨的市（县）215 个，占 46.1％。酸雨分布区域主要集中在长江沿线以南、青藏高原以东地区，主要包括浙江、江西、福建、湖南、重庆的大部分地区以及长三角、珠三角、四川东南部、广西北部地区。酸雨区面积约占国土面积的 12.2％。

光化学烟雾（photochemical smog）是指氮氧化合物和碳氢化合物等大气一次污染物和它们发生光化学反应产生的二次污染物（O_3、过氧乙酰酯、H_2O_2、醛等）的混合物。光化学烟雾是大气污染和气象条件综合作用的一种结果，一般发生在晴朗无风的白天。美国洛杉矶于 1943 年首次出现光化学烟雾，全球许多其他大城市也相继发生过。光化学烟雾会对动植物造成巨大的威胁，刺激眼睛并能造成人类肺和心脏不可逆的损伤。

光化学烟雾和酸雨仅仅是大气污染（atmospheric pollution）的两种表现形式。大气污染物包括含硫、含氮、含碳、含卤素化合物，碳氢化合物，重金属汞、铅以及颗粒物（PM）。这些污染物及其光化学产物单独作用或者复合污染作用可表现出不同的污染效应。我国以煤为主的能源结构使得大气中二氧化硫和总悬浮颗粒物（TSP）处于相当高的浓度，也是近年来我国各地反复出现雾霾天气的深层原因。而汽车保有量的不断增长使得大气中 NO_x 含量不断上涨。除光化学烟雾和酸雨，温室效应、臭氧破坏、硫酸型烟雾等环境问题也与大气污染息息相关。

5. 水污染

水是生命之源，然而人类可利用的淡水资源非常有限。大量无机营养盐、重金属、有机污染物、颗粒物、致病微生物进入水体，严重污染了地表水和地下水。工业废水、农业水源污染、日常生活污水均是当前水污染的主要污染源。我国人均水资源不足世界水平的三分之一，面临严重的资源型缺水问题。水污染又使得我国在资源型缺水问题上又出现了严峻的水质性缺水问题。水体富营养化是目前全球水环境面临的主要问题之一。对我国 130 余个湖泊和 39 个代表性水库调查发现，富营养化和中富营养化湖泊达到 88.6%，富营养化水库占 30%。2007 年 5 月太湖爆发蓝藻灾害，造成了无锡市大半个城区饮用水危机。2012 年中国环境状况公报显示地下水水质监测点位中水质呈较差级的占 40.5%，呈极差级的占 16.8%。以上信息表明我国水污染问题已经非常严峻。水污染不仅危及人类饮用、农业灌溉，更重要的是它可能导致水生态系统的退化，使其丧失应有的生态服务功能。目前，纳米技术的发展和纳米颗粒物在水环境治理中的应用为今后水污染防治工作提出了新思路和新方法。

6. 固体废弃物和重金属污染

固体废弃物是指人类在生产或生活中产生的不再需要或没有利用价值而被废弃的固体或半固体物质，以及由法规确定为固体废弃物的物料。按其来源和特性可分为生活垃圾、一般工业固体废弃物和危险废物三大类。固体废弃物不但侵占了大面积的土地，而且还会污染环境、损害人体健康。例如：废旧电池严重污染土壤，建筑废弃物扬尘，垃圾填埋场释放甲烷进入空气，垃圾焚烧产生二噁英，垃圾渗滤液污染水体等。

一个过程产生的固体废弃物，往往可能成为另一个过程的原料或者转化成为一种产品。因此固体废弃物的资源化再利用，是其污染控制策略的重要组成部分。

在环境污染领域中，重金属污染对环境已产生了很大的危害。重金属主要是指对生物有明显毒性的金属元素或类金属元素，如汞、镉、铅、铬、锌、铜、钴、镍、锡、砷等。重金属污染主要由采矿、废气排放、污水灌溉和使用重金属制品等人为因素所致。通过直接或间接方式进入人体后，重金属会在人体蓄积，造成慢性中毒，而一次性摄入过多的重金属会造成生物体急性中毒甚至死亡。著名的水俣病和骨痛病就是分别因为重金属汞和镉污染环境后在人体富集而引起的。

不同于有机污染物最终可被降解成二氧化碳，重金属在环境中仅能进行空间位置的迁移和形态的转变而不能被降解成其他物质。因此今后将重点加强重金属环境化学的研究，并为重金属污染的防治提供科学技术支撑。

7. 持久性有机污染物

化学物质给人类带来生活便利的同时，也有许多化学物质给人类及其生存环境带来了潜在持久的危害。持久性有机污染物（POPs）就是这些化学物质中的一类。POPs 是指具有高毒性，进入环境后难以降解，可生物积累，能通过空气、水和迁徙物种进行长距离越境迁移并沉积到远离其排放地点的地区，随后在那里的陆地生态系统和水域生态系统中积累起来，对当地环境和生物体造成严重负面影响的有机污染物。它具有环境持久性、生物累积性、长距离迁移能力和毒性（致癌、致畸、致突变）四大特征。列入《斯德哥尔摩公约》受控名单的POPs由最初12种增加到了20多种，而且数量还在不断攀升。例如：杀虫剂艾氏剂等，工业化学品多氯联苯（PCBs）等，生产中的副产品二噁英等，新增的六六六（包括林丹），多环芳烃等化学物质。

8. 森林被破坏和土地荒漠化

森林在为人类提供丰富的生物资源的同时，还发挥生态服务功能。这些生态服务功能包括涵养水土、吸收二氧化碳并释放氧气、给生物提供生存环境。森林被破坏后相应的服务功能丧失，并产生负面效应。例如森林被破坏是生物多样性危机的重要诱因。更为糟糕的是丧失的服务功能难以完全恢复。已有研究表明，人造林的生态服务功能远远不及原有的森林生态系统。森林遭到破坏既有砍伐、造地、建滑雪场等直接人为因素，也有森林火灾、酸雨、气候变暖、昆虫等自然和人交互作用因素。世界资源研究所发布报告指出，2014年全球损失了超过1800万公顷林地，相当于两个葡萄牙的国土面积。保护森林已经刻不容缓。

土地荒漠化（desertification）是指由于气候变化和人类不合理的经济活动等因素，使干旱、半干旱和具有干旱灾害的半湿润地区的土地发生退化，即土地退化，也叫"沙漠化"。荒漠化不仅仅是一个生态环境问题，而且也是重要的经济问题和社会问题，它会给人类带来贫困和社会不稳定。我国荒漠化面积大、分布广、类型多，全国荒漠化土地面积超过262.2万平方千米，占国土总面积的27.3%。荒漠化与日益增多的人口之间的矛盾越来越突出。荒漠化是目前人类亟待解决的一大突出环境问题。

9. 生物多样性危机

生物多样性（biodiversity）是指地球上所有生物——植物、动物和微生物及其他物质构成的综合体。它包括遗传的多样性、物种多样性和生态系统多样性三个组成部分。生物多样性是人类社会赖以生存和发展的基础。由于人类对环境的影响，生物多样性以前所未有的速度下降，被称为地质史上的第六次生物大灭绝。物种灭绝的主要和直接原因是其生境的退化。而受人类活动影响而导致的全球气候变暖则加剧了生境退化造成的物种灭绝效应。除此以外，物种入侵，过度采伐天然的生物资源，环境污染和疾病等均是生物多样性面临的重大威胁。现在的物种灭绝速度是自然状况下的100～1000倍。人类是无法孤独地在地球上存活的。因此，保护生物多样性、保护生物资源的可持续利用是一项全球性的任务，也是全球性环保计划的重要组成部分。

第二节　化学与人类健康问题

人体是由各类化学物质组成，通过一系列有序的化学反应控制的有机集合体，反应原料主要是食物和空气。原料的质量，决定化学反应的结果，即人体的健康。从人类诞生的那天起，就面临着饥饿和疾病的威胁。在科学不发达的古代，人们的认识水平有限，只能依靠各种超自然的力量，求助于神灵保佑风调雨顺，祛除病魔。随着对自然界的认识深入，人类能够利用化学为自己提供舒适的生活环境。例如，化学工业生产出的溴化银可用于人工降雨，给干涸的大地带来甘霖。化肥、农药等农用化学品能够提高粮食产量和控制病虫害，从而缓解了全球食物供应问题。各种新型化学材料给世界上几十亿人口的生活带来了很多的便利。在治疗疾病方面，人们开始尝试着用药物来治病，出现了主要依靠化学药物的现代医学。青霉素是抗生素药物的典型代表，它能治疗肺炎、肺结核、脑膜炎、白喉等以前认为的绝症，青霉素的化学合成引发了 19 世纪的医疗革命，使人类的平均寿命从 1900 年的 45 岁上升到 20 世纪 90 年代的 75 岁。化学与人类的健康生活密不可分，极大地改善和提高了人们的物质生活水平。

化学也是一把双刃剑，如果滥加使用，会导致人类健康受到前所未有的威胁。在食品和药品方面，2005 年出现的"大头娃娃"事件就是不法商贩在劣质奶粉中加入三聚氰胺，冒充优质奶粉谋求暴利，最终导致多名无辜婴儿受害。犯罪分子还利用化学反应制备冰毒及其衍生物，这类化学物质对人的健康危害极大，反复服食会成瘾，过量则导致死亡。此外，尽管现代医学已经取得了很大进步，但现有治疗某些疾病的药物仍存在很大的副作用，例如对肝脏、肠胃的损伤，因此需要研究改进，开发副作用小的药物。

在环境方面，化学污染对人体健康的危害更大。人类对经济发展的追求，常常是以牺牲环境为代价，这种先发展后治理的生产模式最终也危害着人类的健康。1950 年工厂和汽车产生的大量碳、硫化物以及其他的化学烟雾飘浮聚集在伦敦市内，两个月内夺走 12000 多条人命，其中大部分是感染支气管炎。1954 年日本出现"水俣病"，患者抽搐、手足变形、精神失常、身体弯弓高叫，直至死亡。经过近十年的分析，科学家才确认工厂排放的废水中的汞是"水俣病"的起因，而此时在日本，食用了水俣湾中被甲基汞污染的鱼虾人数已达数十万。除了生活的大环境，人类起居的小环境也会因为化学污染物致使身体健康受到威胁。例如，使用不合格的装修材料，房间中甲醛、苯、甲苯含量超标，轻者引起人喉咙疼痛、声音嘶哑、过敏性皮炎等，重者导致肝中毒性病变，甚至基因突变，产生癌变。

随着人类对化学品污染所带来的危害的了解逐步深入，各国政府相继立法。一方面限制企业废水、废气和废渣的排放量，特别是废物排放的浓度；另一方面积极鼓励零污染的化学工业，提出了一种治理化学污染的新思维、新方法、新战略——绿色化学。

第三节　化学与可持续发展问题

一、传统化学工业与传统发展观

传统的化学工业是一种粗放型的增长方式，重视短期利益，消耗大量不可再生的自然资源来实现工业发展。因为受传统发展观影响，传统化学工业只关注工业产值和增长速度，把工业产值作为工业发展的唯一标志，忽视了这个过程中对环境和人类带来的危害和对资源不合理的开发。传统发展观通常把国内生产总值（GDP）作为衡量国家经济状况的核心指标，一味地注重 GDP 的增长速度，认为高 GDP 就表示国家综合实力强大，人民生活水平高，所以盲目地追求工业产值，出现了大量的高耗能和高污染企业。显然，将 GDP 作为国富民强的唯一指标是片面的，高 GDP 只能反映短期经济发展，却没有反映自然资源和环境质量这两种财富的实际价值，也没有揭示出一个国家经济发展所付出的资源和环境代价。例如，支撑高 GDP 的高耗能和高污染企业一方面大肆消耗不可再生资源，致使自然资源枯竭，降低国家长期经济发展能力，另一方面产生大量的废水、废渣、废气，对环境造成破坏，国家不得不为治理环境而花费大量费用。因此，传统发展观实质上也是一种产值增长观，它所表现的经济繁荣带有很大的虚假性。

事实上，一个以付出资源和牺牲环境为代价来维持经济发展的国家若不改变传统的发展观念，后期必然带来环境恶化、资源枯竭等恶果，最终会使人民的实际福利水平下降，发展也将难于持续而陷入困境。

二、 绿色化学与可持续发展观

1992 年，联合国召开环境与发展大会，制定了关于可持续发展的 21 世纪议程，这标志着人类的发展观出现了重大的转折。可持续发展观是在传统发展观的基础上发展起来的，强调经济与环境的协调发展，追求人与自然的和谐。其核心思想认为：健康的经济发展应建立在具有生态持续能力、社会公正和人民积极参与自身发展决策的基础之上。它所追求的目标是：既要使人类的各种需要得到满足，个人得到充分的发展，又要保护生态环境，不对后代的生存和发展构成危害。可持续发展观特别关注各种经济活动的生态合理性，倡导对环境有利的经济活动，抵制对环境不利的经济活动。在发展指标上，提出用绿色 GDP，即在国内生产总值中扣除自然资本的消耗，得到经过环境调整的国内生产总值。这种做法有别于传统的 GDP，考虑到了一个国家为经济发展所付出的资源和环境代价。可持续发展观较好地把眼前利益与长远利益、局部利益与全局利益有机地统一起来，使经济能够沿着健康的轨道发展。

人们日常生活离不开化学，可持续发展的首要问题是发展。我们既要为开创更加美好的生活而发展化学和化学工业，又不能让化学工业破坏我们的环境。这就要求我们要大力倡导既能支撑经济发展，又能满足环保要求的新化学——绿色化学。传统化学工业在许多场合中既未有效地利用资源，又产生大量排放物，造成严重的环境污染。从根本上治理环境污染的必由之路是大力发展绿色化学。绿色化学的最大特点是从原料起始到生产终端都采用预防污染的科学手段，因而过程和终端均为零排放或零污染，是化学从"粗放型"向"集约型"的转变。绿色化学就是化学与可持续发展观相结合，不仅考虑到资源的充分利用和可持续性，还最大限度地消除污染，从原理和方法上给传统的化学工业带来了革命性的变化。因此绿色化学是建立在可持续发展观基础上的新化学，是可持续发展观建立的必然产物，也是实现可持续发展的必由之路。

第四节　绿色化学的产生和发展

传统的化学化工工艺大多都是 20 世纪 70、80 年代开发的，当时的工业费用几乎不考虑清理生产过程中排放的大量有毒、有害物质的高额成本。进入 21 世纪后，人类更加关注环境问题，希望化学在继续为人类创造物质财富的同时，能够不污染环境，化学产品或者化学工艺流程产生的废物和污染物最少，使自然资源和有毒材料的使用量减少。在这样的背景下，绿色化学应运而生。

1984 年美国环保局（EPA）提出"废物最小化"，是通过减少产生废物和回收利用废物以达到废物最少，这是绿色化学的最初思想。1990 年，美国国会通过《污染预防法》，提出从源头上防止污染的产生。该法案条文中第一次出现了"绿色化学"一词，定义为采用最少的资源和能源消耗，并产生最小排放的工艺过程。1992 年美国环保局又发布了"污染预防战略"。这些活动推动了绿色化学在美国的迅速兴起和发展，并引起全世界的极大关注。同年在巴西里约热内卢举行了举世瞩目的联合国环境与发展大会（UNCED），后被称为"绿色国际会议"，共同签署了《21 世纪议程》，正式奠定了全球发展的最新战略——可持续发展。从此，人类将从工业文明的发展模式转向生态文明的发展模式。绿色化学也在这一大背景下产生并逐渐成为可持续发展理论的重要内容。

1995 年 3 月，美国总统克林顿宣布设立"总统绿色化学挑战计划"，以推动社会各界进行化学污染预防和工业生态学研究，鼓励支持重大的创造性的科学技术突破，从根本上减少乃至杜绝化学污染源，并于 1996 年正式设立"总统绿色化学挑战奖"，包括 5 个奖项：学术奖、小企业奖、变更合成路线奖、变更溶剂/反应条件奖和设计更安全化学品奖。2015 年又新增气候变化奖，为绿色化学的发展指明了方向，有力推动了绿色化学在美国和世界各地的迅速兴起和发展。

1997 年美国在国家实验室、大学和企业之间成立了"绿色化学院"，美国化学会成立了"绿色化学研究所"，以绿色化学为主题的美国 Golden 会议移师英国牛津，在欧洲掀起了绿色化学的浪潮。德国于 1997 年通过实施有关绿色化学的"为环境而研究"计划；荷兰利用税法条款等方法来推动绿色化学技术的开发和应用；日本则通过制定"新阳光计划"，在环境技术的研究与开发领域确定了环境无害制造技术、减少环境污染技术和二氧化碳固定与利用技术等绿色化学的内容。总之，绿色化学的研究已迅速成为一些主要国家政府、企业和学术界的重要研究开发方向。

1999 年，英国皇家化学会创办了第一份国际性杂志《绿色化学》，标志着绿色化学的正式产生。

2003 年，在日本东京举行了第一届"绿色——可持续发展"化学国际会议（GSC-TO-KYO-2003），GSC 要求创造发明的化学技术，可以减少日益枯竭的原料的消耗，在整个产品的生产和使用过程中减少废物的排放，保障人类的建康、安全和保护环境，并发表了GSC 东京宣言。

2005 年，召开了跨国制药绿色化学圆桌会议，根据各个药企在工艺研发和生产方面碰到的环保问题，总结概括出了绿色化学工业中有待解决的一些反应难题。

2007 年 3 月，在日本召开了第一届亚洲-大洋洲绿色与可持续化学国际会议。

2008 年 8 月，在美国缅因州路易斯顿召开了戈登绿色化学研究会议。

2010 年 2 月，在圣地亚哥召开了新一代生物基化学品峰会，大会主要讨论了来自纤维素、藻类、垃圾和二氧化碳的新化学物质。

2011 年 7 月，在比利时安特卫普召开了第一届可持续化学国际会议。

2013 年 12 月，第一届亚太应用化学与环境工程国际会议在中国云南西双版纳举行，本届会议的主题是"应用化学与环境的前沿研究"，其中"绿色化学与清洁能源"作为大会的一个主题进行了讨论。

我国也紧跟世界化学发展的前沿，1995 年，中国科学院化学部确定了"绿色化学与技术——推荐化工生产可持续发展的途径"的院士咨询课题。

1996 年，召开了"工业生产中绿色化学与技术"研讨会，并出版了《绿色化学与技术研讨会学术报告汇编》。

1997 年，国家自然科学基金委员会与原中国石油化工总公司联合立项资助了"九五"重大基础研究项目"环境友好石油化工催化化学与化学反应工程"。

1998 年，在合肥举办了第一届国际绿色化学高级研讨会；《化学进展》杂志出版了"绿色化学与技术"专辑；四川大学也成立了绿色化学与技术研究中心。

2000 年，国家自然科学基金委员会把绿色化学作为"十五"优先资助领域。

2006 年 7 月 12 日，我国正式成立了"中国化学绿色化学专业委员会"，目的在于促进绿色化学的研究与开发，加强学术交流与活动。

2008 年 11 月，由中国科学院过程工程研究所和中国科学院大连化学物理研究所发起的第一届亚太离子液体与绿色过程会议暨第一届全国离子液体与绿色过程会议在北京香山饭店成功举办，化学工业出版社、浙江大学和中国石油大学（北京）作为共同主办单位。

2011 年 6 月，在杭州举办了第一届"生态染整——绿色化学国际学术会议"，本次大会以"学科交叉、科技创新、生态环保、持续发展"为主题，以染整新技术与化学新方法相结合为导向，以生态、绿色为共同目标。

2014 年 2 月，为进一步贯彻落实国务院《节能减排"十二五"规划》和《"十二五"节能减排综合性工作方案》的部署，全面推进节能减排科技工作，科技部、工业和信息化部组织制定了《2014—2015 年节能减排科技专项行动方案》，其中绿色生产、绿色能源及绿色产品的开发和研究是重要的一项内容。

2015 年 12 月，在桂林召开了 2015 年绿色化学与技术国际会议（ICGCT2015）。

上述的一系列活动推动了我国绿色化学的发展，绿色化学的发展前景将是一片光明。

第五节　绿色化学的基本概念与内涵

绿色化学也叫可持续化学（sustainable chemistry），是指利用一系列原理来降低或消除在化工产品的设计、生产及应用中有害物质的使用和产生的科学，或指化学反应和过程以"原子经济性"为基本原则，即在获取新物质的化学反应中充分利用参与反应的单个原料原子，实现废物的"零排放"。绿色化学的核心是利用化学原理从源头消除污染，不仅充分利用资源，而且不产生污染；并采用无毒、无害的溶剂、助剂和催化剂，生产有利于环境保护、社区安全和人身健康的环境友好产品。绿色化学化工的目标是：寻找能够充分利用原材料和能源且对各个环节都洁净和无污染的反应途径和工艺。

一、绿色化学的内涵

绿色化学是当今国际化学科学研究的前沿。它吸收了当代物理、生物、材料、信息等学科的最新理论和技术，是具有明确的科学目标和明确的社会需求的新兴交叉学科。

绿色化学的目标是：在化学过程中不产生污染，即将污染消除于其产生之前。实现这一目标后就不需要治理污染，是一种从源头上治理污染的方法，是一种治本的方法。绿色化学致力于研究经济技术上可行的、对环境不产生污染的、对人类无害的化学过程的设计和应用。即绿色化学是把化学知识、化学技术和化学方法应用于所有的化学品和化学过程，以减少直到消除对人类健康和对环境有害的反应原料/溶剂的使用、反应过程的利用、反应产物的生产和使用，尽可能不生成副产物。也可认为绿色化学是利用化学原理和方法来减少或消除对人类健康、社区安全、生态环境有害的反应原料、催化剂、溶剂和试剂、产物、副产物的新兴学科，是一门从源头上、从根本上减少或消除污染的化学。

绿色化学概念一经提出就明确了它的现代内涵，是研究和寻找能充分利用无毒害原材料，最大程度地节约能源，在各个环节都实现净化和无污染的反应途径。

简单地讲，绿色化学的现代内涵体现在以下五个方面：①原料绿色化，以无毒、无害、可再生资源为原料；②化学反应绿色化，选择"原子经济性反应"；③催化剂绿色化，使用无毒、无害、可回收的催化剂；④溶剂绿色化，使用无毒、无害、可回收的溶剂；⑤产品绿色化，可再生、可回收。

二、 绿色化学与环境保护的差异

绿色化学与环境化学的不同之处在于前者是研究与环境友好的化学反应和技术，特别是新的催化反应技术，如酶催化反应、膜催化反应、清洁合成技术、生物工程技术等，而环境化学则是研究影响环境的化学问题。

绿色化学与环境治理的不同之处在于前者是从源头上防止污染的生成，即污染预防（pollution prevention）；环境治理则是对已被污染的环境进行治理，即"末端治理"，往往治标不治本，只注重污染物的净化和处理，不注意从源头和生产过程中预防和杜绝废物的产生和排放，既浪费资源和能源，治理费用投资又大，综合效益差，甚至造成二次污染。因此，绿色化学的目的是把现有的化学工业生产的技术路线从"先污染、后治理"改变为"从源头上消除污染"。绿色化学是发展生态经济和工业的关键。

三、 绿色化学与传统化学的差异

传统的化学及由此形成的化学工业不可避免地是传统发展观的产物。往往只注重原料和产品的价格差，产生了多少效益，从而存在着严重的"原料低价、资源无价"的价格扭曲现象，造成了不同程度的污染。因此，化学界也在不停地思考这些问题。而绿色化学不仅考虑目标分子的性质或某一反应试剂的效率，而且考虑这些物质对人类、对环境的影响，以期减少对人类健康和环境的危害，充分利用资源，求得可持续发展。

绿色化学是化学学科发展的必然选择，是适应人类的需求而逐步形成的，是化学发展的高级阶段。绿色化学与传统化学的不同之处在于前者更多地考虑社会的可持续发展，促进人和自然关系的协调。绿色化学是人类用环境危机的巨大代价换来的新认识、新思维和新科学，是更高层次上的化学。

四、 绿色化学与清洁生产

《中华人民共和国清洁生产促进法》规定，"清洁生产是指不断采取改进设计，使用清洁的能源和原料，采用先进的工艺技术与设备，改善管理及综合利用等措施，从源头削减污染，提高资源利用效率，减少或者避免产品生产过程中污染物的产生和排放，以减轻或者消除对人类健康和环境的危害"。

清洁生产和绿色化学的产生反映了人类安全生产和环境保护思想由被动的末端治理到主动源头控制的客观发展过程。清洁生产是绿色化学的重要组成部分和技术应用，而绿色化学是清洁生产技术的重要理论基础。

五、 大力发展绿色化学

1. 大力发展绿色化学是人类社会可持续发展的必然要求

一个世纪以来，为适应人类社会和工业生产的需要，化学工业取得了十分辉煌的业绩。同时化学工业也向环境排放了大量的污染物，一些化学品被不加节制地滥用，给整个生态环境造成了非常严重的影响。当今全球环境问题与化学工业和化工产品的污染有极大的关系。据美国国家环保署的统计，在所有释放有毒有害物质的工业中，与化学工业相关的产业处于第一位，该行业排放的有毒有害物质是处于第二位的冶金工业的 4 倍。许多物质排放到环境后，能在环境中残留和积累，对环境造成破坏。另外，化工生产中的偶然事故也会对人类和环境造成突发性的影响。例如，1983 年印度 Seveso 农药厂异氰酸甲酯的泄漏造成 2000 人死亡，30 万人中毒。

人类社会发展到今天已无法离开化学工业。尽管我们处在可怕的白色污染的包围之中，可是如果离开了今天的化学产品，我们的日常生活很难正常进行，尤其是在都市中，这种情况更为突出。发达国家已经或正在将一些有毒有害的化学品生产转移到发展中国家和地区，我国有的地方也把这种生产由城市转移到农村或由沿海转移到内地。这样做的结果无异于是自欺欺人，毁坏整个地球。

因此，我们既要为开创更加美好的生活而发展化学和化学工业，又不能让化学品的生产过程和化学品破坏我们的环境。这就要求我们大力发展绿色化学，这也是人类社会可持续发展的必然要求。

2. 发展绿色化学是科学技术和经济发展的需要

在整个工业体系中，化学工业占有很大的比例。在历史上，以制碱法为核心的化学工业的大发展让英国处于兴旺时期。后来依靠煤化工和炼钢业为主的化学工业技术革命，使世界科学技术中心由英国转移到了德国。二战后，美国依靠以石油化工技术为代表的技术创新取得了化学工业的领先地位，使世界科学技术中心由德国转移到了美国。化学工业是美国最大的工业部门之一，1990 年的销售额就达 2920 亿美元，雇员达 110 万人，是美国少数几个产生贸易顺差的工业部门之一，在所有工业贸易中居第二位。21 世纪初，美国化学工业产值约占国民生产总值的 35%，化学品出口量占出口产品总量的 38%。

很明显，世界各大化学工业公司现在一方面受到生产化学品成本的压力，另一方面也受到国家法律法规的、公众的关于减少环境污染或处理污染物的强大社会压力。它们一方面要想方设法降低成本、提高效益，另一方面又要因为治理污染物而增大成本。

因此，要发展化学工业从而发展经济，就必须寻求新的原理和方法，发展新的技术，以降低化学品生产的显性成本和隐性成本，而绿色化学正好顺应了这一需求。另外，对于一些行业，要治理其产生的污染所需要的费用可能比它本身产生的效益还大很多，如果没有新的原理、新的技术，这些行业就只有停产关门。

综上所述，从科学观点看，绿色化学是对传统化学思维的创新和发展；从环境观点看，它是从源头消除污染，保护生态环境的新科学和新技术；从经济观点看，它是合理利用资源和能源，实现可持续发展的核心战略之一。从这种意义上说，绿色化学是化学工业乃至整个现代工业的革命。所以，我们要大力发展绿色化学。

第六节　绿色化学教育

从前面的叙述可以看出，"绿色化学"已成为 21 世纪的一个重要词语，它对人类社会的进步和发展起到很大的作用。目前，我国绿色化学的研究和开发才刚开展，要想使其在环境和经济的可持续发展上发挥大的作用，还要从教育入手。

一、构建绿色文化

绿色文化是一个由绿色观念形态、绿色制度形态、绿色知识形态和绿色行为文化等构成的文化系统。绿色文化的构建是一场从观念到行为，从社会心理到文化价值观、从管理到体制的整体性变革，也是一场意义深远的全方位的绿色社会革命。

（一）绿色观念形态

绿色观念形态包括：①树立人与自然和谐共处、协同进化的生态价值观；②树立价值理性与工具理性相融合的生态科技观；③树立精神完善与环境关系相结合的生态实践观。

人与自然和谐共处、协同进化的生态价值观是与传统文化中人类无视自然、掠夺自然的人类自我中心主义价值观相对立的。生态科技观主张科技的运用不仅要从人的物质及精神生活的完善和健康出发，注重人的生活的价值和意义，而且要求科技运用与生态环境相容。对在可持续发展中遇到的问题，既要进行科学和技术上的分析与理解，又要进行价值和意义上的判断和评价，尤其要重视科学技术自身包含的人文意蕴和科学技术合理运用的道德价值。

确立生存境界的自我完善与对环境的现实关系紧密结合的生态实践观，积极参与变革人类生产技术方式和生产工艺的实践，努力改变不利于生态环境恢复的消费方式和生活方式，主动投身于保护物种和环境的各种绿色运动，切实促进回归自然目标的逐步实现。

（二）绿色制度形态

构建绿色制度文化，就是要改革和完善社会制度和规范，按照公正和平等的原则，建立新的人类社会共同体，使社会具有自觉地保护所有公民利益的机制，以及保护环境和生态的机制，实现社会的全面进步。

1. 建立与完善环境和经济发展综合决策机制

改变以往片面追求经济增长"硬"指标，忽视社会公正、生态环境保护等"软"指标的政绩考核制度。政府在决策时必须从环境效益和生态价值出发而不仅仅只考虑经济效益和经济价值，来确定其政策制定的思路和出发点。

2. 健全生态建设和可持续发展的法规政策体系

加强生态环境资源方面的法制宣传教育，纠正当前有法不依、违法不究、以罚（款）代法的现象。

3. 建立社会公众参与生态建设的有效机制

形成人人关心和人人参与生态建设和环境保护的社会新风尚至关重要。对重大规划、项目及政策实行环境影响评价和专家咨询论证及公众听证制度，形成政府、专家与社会相互配合的民主决策机制；建立环境保护问卷调查制度，了解公众对环境决策、环境管理和环境问题的要求、情绪和意见，及时反馈给决策部门；完善环境状况公布制度，使公众更加清楚地了解环境状况，增强公众的环保意识；建立环境问题论坛制度和环保民间社会团体制度等。

4. 加强环境教育，提高公众生态文化素质

通过形式多样的教育、培训和宣传渠道，促进所有受教育者包括决策者、管理者和普通国民素质和文明程度的提高，塑造一代有文化、有理想、高素质的共生型生态社会建设者。

（三）绿色知识形态

绿色知识应该包括绿色自然科学知识和绿色人文社会科学知识，其主要内容有：全球环境问题及资源现状，人类对环境、资源问题认识的历史过程；生态系统的组成、类型、特征及生态保护；可持续发展的基本战略、政策、措施；经济与环境、资源、人口、文化的相互关系及协调发展；环境污染、防治和提高及资源节约的基础知识；环境法规保护的对象、任务、方针和政策，环境保护的基本原则和制度；保护环境、防治污染、节约和利用资源及防治其他公害的基本要求和措施；环境、资源管理的机构、职责、奖励和惩罚等。同时，绿色知识在内容上还可以包括那些与环境、资源相关的社会科学方面的知识，如环境伦理学、环境社会学、环境政治学、环境哲学、环境心理学等。此外，当前、周围、我国和世界领域的环境、资源问题的新现象、新理论、新观念也应被纳入绿色知识的范围。

（四）绿色行为文化

1. 提倡简朴生活与绿色消费的文明健康的生活方式

文明健康的生活方式包括以提高生活质量为中心的适度消费和绿色消费。它表现为公众消费的无害化，提倡简约消费，抛弃消费主义的生活方式，选择简朴的生活和绿色消费，关注资源循环利用。生态消费的核心思想就是"消费为环境负责"。它深刻地反映了生态伦理的精髓，是人类新的消费文化。它是人类消费行为走向理性而成熟的表现，符合人类建设可持续发展社会的要求。

2. 增强生态审美能力，尊重、维护和增添自然美

人们在从事审美活动中会自觉意识到生态环境对于人的身心健康和全面发展的意义，积极而自觉地保护生态环境。从社会文化价值看，生态审美能有效地唤起人们的生态意识，增强人们的生态伦理责任，树立生态正义感，推动人们从经济人转变为生态理性文明人。

3. 合理开发和持续利用自然资源

遵循生态经济规律，提高资源利用率，树立合理利用自然资源的观念。正确处理好资源

开发与环境保护的关系。对可更新的再生性资源和清洁能源，不进行盲目性和掠夺性地过量开采；对不能再生的一次性资源，要寻求最优开采率，并增加重复利用率；积极开辟新的资源途径，寻求可替代一次性资源和能源的新资源，加强对太阳能、风能、水能、潮汐能等清洁能源有效利用的研究和推广；对那些一旦灭绝便不能再生的珍稀物种资源，要全力保护，以便保护生物多样性和生态系统的稳定性，为我们的后代留下满足其需要的可持续利用的资源和良好的生态环境。

4. 控制人口，提高人口素质

控制人口这一道德规范实际包含了控制人口数量和提高人口素质这两方面的要求。只有控制人口数量才有条件谈提高人口质量；反过来，控制人口数量又必须以一定的人口素质为条件。

5. 科学技术发展的生态化

科学技术生态化是对整个科技活动的一种导向，生态科技观强调科学技术发展既要有益于增加人类福利，又要有利于保护生态平衡；既要有利于文化，又要惠及自然，要以人与自然和谐发展为目标，积极发展有利于生态建设和环境保护的高科技。运用现代科学技术找到解决环境污染、生态破坏的机制、规律和方法，建立起人与自然协调发展的新模式，这将是划时代的科技进步。

二、 实施绿色生产

绿色生产也称清洁生产，是指企业在产品的研制开发、选料、生产、包装、运输、销售、消费及废物回收和再利用过程中始终坚持环保原则，将上述过程对环境的破坏降至最低限度的一种环保型生产方式。

（一） 绿色生产是节约资源和能源的生产

绿色生产以减量化、再利用、资源化为原则，通过原辅料的提纯、稀缺资源的替代、物料及能量的高效转化、副产物的回收与循环利用等措施实现资源和能源的合理高效利用，可以实现节约资源和能源的目的，节省可观的生产和运行成本，促进生产集约增长。例如：2004 年，"国家环境友好企业"宝钢股份在推行绿色生产过程中，通过干熄焦余热发电、烧结烟气余热利用、高炉煤气发电等技术，回收余能总量相当于 93.98 万吨标准煤，占宝钢能源总使用量的 11.7%。

（二） 绿色生产是环境友好的生产

绿色生产以污染预防和全过程控制为原则，通过源头削减、过程减排和末端处理等措施减少污染物的产生和排放，减轻污染物的毒性，减少生产活动对周边生态环境的影响，实现保护环境的目的。例如：东海粮油工业有限公司通过推行绿色生产，改进中和工艺，大幅度降低了生产过程中有机污染物排放量，和国内同行业的其他企业相比，企业中和废水 COD 浓度低 80% 左右，同时通过对工艺参数的严格控制，减少溶剂排放 50% 以上。

当前我国正面临资源短缺和环境污染的严峻形势，我们必须要清楚地认识到可持续发展的重要性，只有积极实施绿色生产，推动企业生产走"资源消耗低、环境污染少、经济效益好"的绿色发展之路，通过综合应用技术和管理措施最大限度地提高生产过程中资源的利用率，减少污染物的产生和排放，才能实现节约资源和保护环境的目标，保障生产单位基本的发展机会和发展能力。

三、 倡导绿色消费

绿色消费在许多领域里面能够与精神文明建设相互促进、相互渗透。在倡导绿色消费的过程中，将形成许多精神文明建设的新的增长点，而要做到倡导绿色消费，构建节约型社会，促进精神文明建设就必须具备三个基本要素，即消费主体、消费客体和消费环境。

从消费主体来说，总体上我们要提高全民族的绿色消费意识，具体来说我们要从政府、企业和一般消费者这三方面入手，来构建全社会绿色消费的坚实基础。从政府来说，政府的行为是社会道德的标杆，政府应该树立强烈的环保意识，承担起积极引导企业和消费者崇尚环保和节约的消费方式的责任；从企业来说，资源利用率明显偏低，浪费惊人，对环境污染严重；从个人来说，主要是要从教育入手，提高公民绿色消费的意识，为绿色消费奠定坚实的群众基础，使人们自觉形成追求自然、崇尚自然，反对挥霍浪费和破坏环境的良好品质。

从消费的客体来说，我们要对自然生态怀有道德责任，形成爱护自然、敬畏自然、珍惜自然、养护自然的生态道德、生态伦理。一是对自然不能简单地采取征服和索取的态度，而应该把人类看成是自然的一部分，看成是自然的朋友，追求与自然和谐相处；二是以"山林泽梁，以时禁发"的合理开发为原则，人们对自然资源的利用，不可任意妄为，竭泽而渔，而要顾虑到能否持续性利用；三是展开绿色消费的制度建设，营造良好的绿色消费环境。

从消费环境来说，要努力营造好的自然环境和社会环境，生态环境优美，人文生态上乘，社会治安良好，人人都争当具有高度文明的人，这样消费的质量就会提高。

总之，倡导绿色消费是精神文明建设的新课题、新增长点，由此入手，可以有力地推进经济建设、文化建设、政治建设、社会建设四位一体的中国特色社会主义事业的协调发展，在新的世纪开拓精神文明建设的新局面。

四、 培养绿色化学人才

21世纪是环境的世纪，大力发展绿色化学工业是时代的需求，为适应这一时代需要，培养绿色化学工业所需要的专门人才已是当务之急。

（一） 培养目标

为满足21世纪社会经济发展和绿色化学工业的需要，根据"厚基础、宽口径、强能力、高素质"的人才培养要求，绿色化学人才的培养目标应是：有理想、有道德、有奉献与敬业精神，具有相关化学学科综合理论，掌握绿色化学和清洁化工生产过程，具有环境化学和环境相关材料化学的知识，较强的实践能力、消化国外科技的能力，具有开发、研制与环境相容的高附加值新产品和制造新工艺，利用现代科技进行创新、推动化学工业科技进步的能力，具有较强的文化素质、身体心理素质和较强的环境意识的复合型化学高级专门人才。

（二） 培养规格

根据教育部"加强基础、淡化专业、拓宽口径、面向未来"的高教改革精神，绿色化学的新型人才，要求掌握化学方面的基础知识、基本理论、基本技能以及相关的工程技术；受到基础研究和应用研究方面的科学思维和科学实验训练，具有较好的科学素养；受到绿色化学工艺与绿色化学综合工程的创造性实践训练，具有科学技术经济环境一体化的观念，具备绿色化学与化工清洁生产的能力；有厚实的人文底蕴、永恒的学习理念，能追踪前沿领域进行应用研究、技术开发、科技创新；有良好的外语基础和计算机运用能力以及经营管理的基本能力。

（三） 学科体系和知识结构

绿色化学人才的培养要求与环境保护专业人才培养要求的显著区别在于绿色化学的重点是从源头上消除污染而不是处理污染；与"应用化学"专业人才相比，在学科体系和知识结构上要新增如下内容。①绿色化学。学习新产品、新工艺、新技术的构思、研究、开发、生产与使用全过程中尽量减少或杜绝污染的原理与方法。②清洁化工工艺。利用减量法、再利用和再循环的"3R"原则，利用无废、少废的生产技术，实现生产过程的零排污或制造产品的绿色化。通过产品开发计划、原料选择、工艺路线、技术管理、生产过程、产物内容循环利用、能量合理利用等环节的科学化和合理化，使化工生产污染物排放量最少，从而达到不建或少建单纯的环保设备的目标。③绿色化学品的分析及评价。绿色化学品的评价标准和方法，质量指标的测定方法。④环境相容材料化学。以材料化学原理为基础，侧重于环境相容材料的研究与开发，如生物降解与光降解的材料、催化材料等。⑤环境化学与环境监测。着重污染物的来源、分布、结构和毒性，以及在环境中迁移转化的过程，污染物危险性评价方法和环境监测污染物的方法。⑥能源化学。由于大量污染来源于能源消费，因此能源化学重在论述能源种类、新能源开发、能量转换，以及在转换中减少污染物排放的原理和方法。

总之，绿色化学的人才，具有绿色化学、清洁化工生产的厚实理论基础和综合实践技能，具有注重污染预防的理念，具有环境化学和环境相容材料化学知识，具备研制、开发化工新产品和新工艺的创新能力。

◆ 参考文献 ◆

［1］ United Nations Environment Programme（UNEP）. Environmental effects of ozone depletion and its interactions with climate change: 2010 assessment， 2010, 10. http: //www. unep. org/ozone.

［2］ Turco R P, Toon O B, Ackerman T P, et al. Nuclear winter: global consequences of multiple nuclear explosions［J］. Science, 1983, 222: 1283-1297.

［3］ Turco R P, Toon O B, Ackerman T P, et al. Climate and smoke: an appraisal of nuclear winter［J］. Science, 1990, 247: 166-176.

［4］ 王春霞，朱利中，江桂斌. 环境化学学科前沿与展望［M］. 北京：科学出版社，2011.

［5］ 张继红. 绿色化学［M］. 合肥： 安徽人民出版社， 2007.

［6］ ［美］R·布里斯罗. 化学的今天和明天—— 一门中心的实用的和创造性的科学［M］. 北京： 科学出版社， 2001.

［7］ 李启正. 绿色化学与人类社会的可持续发展［J］. 化学工业， 2011, 29（4）： 3-5.

［8］ 钱易. 环境保护与可持续发展［J］. 中国科学院院刊， 2012, 27（3）： 307-313.

第二章 绿色化学基本原理

绿色化学的研究内容涉及再生的原材料、溶剂、催化剂、试剂、设计安全的化学品及合成方法等领域。它是从最基本的分子科学出发提供从源头上解决环境问题的根本办法，而不是以"绷带和补丁"的方式来降低危害。绿色化学是贯彻可持续发展战略的一个不可分割的部分。面对生态环境问题的挑战，绿色化学及技术必将成为人类强有力的武器而发挥重要作用。

第一节 化学反应中的原子经济性

一、原子经济性概念

在传统的化学反应中，评价一个合成过程的效率高低一直以产率的大小为标准。而实际上一个产率为100%的反应过程，在生成目标产物的同时也可能产生大量的副产物，而这些副产物不能在产率中体现出来。为此，1991年美国著名有机化学家 B. M. Trost 首次提出了"原子经济性"的概念，认为高效的有机合成应最大限度地利用原料分子中的每一个原子，使之结合到目标分子中（如加成反应：A+B——→C），达到零排放，即不产生副产物或废物。

Trost 认为合成效率已成为当今合成化学的关键问题。合成效率包括两个方面：一是选择性（化学选择性、区域选择性、顺反选择性、非对映选择性和对映选择性）；另一个就是原子经济性，即原料中究竟有多少原子进入产物。一个有效的合成反应不仅要有高的选择性，同时应有较好的原子经济性。例如，对于一般的有机合成反应，传统工艺是以 A 和 B 为原料合成目标产物 C，同时有 D 生成。其中 D 是副产物，可能对环境有害，即使无害，从原子利用的角度来看也是浪费。理想的原子经济性反应应该是原料分子中的原子百分之百地进入产物，不生成副产物和废物，实现废物的零排放，减少污染。

原子经济性可用原子利用率（atom utilization，AU）来衡量。

二、原子利用率与产率的区别

20 世纪的有机化学，其特点不在于平衡的化学方程式，而在于传统上对合成的有效性评价，即目标物的产率。注重产率往往会忽略合成中使用的或产生的不必要的化学品。经常会有这种情况出现，即一个合成路线或一个合成步骤，可达到100%的产率，但是会产生比目标产物更多的废物。因为产率的计算是由原料的物质的量与目标产物的物质的量之比，

1mol 原料生成 1mol 产品，产率即 100％。然而，这个转化过程可能在生成 1mol 的产品时，产生 1mol 或更多的废物，而每摩尔废物的质量可能是产品的数倍。因此由产率计算看来很完美的反应有可能产生大量的废物。废物的产生在产率这一评价中不能体现。所以现在对化学反应的评价有了新的要求。

在合成反应中，提高目标产物的选择性和原子利用率的关键是减少废物排放，即化学反应中，到底有多少反应物的原子转变到了目标产物中。原子利用率可用下式定义：

$$原子利用率 = \frac{目标产物的量}{按化学计量式所得所有产物的量之和} \times 100\%$$

$$= \frac{目标产物的量}{各反应物的量之和} \times 100\%$$

用原子利用率可以衡量在一个化学反应中，生产一定量目标产物到底会生成多少废物。

例 1，由乙烯制备环氧乙烷，传统的合成方法是采用经典的氯乙醇法时，假定每一步反应的产率、选择性均为 100％，但这条合成路线的原子利用率只能达到 25％。

$$H_2C = CH_2 + Cl_2 + H_2O \longrightarrow ClCH_2CH_2OH + HCl \qquad (2-1)$$

$$ClCH_2CH_2OH + Ca(OH)_2 + HCl \longrightarrow \overset{O}{\triangle} + CaCl_2 + 2H_2O \qquad (2-2)$$

总包反应为：

	$H_2C=CH_2$	Cl_2	$Ca(OH)_2$	$\overset{O}{\triangle}$	$CaCl_2$	H_2O	
摩尔质量/g·mol^{-1}	28	71	74	44	111	18	(2-3)
目标产物量/g				44			
废物量/g					111+18=129		

原子利用率 $= 44/(28+71+74) \times 100\% = 44/(44+111+18) \times 100\% = 25\%$

即生产 1kg 环氧乙烷（目标产物）就会产生约 3kg 副产物（即废物）氯化钙和水影响产品的分离提纯，同时，产品中使用有毒有害氯气作原料，对设备有严格要求。为了克服这些缺点，人们采用了以银为催化剂，用氧气直接氧化乙烯一步合成环氧乙烷的新方法，反应的原子利用率达到了 100％。

$$H_2C=CH_2 + \frac{1}{2}O_2 \longrightarrow \overset{O}{\triangle} \qquad (2-4)$$

	28	16	44
摩尔质量/g·mol^{-1}	28	16	44
目标产物量/g			44
废物量/g			0

原子利用率 $= 44/(28+16) \times 100\% = 44/44 \times 100\% = 100\%$

又如环氧丙烷的生产，传统方法是氯丙醇法，在各步转化率、选择性均为 100％的情况下，其原子利用率也仅达 31％。

例 2，甲基丙烯酸甲酯的合成，传统的方法是利用制取苯酚的副产物丙酮和制取丙烯腈的副产物氢氰酸经两步反应制得。其原料利用率仅为 46％，即每生产 1kg 目标产物就要生成 1.15kg 废物硫酸氢铵，同时还涉及剧毒物质氢氰酸的使用。

$$\underset{\quad}{CH_3\overset{O}{\overset{\|}{C}}CH_3} + HCN \longrightarrow CH_3\underset{OH}{\overset{CN}{\underset{|}{C}}}CH_3 \xrightarrow[H_2SO_4]{CH_3OH} CH_2=\overset{CH_3}{\underset{\;}{C}}COOCH_3 + NH_4HSO_4 \qquad (2-5)$$

总包反应为：

$$CH_3CCH_3 + HCN + CH_3OH + H_2SO_4 \longrightarrow CH_2\!=\!CCOCH_3 + NH_4HSO_4 \quad (2\text{-}6)$$

摩尔质量/(g·mol^{-1})	58	27	32	98	100	115
目标产物量/g					100	
废物量/g						115

原子利用率＝100/(58＋27＋32＋98)×100％＝100/(100＋115)×100％＝46％

为了克服传统方法中的缺点，20 世纪 90 年代，人们开发了用乙酸钯[Pd(OAc)$_2$]为催化剂的一步合成法，其原子利用率可达 100％，化学产率达 99％，选择性可达 99％，该方法利用石油裂解的副产物丙炔为原料。

$$CH_3C\!\equiv\!CH + CO + CH_3OH \xrightarrow{\text{Pd(OAc)}_2} CH_2\!=\!CCOCH_3 \quad (2\text{-}7)$$

摩尔质量/(g·mol^{-1})	40	28	32	100
目标产物量/g				100
废物量/g				0

原子利用率＝100/(40＋28＋32)×100％＝100/100×100％＝100％

原子利用率达到 100％的反应有两个最大的特点：

① 最大限度地利用了反应原料，节约了资源；

② 最大限度地减少了废物排放（达到了零废物排放）。

三、 环境因子与环境商

（一） 环境因子

根据绿色化学的观点，制造各种化学品时，必须同时考虑对环境造成的影响。1992 年，荷兰有机化学家 Roger A Sheldon 提出了环境因子的概念，用以衡量生产过程对环境的影响程度。环境因子（E 因子）定义为：

$$E = \frac{废物质量}{目标产物质量}$$

在这里，相对于每一种化工产品而言，目标产物以外的任何物质都是废物。环境因子越大，则化工生产过程产生的废物就越多，造成的资源浪费和环境污染也越大。

其中废物是指预期产物以外的任何副产物，包括反应后处理过程产生的无机盐，如氯化钠、硫酸钠、硫酸镁等，它们大多在反应进行后处理（如酸碱中和）的过程中产生。因此，要减少废物使 E 因子减小，其有效途径之一就是改变许多经典有机合成中以中和反应进行后处理的常规方法。

用原子经济性或 E 因子考察化工流程过于简化，更全面的评价合成过程或化工流程对环境所产生的影响还应考虑废物对环境的危害程度。此外，产出率，即单位时间单位反应容器体积生产物质的量，也是一个重要的指标。

对于原子利用率为 100％的原子经济性反应，由于在目标产物之外无其他副产物，因此，其环境因子为零。

据统计，现行化工及相关生产部门中，石油化工业的环境因子约为 0.1，是各行业中较小的，制药工业和精细化工业的环境因子较大，如表 2-1 所示。

表 2-1 化工及相关生产部门的环境因子

工业部门	生产量/t	环境因子
煤油	$10^6 \sim 10^8$	约 0.1
基本化工	$10^4 \sim 10^6$	<1～5
精细化工	$10^2 \sim 10^4$	5～50
制药	$10 \sim 10^3$	25～100

这些工业副产物，主要是在纯化产品时中和反应所产生的无机盐。步骤越多，废物就越多。精细化工业（如染料业）和制药工业等废物相对较多，主要是这些行业生产过程中涉及的步骤较多、原子利用率低的反应。因此，如何减少合成步骤，提高反应原子经济性，开发无盐生产工艺是目前化学工业面临的重要任务之一。

（二）环境商

环境因子只体现了废物与目标产物的相对比例，不能体现出废物排放到环境中后，其对环境的影响和污染程度。因此，要更为精确地评价一种合成方法、一个过程对环境的好坏，必须同时考虑废物排放量和废物的环境行为本质的综合表现。这一综合表现可用环境商（EQ）来描述：

$$EQ = E \times Q$$

式中，E 为环境因子；Q 为根据废物在环境中的行为给出的废物对环境的不友好程度。例如，可将无害的氯化钠的 Q 值定义为 1，根据重金属离子毒性的大小，推算出其 Q 值为 100～1000。尽管有时对不同地区、不同部门、不同生产领域而言，同一物质的环境商值可能不相同，但 EQ 值仍然是化学化工工作者衡量和选择环境友好生产过程的重要因素，如再加上溶剂等反应条件、反应物性质、能耗大小等各种因素，对合理选择化学反应和化学过程会有更大的意义。

第二节 绿色化学十二原则

绿色化学是利用化学的原理、技术和方法从源头上消除对人类健康、社区安全、生态环境有害的原料、催化剂、溶剂、反应产物和副产物等的使用和产生。其基本思想在于不使用有毒、有害物质，不产生废物，是一门从源头上防止污染的绿色与可持续发展的化学。绿色化学是化学的新发展，根据绿色化学遵循的不断完善的基本原则，以保护人类健康和环境为目的，来实现环境、经济和社会的和谐发展。为了评价一个化工产品、一个单元操作或一个化工过程是否符合绿色化学目标，P. T. Anastas 和 J. C. Warner 首先于 1998 年提出了著名的绿色化学十二原则。

一、防止污染产生优于污染治理

防止污染产生优于污染治理是指防止废物产生优于其生成后再进行处理。

（一）末端治理与污染防治

目前，化学工业的绝大多数工艺是在 20 世纪前期开发的，当时的生产成本主要包括原材料、能耗和劳动力的费用。早期对环境污染采取的是末端治理方式。末端治理是指在工业污染物产生以后实施物理、化学、生物方法治理，其着眼点是在企业层次上对生成的污染物的治理。末端治理在一定程度上减缓了生产活动对环境的污染和生态破坏趋势，但是，随着工业的迅速发展，污染物排放量剧增，末端治理便表现出局限性。用于污染物处理及排放的费用会越来越高，这种传统的末端治理环保战略，将环境保护与经济发展割裂开来，已被证明不能保障经济的可持续发展。所以，从环保、经济和社会的要求来看，化学工业需要大力研究与开发从源头上减少和消除污染的绿色化学生产过程及工艺。

（二）污染防治的措施

绿色化学与环境治理是不同的概念。环境治理强调对已被污染的环境进行治理，使之恢复到被污染前的状况，而绿色化学则是强调从源头上阻止污染物生成的新策略，即污染预防，亦即没有污染物的使用、生成和排放，也就没有环境被污染的问题。要从根本上治理环境污染，实现人类可持续发展，就必须发展绿色化学技术，进行清洁生产，使用对环境友好的化学品，从源头上减少、甚至杜绝有害废物的产生。因此，防止污染优于污染治理。

实现人口与经济、社会、环境、资源的可持续发展为世界各国的基本国策。绿色化学是具有明确的社会需求和科学目标的交叉学科。从经济观点出发，它合理利用资源和能源，降低生产成本，符合经济可持续发展的要求；从环境观点出发，它从根本上解决生态环境日益恶化的问题，是生态可持续发展的关键。因此，只有通过绿色化学的途径，从科学研究着手发展环境友好的化学、化工技术，才能解决环境污染与可持续发展的矛盾，促进人与自然环境的协调与和谐发展。

二、原子经济性

原子经济性是指合成方法应具有"原子经济性"，即尽量使参加反应的原子都进入最终产物。

在整个 20 世纪，有机化学的课本中没有表现配平的方程式。所列的反应式很少或根本不涉及在一个合成转化过程中所产生的副产物或共生产物。传统上，常用产率来描述某一合成方法的有效性和效率，而前面已经探讨了产率并不能很好地反映一个反应的原子经济性。可以对常规反应的类型做一个总的评估，以决定每一类反应的内在的原子经济性。

（一）重排反应（rearrangement reaction）

重排反应是构成反应物分子的原子通过改变相互的位置、连接以及键的形成方式等，产生一个新分子的反应。一般是通过光、热及化学诱导等方式来控制的。这类反应的特点就是反应物分子中的所有原子经重新组合后均转移至产物分子中，无内在的废物产生。因此，重排反应是理想的原子经济性反应，原子利用率达 100%。其反应通式：A ——→ B。这类反应有许多，其中人名反应就有 30 多种，如 Beckmann 重排、Claisen 重排、Fries 重排、Wolf 重排等。这些反应在染料合成和药物合成中都非常重要。如：

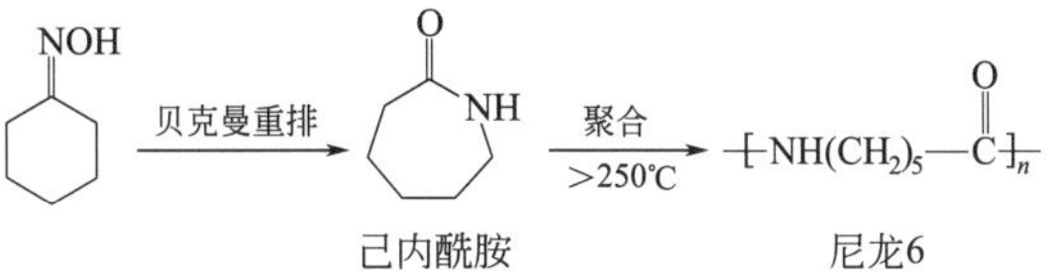

$$(2-8)$$

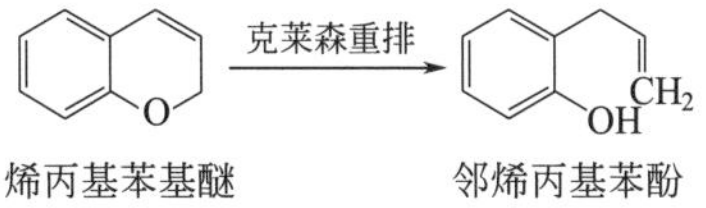

己内酰胺　　　　　　尼龙6

$$(2-9)$$

烯丙基苯基醚　　　　邻烯丙基苯酚

（二）加成反应（addition reaction）

加成反应是不饱和分子与其他分子相互加合生成新分子的反应，反应中同时发生不饱和 π 键的断裂和 σ 键的形成。根据进攻试剂的性质或 π 键的断裂和 σ 键形成方式的不同，加成反应可分为亲电加成、亲核加成、催化加氢及环加成等。由于加成反应是将反应物分子全部加成到另一反应物分子上，所有的原子都进入到产物中，因此原子利用率为 100%，是原子经济性反应。其反应通式为：A＋B ⟶ C。这类反应包括烯烃的加成、炔烃的加成、共轭二烯的加成、醛酮的亲核加成、不饱和羰基化合物的加成等。如：

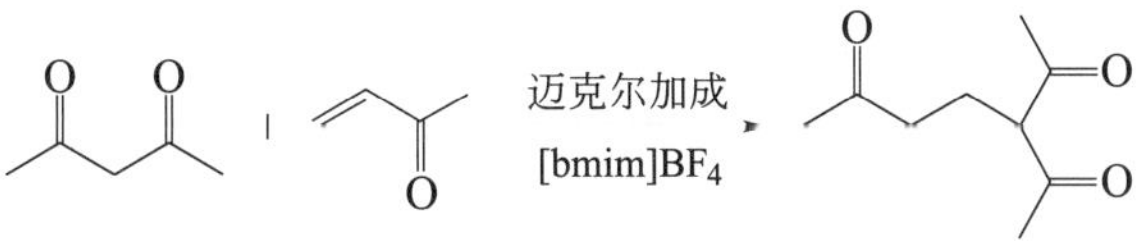

$$(2-10)$$

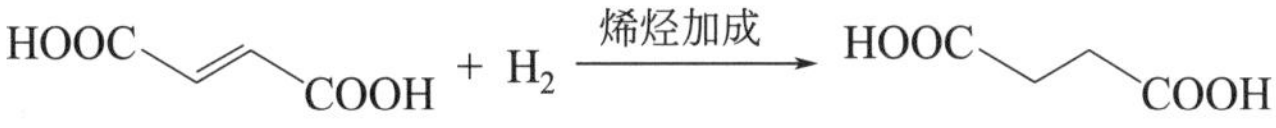

$$(2-11)$$

（三）取代反应（substitution reaction）

取代反应是反应物分子中的原子或基团被其他分子的原子或基团取代的反应。根据键的断裂方式和取代基团的性质不同可分为三种基本类型：亲核取代、亲电取代和自由基取代反应。烷基化、芳基化、酰化、硫化及砷化反应等，均为取代反应。无论哪一种取代，其结果都是被取代基团作为废物被排放，因此取代反应不是原子经济性反应。其原子经济性程度视不同的试剂和产物而决定。其反应通式为：A—B＋C—D ⟶ A—C＋B—D。如丙酸乙酯与甲胺的取代反应：

$$(2-12)$$

由于部分原子未进入目标产物——丙酰甲胺而生成了副产物乙醇，其原子利用率仅为 65.41%。

取代反应不仅不是原子经济性反应，而且在资源利用及环境污染方面均有一定的不足。但这并不意味着它绝对的不可取，如果一个取代反应在设计时精心考虑和选择离去基团，使其对环境无害，该反应也可以是方便和高效的。

（四）消除反应（elimination reaction）

消除反应是从有机化合物分子中相邻的两个碳原子上除去两个原子或基团，生成不饱和化合物的反应，包括脱氢、脱卤素、脱卤化氢、脱水、脱醇、脱羧、脱氨以及一些降解反应等。按照被消去原子或基团的位置可分为 α-消除、β-消除、γ-消除等。其反应通式为：

$$\begin{array}{c} A \\[-2pt] | \\[-2pt] B \end{array}\!\!\!-\!\!\!\begin{array}{c} R' \\[-2pt] | \\[-2pt] R'' \end{array} \longrightarrow \begin{array}{c} A \\[-2pt] \| \\[-2pt] B \end{array} + \begin{array}{c} R' \\ R'' \end{array} \tag{2-13}$$

由于消除或降解反应必然会生成其他小分子副产物，所以消除反应与取代反应一样不是原子经济性反应。尤其是季铵碱热分解反应制备烯烃，其原子利用率仅为 35.3%。例如：

$$CH_3CH_2CH_2N(CH_3)_3OH \xrightarrow{\triangle} CH_3CH\!=\!CH_2 + (CH_3)_3N + H_2O \tag{2-14}$$

（五） 周环反应（pericyclic reaction）

周环反应是不经过活性中间体，只经过环过渡态的一类协同反应，即在反应过程中新键的生成与旧键的断裂是同时发生的。它包括电环化反应、环加成反应、σ迁移反应等。周环反应是分子前线轨道控制的合成反应，为合成化学家提供了多种多样的反应途径。D-A反应、1,3-偶极环加成反应等都是典型的成键周环反应。例如：

$$H_2C^-\!-\!N\!=\!NH_2^+ + H_2C\!=\!\overset{H}{\underset{COOEt}{C}} \longrightarrow \overset{N\!\diagdown\!N}{\underset{COOEt}{\bigcirc}} \tag{2-15}$$

$$2\,\bigcirc \underset{\overrightarrow{hv}}{\rightleftharpoons} \text{（环加成产物）} \tag{2-16}$$

这些反应的通式可以表示为：

$$A + (B) \Longrightarrow C \tag{2-17}$$

周环反应的正反应一般都是原子经济性反应，但其逆反应有时就需要把一个分子分解成两个分子，原子经济性降低。因此，逆反应往往不如正反应对环境友好。

（六） 氧化还原反应（oxidation and reduction reaction）

在无机反应中把电子得失的反应称为氧化还原反应；而有机反应中，把加氧或去氢的反应称为氧化反应，而去氧或加氢的反应称为还原反应。例如：

$$3\,\overset{R}{\underset{R'}{\underset{|}{C}}}\!\!-\!\!OH + 2KMnO_4 \longrightarrow 3\,\overset{R}{\underset{R'}{C}}\!\!=\!\!O + 2MnO_2 + 2KOH + 2H_2O \tag{2-18}$$

可见，氧化还原反应副产物多，原子经济性差，是化学工业中污染环境最严重的反应之一，而且很难寻找到对环境无害的氧化剂。所以，在设计合成路线时应尽量避免氧化还原反应，减少废物的产生，这是绿色化学所要求的。

绿色化学的核心是实现原子经济性反应，但在目前的条件下，不可能将所有的化学反应的原子经济性提高到 100%。因此，应不断寻找新的反应途径来提高合成反应过程的原子利用率，或对传统的化学反应进行改造，不断提高化学反应的选择性，达到提高原子利用率的目的。

三、 无害化学合成

无害化学合成是指在合成中尽量不使用和不产生对人类健康和环境有毒、有害的物质。

绿色化学的基础是在合成化学品时，尽可能减少危险品的使用，将毒害降至最低限度或消除毒害。过去保护环境往往认为要限制化学和化学品，甚至要消除化学和化学品，现在绿色化学则将化学作为一个解决问题的方法，而不是仅仅作为问题看待。绿色化学认识到只有通过化学家的技术、知识，才能使现代科技的发展达到对人类健康、环境安全的地步。

（一）无毒、无害原料

在有机合成反应中，许多原料是有毒的，甚至是剧毒的，如光气、氰化物及硫酸二甲酯等。由于以其为原料来合成一些重要的化学品的生产工艺已经相当成熟，故一直沿用至今。但在使用这些原料的同时不可避免的会出现危害人体健康和造成严重环境污染的问题。在传统的化学合成反应中，人们只单纯地追求目标产物的产量及经济性，没有考虑如何避免有毒、有害物质的使用和产生。对于所使用和产生的有毒、有害物质只在工程上进行控制或者附加一些防护措施。这种模式一直隐藏着极大的危险，一旦防范失败或者在操作过程中有任何一点差错就会酿成难以想象的灾难。

因此，绿色化学要求在设计化学合成路线时，应遵循不使用也不产生有毒、有害物质这一基本思想，并在这一基本思想指导下选择原料、反应途径和相应的目标产物，尽量在化学工艺路线的各个环节上不出现有毒、有害物质。如果必须使用或者在使用过程中不可避免地要出现有害物质，也应通过系统控制使之不与人和其他环境接触，并最终消除，使毒害风险降至最低。

（二）改变合成路径

在化工生产中，原材料的选用是非常重要的，它决定了反应类型、加工工艺、原材料的储存和运输、合成效率，以及反应过程对环境、人类健康的影响等。由此可见，使用安全无毒、无害的物质代替有毒、有害的化工原料已刻不容缓。

例如，使用绿色化学品代替光气。光气的分子式为$COCl_2$，又称为碳酰氯，是一种重要的有机中间体和剧毒化工原料，主要用于生产异氰酸酯和聚碳酸酯。多年来人们一直在研究替代光气的低毒或无毒原料的新合成路线来生产异氰酸酯。

美国 Monsanto 公司开发了以伯胺、二氧化碳及有机碱为原料，先生成氨基甲酸酯阴离子，再用乙酸酐脱水得异氰酸酯和乙酸的技术。乙酸可再脱水而循环使用，整个过程基本上无废物排放。这种技术改变了原来用光气作原料的生产工艺，目前已顺利实现了工业化。

$$RNH_2 + CO_2 + B \Longleftrightarrow RNHCOO^- \overset{+}{B} \tag{2-19}$$

$$RNHCOO^- \overset{+}{B} + (CH_3CO)_2O \longrightarrow RNCO + CH_3COOH + B \tag{2-20}$$

后来美国通用电气塑料公司和日本三井石化公司联合开发了以绿色试剂碳酸二甲酯为原料替代光气制造聚碳酸酯的技术。以碳酸二甲酯代替传统的光气与苯酚反应生成碳酸二苯酯，通过与双酚 A 的酯交换，再缩聚生成高分子聚碳酸酯，副产物甲醇可回收利用制造碳酸二甲酯。苯酚也可以循环使用，达到理想的零排放绿色合成。

（三）绿色化学合成

化工生产的原料大多来自石油、天然气、煤等不可再生资源，为实现化工生产中原材料的可持续发展战略，不仅需要在化工生产中使用无毒、无害的原材料，还要尽可能使用可再生资源或生物质资源。近年来，人们开发了许多以生物质等可再生资源为原料来合成化学品的新工艺。

例如，乙酰丙酸的合成。乙酰丙酸是生产许多重要化工产品（如四氢呋喃、丁二酸和双酚酸等）的关键中间体。传统合成方法是以乙醇、丙醇为原料经过多步合成而得。美国Biofine 公司发展了一种将天然纤维素转化为乙酰丙酸的新技术，以天然纤维素（也可以是造纸废物、废木材、农业残留物）为原料，在 200℃温度下、稀硫酸及催化剂的作用下，15min 即可转化成乙酰丙酸。由于消除了副反应，乙酰丙酸产率高达 70％～90％，同时副产物为甲酸和糠醛。

随着生物技术、生物催化及生物合成的发展进步，生物质原料已是一些化学合成过程的石油原料的替代品。生物质资源作为化工原材料，不但原料丰富易得，还可再生，生产过程无毒、无害，而且其产品也可能是对环境友好的。因此，以植物为主的生物质资源作为化工原材料是绿色化学合成研究的重点。

四、 设计安全化学品

设计安全化学品是指设计具有高使用功效和低环境毒性的化学品。

（一） 设计安全化学品的概念

1. 设计安全化学品的定义

设计安全化学品是指运用构效关系和分子改造的手段来获得最佳的所需功能的分子，同时使化学品的毒性最低。因为化学品往往很难达到完全无毒或达到最强的功效，所以两个目标的权衡是设计安全化学品的关键。以此为依据，在对新化合物进行结构设计时，对已存在的有毒化学品进行结构修饰、重新设计也是化学家的研究内容。

早在 20 世纪 80 年代，设计安全化学品的观念就已经被提及。Ariens 就曾提出药物化学家应从合成、分子毒理及药理三方面进行联合考虑，以便化学更好地为人类服务。但长久以来，化学家更多关注化学以及运用化学取代、分子改造来改善其物化性质使其达到期望的工业性能。设计安全化学品使化学家在设计时有了新的考虑角度，即发展和应用对人和环境无毒、无危险性的试剂、溶剂及其他实用化学品。

2. 设计安全化学品所考虑的因素

通常设计化学品时希望其最好不能进入生物有机体，或者即使进入生物体，也不会对生物体的生化和生理过程产生不利的影响。然而考虑到形形色色、千差万别、复杂的、动态的生物有机体，实现这种期望面临着艰巨的挑战。化学家必须掌握设计安全化学品的知识，建立判别化学结构与生物效应的理论体系。他们必须能从分子水平避免不好的生物效应，同时还必须考虑化学品在环境中可能发生的结构变化及其在空气、水、土壤中的扩散以及潜在的危害。所以不仅要顾及化学品对生物的直接影响，还要警惕间接的、长远的影响，如酸雨、臭氧层破坏等。

（二） 设计安全化学品的实施基础

要将安全化学品的设计在全球范围内进行实践，必须具备以下基本条件。

① 提高设计安全化学品的意识。
② 确定安全化学品的科技和经济可行性。

③ 对化学品的全面评价。

④ 注重毒理和化合物构效关系的研究。

⑤ 化学教育的改革。

⑥ 化学工业的参与。

传统化学往往注重检测化学品能否具有设计期望的性质，而对其起毒性作用的分子则难以辨别。现在通过物质在人体、环境中产生毒性的机理分析，化学家能在保持分子正常功能不变的条件下，对化合物结构进行修饰，减少其毒性。对毒性机理不清楚的化合物，可通过化学结构中某些官能团与毒性的关系，设计时可以尽量避免有毒基团，同时将有毒物质的生物利用率降至最低也是设计途径之一。当一个有毒物质不能到达目标器官，其毒性就无从体现。化学家可以通过改变分子物理化学性质如水溶性、极性，控制分子使其难以或不能被生物膜和组织吸收，消除其生物利用，毒性也随之降低。所以设计安全化学品是可行的。现在已经有很多成功的经验。例如将致癌的芳胺经分子修饰以利于排泄或阻止生物活化；将分子中的碳原子以硅原子替代来降低毒性；一些典型的有毒物质如DDT可以经重新设计，既保持原有功效，又能在生理条件下快速分解为无毒、易代谢排出的物质。在"美国总统绿色化学挑战奖"中就设有"设计安全化学品奖"。绿色化学的进步证明设计安全化学品是有效的，也是有益的。它需要公众的环保意识，化学家、毒理学家的合作，化学教育的支持和化工行业的实践。

五、 采用安全的溶剂和助剂

采用安全的溶剂和助剂是指尽量不使用溶剂等辅助物质，必须使用时应选用无毒、无害的。

（一） 常规溶剂和助剂的环境危害

在化学品的生产、加工、使用过程中，每一步都会用到辅助性物质。这些辅助性物质一般作为溶剂、萃取剂、分散剂、反应促进剂、清洗剂等。目前，使用量最大、最常见的溶剂主要有石油醚、芳香烃、醛、酮、卤代烃等。人类每年向大气排放这些挥发性有机溶剂超过$2 \times 10^7 t$。这些挥发性有机溶剂在阳光照射下会发生化学反应，在地面附近形成光化学烟雾影响人类的健康，导致并加剧肺气肿、支气管炎等症状，甚至诱发癌症病变。此外，这些溶剂还会污染水体、毒害水生动物。

随着保护环境的呼声日益高涨，各国纷纷制定各种限制或减少挥发性有机溶剂排放的措施，以减轻对环境的危害。这要求化学家在进行化学品的制备和使用过程中必须考虑到尽可能不使用辅助性物质，如果必须使用也应是无害的。因此，研究开发无毒、无害的溶剂去取代易挥发的、有毒、有害的溶剂，是减少环境污染的一个有效途径。对于有毒、有害溶剂的替代品选择，有以下3点通用指导性原则。

（1）**低危害性** 由于溶剂用量很大，因此人们在使用溶剂时必须考虑安全性。选择溶剂时首先要考虑的是其爆炸性或可燃性，其次要考虑大量使用溶剂对人体健康及环境的影响。

（2）**对人体健康无害** 挥发性溶剂很容易通过呼吸进入人体，一些卤代试剂可能有致癌的作用，而其他有些试剂则可能对神经系统有毒害作用。

（3）**环境友好** 要考虑溶剂的使用可能会引起的区域性和全球性的环境问题。目前，代替传统溶剂的途径包括使用水溶液、超临界流体、高分子或固定化溶剂、离子液体、无溶剂系统及毒性小的有机溶剂等。

（二） 超临界流体

超临界流体（supercritical fluid，SCF）是指处于临界温度和临界压力之上，介于气体和液体之间的一种特殊的流体，其密度接近于液体，而黏度接近于气体。这一流体具有可变性，其性质随着温度、压强的变化而变化。

处于超临界的流体具有许多特性：①密度（比气体约大 3 个数量级）和溶剂化能力接近液体，而黏度、扩散系数（比液体大 100 倍左右）等性质又接近气体；②在临界点附近，流体的物理化学性质（如密度、介电常数等）随温度、压力的变化十分敏感，即在不改变化学组成的条件下，可以用温度、压力调节流体的性质，在较宽的范围内改变流体的溶解能力；③超临界流体（如二氧化碳、水等）一般是无毒的，它们的大量使用有利于安全生产，而且来源丰富、价格低廉、便于推广使用。

由于超临界流体具有特殊的性质，因此它在萃取、色谱分离、重结晶、有机反应、微细颗粒和纤维的生产、喷料和涂料、催化过程以及超临界色谱等方面表现出特有的优越性，从而在化学化工中具有重要的实际应用价值。如二氧化碳在压力超过 1.38MPa、温度为 31.06℃就可达到临界点，超临界 CO_2 流体以其适中的临界压力和温度、来源广泛、价廉无毒等诸多优点而得到广泛应用。它不仅被应用于有机合成，而且在分析化学等方面也得到应用。超临界二氧化碳作为溶剂主要有三种用途：一是作为抽提剂，用于食品、医药行业的香料和药用有效成分的提取；二是作为反应介质；三是作为化学品应用过程中的稀释剂。

（三） 水

由于大多数有机化合物在水中的溶解性差，而且许多试剂在水中会分解，因此通常避免用水作反应介质。但以水作为反应溶剂具有丰富、价廉、无毒及不危害环境的独特优越性。另外，水溶剂特有的疏水效应对一些重要有机转化反应是十分有益的，有时可提高反应速率和选择性，且生命体内的化学反应大多是在水中进行的。目前超临界水作为反应溶剂在许多反应中也得到了很好的应用。

（四） 固定化溶剂

溶剂具有危害性最主要的问题在于其挥发性。溶剂的易挥发不但对暴露的人有害，而且也会造成空气污染。因此，为了克服传统溶剂的危害，溶剂固定化是解决办法之一，它能够保持溶解性，而又不挥发。目前这方面的工作已有初步成效。研究者可以将溶剂分子束缚在某一固体载体上，或者直接将溶剂分子连在聚合物的主链上。另外，本身有良好的溶解性能且无害的新聚合物也可作为溶剂。

（五） 离子液体

20 世纪 40 年代，F. H. Hurley 和 T. P. Wiler 在寻找一种温和条件电解 Al_2O_3 时，把 N-甲基吡啶加入 $AlCl_3$ 中，两固体的混合物在加热后变成了无色透明的液体，这便是最早的离子液体。离子液体的发现不仅给化学研究提供了一个全新的领域，还有望给面临污染、安全等问题的现代化学工业带来突破性的进展。随着绿色化学的兴起，离子液体的研究在全世界掀起了热潮。离子液体（ionic liquid）是指由有机阳离子和无机或有机阴离子构成的在室温附近温度下呈液态的盐类化合物。因其离子具有高度不对称性而难以紧密堆积，阻碍其结晶，因此熔点较低，常温下为液体，故又称为室温离子液体（room temperature ionic liquids）。形成离子液体的有机阳离子母体主要有四类：咪唑盐类、吡啶盐类、季铵盐类、季鏻盐类。无机阴离子则主要有 $[AlCl_4]^-$、$[BF_4]^-$、$[PF_6]^-$、$[CF_3SO_3]^-$ 等。离子液体的关键特性是其性质可以通过适当地选择阴离子、阳离子及其取代基而改变，即可以按需要设计离子液体。

目前研究得较多的是由表 2-2 所示的两种阳离子和含氟阴离子构成的离子液体。

表 2-2 离子液体的阴阳离子组成

阳离子	阴离子
R—N⁺—N—R′（结构式） N⁺—R（吡啶结构式）	基本的：$[BF_4]^-$，$[PF_6]^-$，NO_3^-，NO_2^-，SO_4^{2-}，CH_3COO^-，$[SbF_6]^-$，$[C(CF_3SO_2)_3]^-$，$[CF_3CO_2]^-$ 酸性的：$[Au_2Cl_7]^-$，$[Cu_2Cl_3]^-$，$[Al_2Cl_7]^-$，$[Al_3Cl_{10}]^-$ 中性的：Cl^-

与其他溶剂相比，离子液体具有如下特点。

① 蒸气压很小，几乎探测不到，不挥发，并且制备简单、不燃烧、不爆炸、毒性低、溶解性能强，可较好地溶解多数有机物、无机物和金属配合物，与传统的有机溶剂相比更环保。

② 可使用温度范围大（$-96 \sim 300℃$），较好的化学稳定性及较宽的电化学稳定电势窗口。

③ 通过阴、阳离子的设计可调节离子液体的极性、亲水性、黏度、密度、酸性以及溶解性等。

④ 许多离子液体本身还表现出 Brönsted、Lewis、Franklin 酸性及超强酸性。这就表明了它们不但可以作为溶剂使用，而且可以作为某些反应的催化剂，避免使用额外的可能有毒的催化剂或产生大量废物。

因此，离子液体不仅可作为许多有机化学反应，如烷基化、酰基化、加氢还原、选择性氧化、异构化、D-A 反应、羰基化、酯化及聚合等反应的良好溶剂，而且还可作为分离工程中的气体吸收剂和萃取剂，电化学中的电解质及有机反应的催化剂，例如以离子液体催化丁烯的二聚在工艺上已实现大规模工业应用。近期，通过引入不同的官能团可实现对离子液体特定功能化的设计，如含质子酸的离子液体、含手性中心的离子液体和具有配体性质的离子液体等。

（六）无溶剂体系

传统的观点是认为化学反应需要在液态或溶液中才能进行，而由于大多数溶剂会污染环境及产品，因此要彻底解决此问题，最佳办法是完全不使用溶剂。目前已开发出几种途径来实现无溶剂反应，大致可分为三类：①反应物同时起溶剂作用的反应；②反应物在熔融态反应，以获得好的混合性及最佳的反应效果；③固体表面反应。特别是微波炉、超声波反应器出现后，无溶剂反应更容易进行。如 Varma 等利用微波与催化剂共同活化的方法，把醇类转化为羰基化合物，避免了有机试剂的使用。汪芳明等以取代的 5-噻吩基-1,3-环己二酮和邻氨基胡椒醛为原料，在无溶剂条件下用微波辐射合成了一系列的 3-噻吩基-6,7 亚甲二氧基-1（2H,4H）-吖啶酮衍生物，极大地提高了目标物的产率。无溶剂条件下进行的化学反应，能在源头上阻止污染物，具有节省能源、无爆炸性、产率高、工艺过程简单及某些反应还具有立体选择性等优点，因此成为合成化学工作者的研究热点。无溶剂反应体系已成功应用于烷基化反应、缩合反应、酯化反应、D-A反应、加成反应、重排反应、氧化还原反应、有机金属反应、聚合反应等。

但值得注意的是，无溶剂是指反应本身，而不论反应后的处理是否使用溶剂。若反应不是定量完成，仍有分离问题，又可能使用有毒有害的有机溶剂。又由于大多无溶剂固态反应系统无流动性，导致反应物接触概率不高，反应放出热量难以散失，大规模生产困难等均是研究工作者们亟待解决的问题。

总之，超临界二氧化碳、超临界水、离子液体等介质都是对环境友好绿色溶剂。而进一步扩大绿色溶剂的应用来取代传统的有毒有害的溶剂，发展高效、安全的绿色反应过程是目前乃至今后很长一段时间各国科学家的主要研究方向。

六、 尽可能提高能源的经济性

尽可能提高能源的经济性是指生产过程应该在温和的温度和压力下进行，而且能耗应最低。

（一） 化学工业中的能源使用

能量是人类赖以生存的重要物质基础，能量的存储和使用与经济发展、社会状况及生态环境直接相关。化学工业是工业部门中的第一耗能大户，约占世界总能耗的25%。化学反应或化学过程的每一步都涉及能量的转变和传递。化学原料的获取、化学反应的发生、反应速率的控制、反应产物的分离和纯化等各个环节均伴随着能量的产生和消耗。如要让一个反应进行到其热力学允许的程度，通常是通过加热来完成的，这是一个耗能过程；而若一个反应是强放热的，则需要冷却以移走热量来控制反应速率以避免反应失控导致严重的化学事故，冷却过程同样要消耗能量。因此，无论是加热还是冷却，均需花费一定经济成本和产生一定环境影响。

化学工业中最耗能源的过程之一是纯化和分离过程。纯化与分离通常可以通过精馏、萃取、重结晶、超滤来进行，都需要消耗大量能量以保证产物与杂质的分离。通过优化设计尽可能减少这些过程，进而减少能耗。目前，化学工业所使用的能量主要是以化石燃料为主，而化石燃料是一次性燃料，这显然不符合社会经济可持续发展的需要，因此，必须找到一种可持续使用能量的方法。

（二） 新能源利用技术

除了使用热能、电能和光能三种传统的能量以外，还可以利用新的能量形式来促进化学反应的进行。

使用微波辐射技术可加快化学转化（常常是在固态下），在许多情况下，微波技术显示了极大的优势，即不需要通过持续加热来使反应进行，而且在固体状态下的微波反应避免了在有溶剂的反应中溶剂所需的额外的热量需求。在环境样品的有机氯化合物的检测中，微波协助萃取显示了其优越性。在微波条件下的萃取不需热能，萃取时间短，且萃取效果更完全。

超声波能对一些类型的转化反应（如环加成、周环反应等）起催化作用。利用这种技术，可以使反应物分子周边的反应条件充分改变以促进化学转化。

在使用以上技术时，环境可以得到改善，但是针对每一个具体反应，都应视其获得合成目标产物的效率而定。

（三）优化反应条件

在开发一个新工艺来合成某种化学品时，化学家往往只考虑优化反应工艺路线来提高反应物的转化率或目标物的产率，而忽略了能量因素的优化。绿色化学则要求综合考虑化学过程中物质和能量的产生、输送以及消耗的各个环节，通过对化学反应的设计、调整和优化，改变化学过程对能量的需求，在生态环境和经济效益许可的条件下，使化学反应过程的能耗降到最小，从而达到合理利用能源的目的。因此，化学家在设计反应过程和反应系统时，应尽可能考虑如何把能耗降到最低。

目前，人们除了从化学反应本身来消除环境污染、充分利用资源、减少能源消耗外，还可以通过化工过程强化，实现化工过程的高效、安全、环境友好及密集的生产。化工过程强化是指在生产和加工过程中运用新技术和新设备，最大限度地减小设备体积或者增大设备生产能力，显著地提高能量效率，大量地减少废物排放。化工过程强化方法包括将化学反应和分离操作集成在一个催化蒸馏多功能反应器中或多种分离操作集在一个设备内完成组合分离等。化工过程强化充分利用能量，提高生产效率并显著降低能量消耗。

七、 尽可能利用可再生资源来合成化学品

尽可能利用可再生资源来合成化学品是指尽量采用可再生的原料，特别是用生物质代替矿物燃料。

可再生资源是指在短时期内可以再生，或是可以循环使用的自然资源，又称可更新资源，主要包括生物资源（可再生）、土地资源、水资源、气候资源等。后三者是可以循环再现和不断更新的资源。

不可再生资源，也称不可更新资源或一次性资源，主要指自然界的各种矿物、岩石和化石燃料，例如泥炭、煤、石油、天然气、金属矿产、非金属矿产等。它生成于漫长的地质年代和一定的地质条件下，在人类历史时期，用完了就不可能再生，所以被认为是不可再生资源。

随着不可再生资源的短缺，开发可再生生物质资源来代替石油、煤、天然气等燃料显得非常重要。它可有效避免在不可再生的原料提供枯竭时，所造成的原料供求关系的变化及全球的经济压力和动荡。目前，用酒精代替汽油作为机动车燃料已得到极大的应用，并且可以取得长期和明显的环境效益。传统的以谷物为原料的发酵工艺，成本高，能耗大，酒精生产成本高，但以廉价的纤维素为原料，采用纤维素酶直接水解发酵生产酒精，可明显降低成本。

用生物质作为可再生资源来生产化学品的研究受到人们的普遍重视，也是保护环境和实现可持续发展的必然要求。然而，以生物质资源作为原料和能源材料也有其局限性。生物质原材料不能连续供应，当需要连续不断地提供这种原材料，但由于庄稼欠收等不能提供该材料时，可再生资源能在一个时间段内快速产生的优点就变成了缺点。

八、 尽量减少衍生物生成

尽量减少衍生物生成是指尽量减少副产品。

有时为了使一个特别的反应发生，通常需要对反应分子进行修饰，使其衍生为需要的结构。控制和选择系统中的衍生作用、简化反应历程，这是绿色化学设计的基本要求。

（一） 基团保护

基团保护是合成化学上常采用的技术之一，在要使分子的某一部位发生反应时，分子中的敏感部分也可能随之发生反应，而这一反应并不是人们希望的，就需要引入保护基团把活泼部分保护起来。比如典型的酚羟基保护，要使某分子的某部分发生氧化反应时，想保留的酚羟基也会被氧化，这时就需要使该羟基反应生成苯醚，然后再进行氧化反应。此时，醚键不会被氧化，氧化反应完成后，再使该醚键断裂，重新生成羟基，这种类型的反应在药物合成、杀虫剂合成、染料合成中均极为常见，不过，在生成苯醚和使苯醚键断裂均涉及产生苄氯，使用完后又变为废物。因此，这种暂时的修饰应尽量避免。

（二） 成盐

有时为了便于操作，通常对化合物的性质如黏度、分散性、蒸气压、极化性、水溶性等进行暂时的改变。比如在制备羧酸时，经常在溶液中使其成盐析出，以进行纯化。而在最后步骤，又加入酸释放出无机盐，使其成为废物，造成对环境的危害。

（三） 加上一个离去功能团

在进行合成设计时，化学家总是力图使每一反应都有很高的选择性。比如，某一分子中有多个反应位，在它参与反应时，我们总希望其反应仅在我们希望的位置发生。要达到这一目标，首先使该反应位衍生成对另一反应物更有吸引力的基团并易于离去。例如，常用卤素衍生物来进行亲核取代反应，卤素的存在使得该反应位更易于发生亲核取代反应，因为卤素的吸附性使该位置带更多的正电荷，同时，卤素又是很好的离去基团。不过，这一过程又会产生大量含卤素的废物。

九、 尽量采用高选择性的催化剂

催化剂不仅能改变热力学上可能进行的反应的速率，还能有选择性地改变多种热力学上可能进行的副反应，选择性地生成所需目标产物，因此在实现化工工艺与技术的绿色化方面催化剂发挥着举足轻重的作用。高效无害催化剂的设计和使用成为绿色化学研究的重要内容，选择性对于催化剂和绿色程度的评价都尤为重要。选择性的提高可开辟化学新领域，减少能量消耗和废物生成量。目前有关绿色化学的研究中有许多例子是采用新型催化剂对原有化学反应过程进行绿色化改进的，如均相催化剂的高效性、固相催化剂的易回收和反复使用等。这类研究几乎无一例外地描述了催化剂对反应绿色化改进的程度，或减少了试剂的使用，或使反应条件更加温和，或使反应更加高效和高选择性，或催化剂可多次重复使用和回收等。

固体催化剂一直被普遍认为催化活性较均相催化剂低很多。通过在分子水平上构筑高活性、高选择性的固体催化剂，不仅可解决固体催化剂活性低的问题，还可以解决催化剂回收使用等问题，而且对资源的有效利用和环境保护起着积极的促进作用。酶催化剂与仿生催化剂由于在温和条件下的高效性和高度专一性往往是化学催化剂望尘莫及的，这方面的研究已引起了广泛的重视。

十、 设计可降解的化学品

设计可降解的化学品是指化学品在使用完后应能够降解成无毒、无害的物质，并且能进入自然生态循环。

与环境中的化学品相关的一个重要问题即所谓"持久性化学品"或"持久性生物累积物"问题。当这些化学品被抛弃或排放到环境中后，会在环境中以原来的形式长期存在或被各种植物或动物种群吸收，并在它们的系统中累积。这一聚集对该生物物种有一定的危害。目前，人们在生产某一化学品时对这一问题考虑得很少，所以化学品的持久存在成为遗留已久的问题。其中最引公众注意的就是塑料和农药。塑料在出现时以其耐久的使用寿命而著称，但它的这一物化性质引起越来越多的海洋、土地和水生圈的环境问题。而大量的农药都是有机卤化合物，虽然这些药剂非常有效，但在它们的使用过程中会在许多种类的动物、植物中产生生物聚集，而且经常聚集在动物脂肪组织或脂肪细胞中，当被人食用时，也就造成对人的危害。所以在设计化学品时，能否降解必须作为其性能的评价标准之一。

因此，在设计化学品时必须注意当化学品功能用尽时，它们应该能降解为无毒害的物质或在环境中不能长期存在。目前关于可生物降解的塑料和杀虫剂的研究十分活跃，颇受关注。可生物降解的化学品已成为化学家的首选。不过在设计这类化学品时，同时也要考虑母体化合物生物降解后的存在形式，因此，在设计时，引入一些易于水解、光解或能由其他因素引起的化学键断裂官能团，是化合物生物降解的保障。同时，要考虑降解前后的化合物的毒性和危害如何，如果降解后的化合物增加了危害的风险，这种降解也就失去了绿色化学的意义。

十一、 发展预防污染的实时监控技术

发展预防污染的实时监控技术是指开发实时分析技术，以便监控有毒、有害物质的生成。

化学反应过程是动态的，反应条件的任何扰动都可能造成反应系统各物质量的变化，同时存在环境或安全隐患。要实现绿色化学过程的目标，就必须对整个生产过程进行实时控制，以绿色化学为目的的在线分析化学的发展也是基于"如果不能测定就不能控制"这一前提。化学家在设计化学反应过程时就要提前考虑如何科学利用检测和监控技术，实时、在线地了解化工生产的反应进程、各方面的生产状况，以及各种化学物质的存在、浓度和变化的可能性。树立"在线监测＝保护"的绿色化学观念。这包括两层含义。

① 发展在线分析技术，跟踪反应过程，以测定反应是否已完成。在许多情况下，化学过程需要不断地加入试剂直到反应完成为止。如果有一个即时在线的检测器能让人们测定反应是否完成，就不需要加入更多的过量试剂，从而能够避免过量使用有可能会造成危害的物质。

② 一切环境保护战略，均应立足于真实的危险阈值以及在某有害物质的存在量远未达

到该阈值之前，就将其检测出来。因此，化学家必须不断提高分析技能，从而确保即使远低于该危险阈值的低微浓度有害物也能被检测出来。

利用这些技术可以对一个化学过程中有害副产品的产生和副反应进行跟踪。当微量的有毒物质被检测到时，可通过调节该过程的一些参数来及时减少或消除有害物质的形成。如果将传感器和过程控制系统连接起来，可实现自动化控制生产条件阻止这些物质的大量出现，避免有毒、有害物质或者废物的产生和意外事故的发生。可以说，实时在线分析技术是绿色化学工艺的重要组成部分，是绿色化学技术顺利实施的基本保障。

十二、 尽量使用安全的化学物质， 防止化学事故的发生

尽量使用安全的化学物质，防止化学事故的发生是指选择合适的参加化学过程的物质及生产工艺，尽量减少发生意外事故的风险。

在化学和化学工业中预防事故的发生是非常重要的。绿色化学应考虑广泛的危险性，而不仅仅是污染和生态毒性。因此，在进行化学品和化学过程的设计时，应同时考虑其毒性、爆炸性、可燃性等。

在预防污染、减少废物产生的过程中，可能不经意地增大了发生危险的可能性。有时，为防止污染而回收溶剂，这可能有许多益处，但同时也增加了引发事故或火灾的可能性。因此，一个过程应在预防污染与预防事故发生之间找到平衡点。比如，在设计更安全的化学品和化学过程方面可使用固体或低蒸气压的物质，而不用可挥发性物质及气体；不直接使用卤素单质，而采用更加无危害的方法引入卤素。

随着化学工业的发展，针对工艺技术放大、应用和实施的潜在能力，N. Winterton 提出了绿色化学十二原则的附加原则。

① 鉴别副产品，尽可能地定量描述。

② 报告转化率、选择性和产率。

③ 在生产过程中要进行完整的质量平衡计算。

④ 定量核算生产过程中催化剂和溶剂的损失。

⑤ 充分研究基本的热化学，特别是放热规律，以保证安全。

⑥ 预测其他潜在的质量和能源的传输限制及规律。

⑦ 与化学或化工工程人员协作。

⑧ 要考虑全部生产过程对化学选择性的影响。

⑨ 帮助开发和支持使用可持续发展的能量。

⑩ 使用的全部产品及其他输入要尽量定量和最小化。

⑪ 要充分认识到操作者的安全和废物最小化之间可能存在矛盾的事实。

⑫ 对试验或工艺过程向环境中排放的废物要监视、呈报，并尽可能地使之最小化。

这些附加原则既是对以上绿色化学十二原则的补充，又可指导研究人员进一步深入研究或完善实验室的研究结果，以便能更好地评价化学过程中废物减少的情况及其绿色的程度。

绿色化学的这些原则主要体现在要充分关注原料的可再生性及有效利用、环境的友好和安全、能源的节约、生产的安全性等问题上，是在始端实现预防或减少污染的科学手段。而传统化学则突出强调化合物的功能与化学反应的效率问题，较少关注与之有关的污染和副作用的影响。绿色化学正是鉴于人类面临的环境污染问题中大多数与化学物质的污染直接相

关，在对传统化学发展模式进行彻底反思的基础上发展起来的。人们一方面要利用绿色化学原理重新审视、改造现有的化学工业，另一方面为满足人类对新物质、新产品的日益增长的需要，还应积极研究新的绿色化学合成方法和技术。另外，绿色化学作为一门新兴的交叉学科也是在不断发展的，随着科学技术的发展和社会的进步而逐步完善。

总之，应在遵循绿色化学十二原则的基础上，以体现当代最新科学技术的物理、化学、生物手段和方法，从源头上根除污染，实现化学与生态协调发展的宗旨，研究环境友好的新反应、新过程、新产品，这是国际化学化工研究前沿的发展趋势和我国可持续发展战略的要求，也是化学工作者的职责。绿色化学十二原则目前被国际化学界所公认，它不仅是近年来在绿色化学领域中所开展的多方面研究工作的基础，同时指明了未来绿色化学发展的方向。

◆ 参考文献 ◆

［1］　吴毓林，陈耀全.化学迈向辉煌的新世纪 ［J］.化学通报，1999，1：3-9.

［2］　杨宏秀.21世纪的化工发展趋势 ［J］.化学通报，1999，10：39-42.

［3］　冠元.绿色化学的基本科学问题 ［J］.中国基础科学，2000，（4）：16-18.

［4］　胡常伟，李贤均.绿色化学原理和应用 ［M］.北京：中国石化出版社，2006.

［5］　张继红.绿色化学 ［M］.合肥：安徽人民出版社，2007.

［6］　孔德新.绿色发展与生态文明 ［M］.合肥：合肥工业大学出版社，2007.

［7］　黄平，莫少群.迈向和谐——当代中国人生活方式的反思与重构 ［M］.天津：天津科学技术出版社，2004.

［8］　叶生洪，杨宇峰，张传忠.绿色生产探源 ［J］.科技管理研究，2006，（7）：82-84.

［9］　宋裕波.建设环境友好型社会要从政府绿色消费做起 ［J］.中国政府采购，2007，（1）：58-62.

［10］　贺爱军.降解塑料的开发进展 ［J］.化工新型材料，2002，30（3）：1-6.

［11］　刘江华.氢能源——未来的绿色能源 ［J］.现代化工，2007，17（1）：72-77.

［12］　曾建民.略论绿色产业的内涵与特征 ［J］.江汉论坛，2003，（11）：24-25.

［13］　马一鸣.绿色化学——光气的替代品 ［J］.I.化工之友，2006，（9）：50-51.

［14］　程俊新，喻光荣.绿色溶剂的实用方法 ［J］.江西化工，2002，（4）：52-53.

［15］　赵喜芝，李晓霞.水——有机化学中的绿色介质 ［J］.化学工程师，2004，（2）：37-38.

［16］　钟宏，梁瑾.超临界流体技术的应用 ［J］.精细化工中间体，2006，36（1）：11-13.

［17］　谭明臣，邢存章，高菲.超临界流体在生成碳-碳键反应中的应用 ［J］.山东轻工业学院学报（自然科学版），2007，21（1）：48-51.

［18］　阎立峰，朱清时.离子液体及其在有机合成中应用 ［J］.化学通报，2001，64（11）：673-679.

［19］　Anastas P T. Green Chemistry, Theory and Practice ［M］.Oxford University Press, 1998.

［20］　Anastas P T, Williamson T C. Green Chemistry, Frontiers in Benign Chemical Synthesis and Processes ［M］.Oxford University Press, 1998.

［21］　Devito S C, Carrett R L. Designing Safer Chemicals ［M］.American Chemical Society, 1996.

［22］　朱清时.绿色化学的进展 ［J］.大学化学，1997，12（6）：7-11.

［23］　朱清时.绿色化学和新的产业革命 ［J］.现代化工，1998，1：4-6.

［24］　闵恩泽，傅军.绿色化学的进展 ［J］.化学通报，1999，1：10-15.

［25］　段启伟，闵恩泽，何鸣元.绿色技术在石油化工中的应用研究进展 ［J］.石油化工，2000，29（7）：530-534.

［26］　Kazuhiko S, Masao A, Ryoji N. A green route to adipic acid: direct oxidation of cyclohexanes with 30 percent hydrogen peroxide ［J］.Science, 1998, 281: 1646-1647.

［27］　Draths K M, Frost J W. Synthesis using plasmid-based biocatalysis: plasmid assembly and 3-Deoxy-D-arabino-heptuloscnate ［J］.J. Am. Chem. Soc, 1990, 112: 1657-1659.

［28］　Yan L F, Zhu Q S, Ikeda T. Ethyl cellulose films as Alignment Layers for liquid crystals ［C］//国际高级研

讨会论文摘要集，2000： 104-108.

［29］ Zhang Y Z, Liu J. Gao P J. Exploring the superstruture of narure cellulose and its structural changes during biodegadation by STM approach ［C］//绿色化学第三届国际高级研讨会论文摘要集，2000： 109-120.

［30］ 朱清时，阎立峰 . 单分子生物多糖力学性能的 AFM 研究 ［C］//绿色化学第三届国际高级研讨会论文摘要集，2000： 163-167.

［31］ 谢君，任路，刘尚旭，等 . 产生木质纤维素降解酶的研究 ［C］//绿色化学第三届国际高级研讨会论文摘要集，2000： 168-172.

［32］ 刘尚旭，董佳里，张义正 . 新的木质素降解酶产生菌的筛选 ［C］//绿色化学第三届国际高级研讨会论文摘要集，2000： 177-180.

［33］ Wender P A. Introduction: frontier in organic synthesis ［J］. Chemical Review, 1996, 96(1): 1-2.

［34］ Trost B M. The atom economy-A search for synthesis efficiency ［J］. Science, 1991, 254: 1471-1477.

［35］ 曾庭英，宋心琦 . 化学家应是"环境" 的朋友——介绍绿色化学工艺 ［J］. 大学化学，1995，10(6): 25-31.

［36］ 刘昌俊，张恒，许根慧 . 催化等离子体合成燃料油及与费耗合成的比较 ［C］//第七届全国青年催化学术会议论文集，1999： 439-440.

［37］ 黄培强，高景星 . 绿色合成：一个逐步形成的学科前沿 ［J］. 化学进展，1998，10(3): 265-272.

［38］ 吴越 . 取代硫酸、 氢氟酸等液体酸催化剂的途径 ［J］. 化学进展，1998，10(2): 158-171.

［39］ Jocelyn K. Supercritical solvent comes into its own ［J］. Science, 1996: 158-171.

［40］ Anastas P，Bartltt L B，Kirchhoff M M，et al. The role of catalysis in the design, development, and implementation of green chemistry ［J］. Catalysis Today, 2000, 55: 11-22.

［41］ Sheldon R A. Organic synthesis-Past, Present and Future ［J］. Chemistry&Industry, 1992, 903-906.

第三章 绿色化学研究内容和任务

与传统化学不同，绿色化学更多地考虑社会的可持续发展、人与自然关系的协调，是更高层次上的化学。它是通过运用现代化的新手段和方法，设计原子经济性反应，研发能减少或消除有害物质使用与产生的环境友好化学品及其工艺过程。能够"从源头上根除污染"，而不是走"先污染，后治理"的老路。从绿色化学的原则和特点来看，绿色化学的研究内容和任务主要包括以下五个方面：

① 设计更安全的化学品（产品的绿色化）；
② 寻找绿色原料和试剂（原料的绿色化）；
③ 选择合适的反应条件（溶剂、催化剂的绿色化）；
④ 设计理想的合成路线（原子经济性反应）；
⑤ 寻找新的转化方法（高效化学反应新技术的运用）。

作为一门前沿学科，绿色化学的研究仍在不断深入。总体而言，绿色化学的核心问题是利用化学原理和新化工技术，以"原子经济性"为基本原则，研究新反应体系（新的、更安全的、对环境友好的合成方法和路线），采用清洁、无污染的化学原料（包括生物质资源），探索新的反应条件（如超临界流体和环境无害的反应介质），设计和开发安全性更高、毒性更低、更环保的绿色化学产品。

第一节 设计更安全的化学品

随着环保知识的不断累积，人们逐渐意识到要真正减少废物对人类健康与环境的影响，最好的方法是利用化学来预防污染，不让污染产生，而不是处理已有的污染。要想从源头上消除污染，首先必须要保证所需化学品——目标分子是完全有效的。因此，绿色化学的一大关键任务就是设计安全有效的目标分子或设计比被替代分子更安全有效的分子。

目前，世界上化合物的数量已超过 2000 万个，且每年仍以约 60 万个的速度增加。要合成满足人们需要的化学品，传统的化学方法是先合成，在检验其性质，若不符合要求则另行合成。这样，不仅增大了合成工作量，花费巨大，还会对资源和环境造成不利影响。随着计算机和计算技术的飞速发展，对分子结构与性能关系的研究不断深入，分子设计和分子模拟研究已经引起了研究者们的广泛关注，"实验台＋通风橱＋计算机"三位一体的新化学实验室已经普及，安全有效的化学品设计将会得到更快、更大的发展。

目前，应用绿色化学的基本原理，人们已设计和合成了许多安全化学品。

一、 用甲苯代替苯

苯（benzene）是石油化工中一种常见的基本原料与反应溶剂。它的产量和生产技术水平是衡量一个国家石油化工发展水平的重要标志之一。但苯会在人体肝脏中发生一系列氧化反应，产生高亲电性的代谢产物，如 E-粘糠醛，有着较高的毒性和致癌性，容易引起肝中毒，甚至白血病。

当用一个甲基取代苯环上的氢原子后所得的甲苯的毒性则小得多。因为甲苯氧化后生成苯甲酸，而苯甲酸不会再进一步被氧化为亲电的代谢产物，因而毒性较低。在许多情况下，甲苯和苯的性质相似，可用甲苯代替苯，减少苯对人体健康和环境的危害。

二、 更安全羧酸的设计

羧酸（carboxylic acid）是一类重要的有机酸，同时也是应用很广的一类化工原料。低级脂肪酸可用于制造人造纤维、香精、塑料、药物，高级脂肪酸则是油脂工业的基础。很多常用羧酸有一定的药效，如医药上常用 2-丙基戊酸作为抗惊厥药物。但同时许多羧酸也具有不同程度的毒性，包括引起肝中毒、畸胎作用等。在临床试验中发现，羧酸可对胎儿的生长过程或婴儿的生产过程产生不良影响。它可引发婴儿畸形、生长不正常、神经系统发育迟缓、目盲耳聋、功能不健全等，甚至死亡。毒物学研究表明，羧酸的畸胎作用与其结构关系密切，对于通式如下所示的羧酸：

$$\underset{n \quad\quad 4 \quad\; 3 \quad\; 2}{(C)—C—C—C—COOH}$$

当 2 位 C 上全为 H 原子（无取代基）或全为取代基（无 H 原子）时均较为安全，而 2 位 C 与 3 位 C 或 3 位 C 与 4 位 C 之间有双键时，羧酸也较为安全。例如，乙酸（CH_3COOH）是无毒的，但氟代乙酸（FCH_2COOH）却毒性很大，其半致死量（LD_{50}）为 25mg/kg。因此，在设计羧酸物质时，应考虑其结构对毒性的影响，在可能的情况下，把其危害性降到最低。

三、 可降解的海洋船舶防污剂

船底污垢（marine fouling organisms）是附着生长于船底表面上的动物和植物，如海藻和贝壳之类。这些物质的存在会增加船舶的航行阻力，因此又常被称为海洋污垢。这些海洋污垢虽然看起来并无害处，但会使船速大大减慢，据测算，船底污垢每增加 1mm，船舶的航行阻力就会增加大约 80%，燃料消耗增加，同时也增加了船的服务和清洁处理费用，延长晒干船坞的时间。全世界每年由此所造成的经济损失更是难以估算。

为了抑制船体污垢的生成，常采用的方法是在船壳上使用含有机锡化合物的防污剂。这类化合物虽然具有很好的防污效果，但是它会产生广泛的环境问题，对不结垢的水生物种如淡菜、蛤等有极大的毒性，能使海洋动物慢性中毒，降低海洋生物的再生能力。除此之外，它们在环境中不易降解，可以通过生物富集作用危害海洋生态环境，甚至人类健康。目前，全世界均已放弃使用。基于对新的船体防污涂料的需要，Rohm&Haas 公司开发出一种可降解的新型防污剂——4，5-二氯-2-正辛基-4-异噻唑啉-3-酮，称为"海洋 9 号（Sea-Nine™）"，其结构式如下所示：

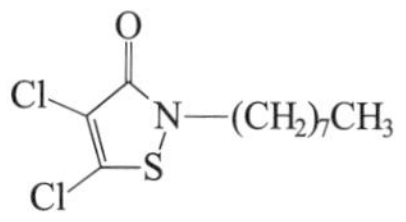

经实海测验，该物质的防污性能优良且毒副作用小。而且由于它在海水中降解速率很快（在海水中半衰期为 1d，在沉积物中仅需 1h），不会产生累积效应，没有长期毒性，是真正环境友好型的防污涂料。其降解途径如下所示：

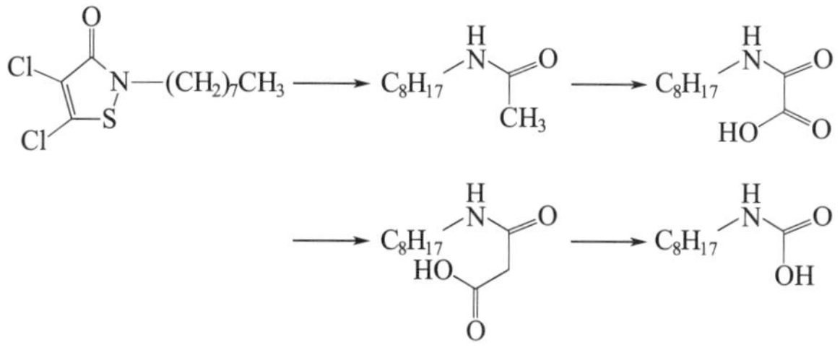

第二节　寻找绿色原料和试剂

在化学合成过程中，原材料的选择是至关重要的，它决定了目标分支应采用的反应类型、合成路径、加工工艺等诸多因素。初始原料一旦选定，许多后续方案既已确定，成为这个初始决定的必然结果。另外，初始原料的选择还决定了其在运输、储存和使用过程中可能对人类健康和环境造成的危害性。由此可见，初始原料的选择是绿色化学应考虑的重要因素，寻找可替代的且环境友好的原料是绿色化学的主要研究内容之一。

一、　原料的绿色化学评价

原料在化学品合成中的地位非常重要，是影响一个化学品制造、加工与使用的最重要因素之一。如果合成化学品的原料对环境有负面影响，那么该化学品很可能对环境也有一定的负面效应。正是如此，当对一个化学品或合成过程进行绿色化学评定时，原料的评价是基本内容之一。

原料的绿色化学评价一般从以下几个方面进行。

（一）　原料的起源

原料的起源是指原料是通过何种方式获得的，开采的、炼制的或合成的。这里要评价的一个问题是，原料的起源会带来什么样的后果。如果合成一个化学品的原料来源于一个没用的副产品，而这个副产品正好需要进行处理，那么作为原料来使用，就具有较好的环境友好性。相反，如果一个化学品来源于某一消耗有限自然资源的过程，或来源于一个可导致不可修复的环境破坏的过程，则该化学品作为原料使用可能导致严重的负面影响。

（二）原料的可再生性

绿色化学评价的另一问题是原料是否可再生。当然，只要给定足够长的时间，所有的物质均是可再生的。但进行绿色化学评价时可再生性是由时间尺度来确定的，这个时间概念一般指相对人类生命可接受的时间尺度。因此，常将石油以及其他基于化石燃料的原料看成是一次性资源，而将基于生物质和农作物残渣的原料看成是可再生的原材料。不容置疑的是，在进行原料分析时，其可获得性是十分重要的。一个日益枯竭的原料不仅具有环境方面的问题，还有经济上的弊端。这是由于一个逐渐枯竭的资源将不可避免地引起制造费用与购买价格的升高，因此，如果其他因素均一样，一个可持续获得的原料优于一个日益枯竭的原料。不可再生/可再生资源的类型如图 3-1 所示。

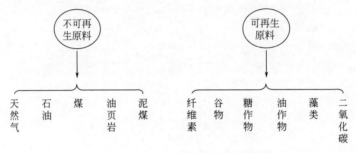

图 3-1　不可再生/可再生资源的类型

（三）原料的危害性

绿色化学评价中，化学反应的每一步都要考虑是否可能对人类健康与环境产生内在的危害性。因此，在选择原料时，就必须考虑它是否对人、对环境无害，是否具有长期毒性、致癌性、发生意外事故的可能性，是否会破坏生态环境，是否具有其他不友好性质等。为了制造一个化学品，其原料的消耗量通常是很大的。若原材料对人类健康与环境有很大的危害性，其影响将存在于化学品的整个生产周期中。

（四）原料选择的下游影响

在一个化学品的制造中，如果所选择的原料要求使用一个毒性很大的试剂来完成合成路径中的下一步化学转换，则这种原料的选择不仅会对环境产生直接的影响，还会间接地引起对环境更大的负面影响。有时一个对环境无害的、可再生的原料，由于它的使用所产生的有毒下游物质，也可能对人类健康与环境造成极大的危害。因此，在进行绿色化学评价时，不仅要评价所涉及物质的本身，还应考虑其使用可能导致的影响与间接后果。

通过对原料的绿色化学评价，在选择原料时应尽量避免在化学工艺路线上的各个环节使用对人体和环境有害的材料或枯竭、稀有的原料，尽量采用可回收再生的、易于提取的、可循环使用的及环境可降解的原料。

二、　绿色原料碳酸二甲酯的合成与应用

（一）概述

碳酸二甲酯（dimethyl carbonate，DMC）　是一种常温下无毒无色、略带香味、透明

的可燃液体。其分子式为 $C_3H_6O_3$，结构式为 $CH_3OCOOCH_3$，相对分子质量为 90.08，相对密度为 $1.073g/cm^3$，常压沸点为 90.2℃。碳酸二甲酯微溶于水，但能与水形成共沸物，可与醇、醚、酮等几乎所有的有机溶剂混溶；对金属无腐蚀性，可用铁桶盛装储存；微毒。其分子结构中含有羰基、甲基、甲氧基和羰基甲氧基，因此碳酸二甲酯的化学性质非常活泼，可与醇、酚、胺、肼、酯等发生化学反应，衍生出一系列重要的化工产品。其化学反应的副产物主要为甲醇和 CO_2。与光气、硫酸二甲酯等反应产生的副产物盐酸、硫酸盐或氯化物相比，碳酸二甲酯的副产物危害相对较小，1992 年它在欧洲通过了非毒性化学品的注册登记，被称为"绿色化学品"。

以碳酸二甲酯为原料，还可以开发制备多种高附加值的精细化学品，在医药、农药、合成材料、染料、润滑剂、食品增香剂、电子化学品等领域广泛应用。另外，其非反应性用途如溶剂、溶媒及汽油添加剂等也正在或即将实用化。由此可见，以其作为绿色化工原料具有非常广阔的应用前景。

（二）碳酸二甲酯的合成方法

碳酸二甲酯的合成方法可分为三种，即光气法、甲醇氧化羰基化法和酯交换法。而后两种方法将成为未来碳酸二甲酯的主要生产方法。

1. 光气法

光气法分为光气甲醇法和醇钠法。光气醇钠法是早期甲醇法的改进，反应式如下：

$$COCl_2 + 2CH_3OH + 2NaOH \longrightarrow (CH_3O)_2CO + 2NaCl + 2H_2O \tag{3-1}$$

光气法所用原料光气有剧毒，腐蚀设备、环境污染严重，生产安全性差，工艺流程、操作周期较长。从安全、经济和环保等多方面考虑，此法都不宜采用。

2. 甲醇氧化羰基化法

羰基化法采用 CH_3OH、CO 和 O_2 为原料直接合成碳酸二甲酯，主要有液相法、气相法和常压非均相法三种。该法具有原料廉价易得、投资少、成本低、符合环保要求的特点，是各个国家重点研究和开发的新技术路线，也是目前碳酸二甲酯合成研发的主要方向。

（1）液相法

1979 年意大利 Ugo Romano 等人成功地研发了液相法制备碳酸二甲酯，并由 Enichem Synthesis 公司于 1983 年将该技术实现工业化。目前，ICI、Texaco 和 Dow 等几大化学公司也在竞相开发此技术。其反应原理如下：

$$2CH_3OH + \frac{1}{2}O_2 + 2CuCl \longrightarrow 2Cu(OCH_3)Cl + H_2O \tag{3-2}$$

$$CO + 2Cu(OCH_3)Cl \longrightarrow (CH_3O)_2CO + 2CuCl \tag{3-3}$$

该工艺过程反应温度为 100～130℃，压力为 2.0～3.0MPa，采用氯化亚铜为催化剂，在两台串联的带搅拌的反应器中分两步进行。甲醇既为反应物又为溶剂。采用氯苯作萃取剂，分离碳酸二甲酯与甲醇的混合物。

液相法单程收率 30% 左右，选择性按甲醇计近 100%。缺点是选择性按 CO 计不稳定（最高时 92.3%，最低时仅 60%），主要原因是带搅拌的釜式反应器造成了 CO 对碳酸二甲酯的选择性为时间的减函数；二是物料（特别是氯）对设备管道腐蚀性大，催化剂寿命短。

（2）气相法

1986年美国Dow化学公司开发了甲醇气相氧化羰基化法制备碳酸二甲酯的技术。气相法的工艺原理与液相法相同，以CH_3OH、CO和O_2蒸气为原料，采用固定床反应器，温度为100～150℃，压力为2.0MPa，采用负载于活性炭上的氯化甲氧基酮/吡啶配合物为催化剂。气相法避免了液相法中催化剂对设备的腐蚀问题，催化剂易再生，工艺简单，产品易分离，但存在产品选择性差的问题，国内尚未工业化生产。

（3）常压非均相法

日本宇部兴产株式会社（UBE）在开发羰基合成草酸及草酸二甲酯的基础上，通过改进催化剂成功开发了新的碳酸二甲酯合成技术。其原理如下：

$$\text{氧化反应} \quad 4NO+4CH_3OH+O_2 \longrightarrow 4CH_3ONO+2H_2O \tag{3-4}$$

$$\text{还原反应} \quad CO+2CH_3ONO \xrightarrow{\text{Pd系催化剂}} (CH_3O)_2CO+2NO \tag{3-5}$$

该法以钯为催化剂，以亚硝酸甲酯为反应中间体，分两步进行。反应温度为110～130℃，压力为0.2～0.5MPa。此工艺中，产品纯度达99%以上，选择性按CO计为96%，具有设备费用低、安全性和稳定性高、催化剂寿命长、产品含氯量低、副产物少的特点。缺点是生成亚硝酸甲酯的反应是快速强放热反应，反应物的三个组分易发生爆炸，并使用有毒的氮氧化物。但总体说来，该技术有望成为合成碳酸二甲酯的主要工业生产方法。

3. 酯交换法

（1）硫酸二甲酯（DMS）与碳酸钠酯交换法

该法采用DMS与碳酸钠反应，置换生成硫酸钠和碳酸二甲酯。反应式如下：

$$(CH_3)_2SO_4+Na_2CO_3 \longrightarrow (CH_3O)_2CO+Na_2SO_4 \tag{3-6}$$

由于原料DMS有剧毒，且产品收率低，该法并无工业化意义。

（2）碳酸丙烯酯（碳酸乙烯酯）与甲醇酯交换法

Texaco公司成功开发出以负载于含叔胺及季胺功能团树脂上的Ⅳ族硅酸盐为催化剂催化环氧乙烷、CO_2和甲醇联产碳酸二甲酯和乙二醇的新工艺。反应分两步进行：第一步，CO_2与环氧乙烷反应生成碳酸乙烯酯；第二步，碳酸乙烯酯与甲醇经酯基转移生成碳酸二甲酯和乙二醇。该工艺避免了环氧乙烷水解生成乙二醇，实现了甲醇高选择性地联产碳酸二甲酯和乙二醇。另外，还可利用环氧丙烷与CO_2和甲醇联产碳酸二甲酯和丙二醇。但该法易受原料环氧乙烷/环氧丙烷和副产物乙二醇/丙二醇的价格影响，且仍需进一步提高该反应的转化率与产品分离纯度。

（三）碳酸二甲酯的应用

1. 代替光气用于羰基化反应

在传统的化学生产中，很多有机化工品都采用光气做原料。2006年全球消耗光气量达800万吨，仅中国就消耗约6万吨以上。然而，光气具有剧烈的毒性，即使吸入微量也能使人、畜、禽致死。除此之外，用光气进行羰基化反应时还有大量HCl生成，对设备腐蚀严重，污染环境。使用碳酸二甲酯可避免上述问题，副产物仅是甲醇，而且它又是合成碳酸二甲酯的原料。因此，该工艺有望成为"零排放"的绿色化工过程。

（1）制备异氰酸酯

异氰酸酯是聚氨酯（polyurethane，PU）的原料。而聚氨酯作为新型合成材料，自1937年由Bayer公司开发出来后已成为世界六大具有发展前途的合成材料之一。2000年全世界 PU 消费量已达到 870 万吨，2015 年达到 9.6 亿吨。

使用碳酸二甲酯与胺类化合物反应，生成氨基甲酸酯，再经热分解制得异氰酸酯，避免了剧毒物光气的使用且设备简单，安全无公害。合成路线如图 3-2 所示。另外，工业用途最大的甲苯二异氰酸酯（TDI）和 4,4-二甲苯烷二异氰酸酯（MDI）等，也可用碳酸二甲酯为原料合成。

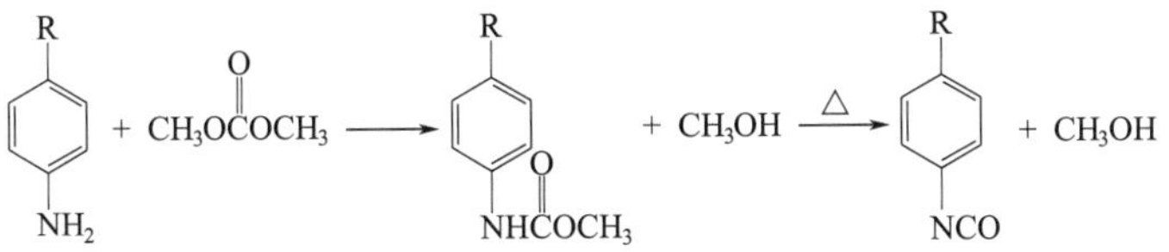

图 3-2　异氰酸酯的合成路线

（2）制备聚碳酸酯

聚碳酸酯（PC）是一种热塑性树脂，具有良好的透明性、抗冲击性、延展性、耐热耐寒性等特点，广泛应用于电子、建筑、交通及光学等工业领域。它在塑料中的用量仅次于聚酰胺而位居第二，而近年来作为光盘的基材，其市场需求量仍在不断猛增。

工业化的 PC 生产通常以双酚 A 和光气为原料在水溶液中合成，并加入二氯甲烷作溶剂进行产物的提纯。而新的合成工艺先使用碳酸二甲酯与苯酚进行酯交换生产碳酸二苯酯（DPC），然后由 DPC 与双酚 A 在熔融状态下生成聚碳酸酯。这一生产过程不需要使用有毒溶剂，产生的甲醇和苯酚可循环使用，因此可构成原料的封闭循环，没有废物排放到环境中，实现了生产工艺过程的绿色化。反应过程如图 3-3 所示：

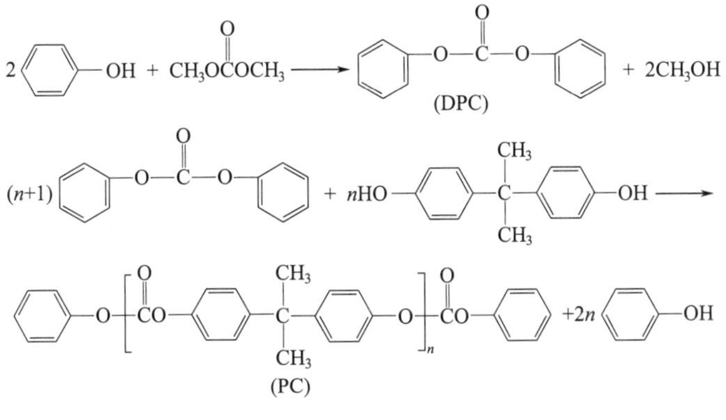

图 3-3　聚碳酸酯的合成路线

2. 碳酸二甲酯用作甲基化试剂

硫酸二甲酯和卤代甲烷是常用的甲基化试剂，但由于其具有毒性和腐蚀性，且在反应中使用大量的碱，使得产物难以分离。采用碳酸二甲酯作为甲基化试剂的工艺则避免了生产过程中的危险、设备腐蚀以及环境污染问题。

（1）制备苯甲醚

苯甲醚又称茴香醚，是一种重要的工业化学品，可用作染料、香料、农药和驱虫剂。经典的制备方法是以酚和硫酸二甲酯为原料来进行生产，但硫酸二甲酯的毒性大，副产物多，后处理困难且产品质量差。使用碳酸二甲酯为原料不仅可以提高产率，避免污染，还可以得到高纯度和高质量的苯甲醚，反应式为：

$$\text{（图：苯酚 + } CH_3OCOCH_3 \xrightarrow[\text{PEG}]{K_2CO_3} \text{苯甲醚 } + CH_3OH + CO_2 \quad (3\text{-}7)$$

（2）C-甲基化反应

以卤代甲烷和硫酸二甲酯作为甲基化试剂时，活泼的亚甲基化合物容易发生多烷基化反应。而采用碳酸二甲酯作甲基化试剂可选择性地使活泼的含亚甲基的化合物进行甲基化反应。

例如，苯乙腈用碳酸二甲酯作甲基化试剂，在 $180\sim220℃$ 有碳酸钾存在下进行甲基化反应，以 99% 以上的高选择性生成 2-苯基丙腈。此反应可在连续流动反应器或间歇式反应器中进行，反应过程中没有无机盐生成，生成的甲醇可用于合成碳酸二甲酯，二氧化碳也可收集后用于苯胺碳化合成异氰酸酯，因此基本无废物排放，绿色环保性好。反应式如下：

$$\text{（图：苯乙腈 } + CH_3OCOCH_3 \longrightarrow \text{2-苯基丙腈 } + CH_3OH + CO_2 \quad (3\text{-}8)$$

除上述用途外，碳酸二甲酯还具有优良的溶解性能，它不但能与醇、酮等有机溶剂混合，还可作为低毒溶剂用作涂料溶剂和医药行业的溶媒，以及石油馏分的脱沥青、脱金属溶剂。碳酸二甲酯与水也有一定的互溶度，既没有毒性，也易分离，还可作为汽油添加剂，以提高汽油的辛烷值并抑制 CO 和烃类的排放。此外，以碳酸二甲酯和正己烷组成的混合溶剂作为萃取剂处理含酚废水的新工艺也已取得一定成效。碳酸二甲酯的性能决定了它未来可全面取代某些高污染剧毒的化学品，成为广泛使用的化工原料。

三、 二氧化碳的利用

二氧化碳在自然界中分布很广，主要存在于大气及水中，是地球蕴藏的极为丰富的碳资源。据估计，地球上二氧化碳的含碳量是煤、石油和天然气含碳量的十倍，可达 10^{14} t；另外，二氧化碳的潜在资源碳酸盐在自然界的分布极广，其含碳量更高，约 10^{16} t。据测算，全世界每年向大气中排放的二氧化碳总量近 290 亿吨，但目前并未形成良性循环，约一半存留于大气中，而总利用量仅为 1 亿吨。二氧化碳的大量排放不仅浪费资源，而且污染环境，造成全球性的温室效应。因此，开发二氧化碳的循环利用技术以及将二氧化碳这种廉价无毒的资源作为合成原料的研究，对于碳资源的充分利用，环境保护，推动可持续发展战略具有相当重大的意义。下面将简要介绍一些以二氧化碳作为原料的例子。

1. 制备甲醇

二氧化碳催化加氢可生成甲醇：

$$CO_2 + 3H_2 \longrightarrow CH_3OH + H_2O \quad \Delta H_{298} = -49.57\text{kJ/mol} \quad (3\text{-}9)$$

这是一个放热反应，随着温度升高、目标物产率下降，因此需要选用低温下能够促进加氢反应的催化剂如过渡金属、贵金属等。反应同时还会生成副产物 CO 和甲烷，因此在选用催化剂时需考虑甲醇的选择性。

2. 制备合成气

二氧化碳与甲烷反应可用来生成富含 CO 的合成气，既可解决常用天然气蒸气转化法制备合成气在许多场合下氢气过剩的问题，又可实现二氧化碳的减排。其反应方程式如下：

$$CO_2 + CH_4 \longrightarrow 2CO + 2H_2 \quad \Delta H_{298} = 247kJ/mol \tag{3-10}$$

该反应利用新开发的 NiO-CuO 催化剂进行反应，催化剂结炭少，甲烷转化率（98%～99%）和 CO、氢气的选择性（均为 100%）都较高。这项研究也为开辟能源革命带来了巨大的生机。

3. 制备环碳酸酯

环碳酸酯是一种很重要的化学中间体，在工业上还可用做有机溶剂。通过催化作用把二氧化碳加成到环氧化合物的 C—C 键中，通常需要很高的温度和压力。Ji Dongfeng 等人采用 PcAlCl 和 Lewis 碱（如三丁基胺）作为催化剂成功制备了环碳酸酯，实验结果表明：这些催化剂对空气、水不是很敏感，它们经过几个循环后活性也不降低，稳定性好；环碳酸酯的产率很高。因此，这是利用二氧化碳的很好途径。其反应式如下：

$$CO_2 + \overset{R}{\underset{O}{\triangle}} \longrightarrow \overset{R}{\underset{O}{\underset{\parallel}{O}}} \quad R=H, CH_3, CH_2Cl 和 Ph \tag{3-11}$$

4. 制备碳酸二甲酯

二氧化碳与甲醇直接合成碳酸二甲酯在合成化学、碳资源利用和环境保护方面都有重大意义。其反应式如下：

$$2CH_3OH + CO_2 \longrightarrow (CH_3O)_2CO + H_2O \tag{3-12}$$

实验结果表明，碳酸二甲酯的产率随反应温度升高而增大，但当温度超过 180℃时，因碳酸二甲酯会分解，其产率会下降。该工艺虽然二氧化碳转化率较低（约 30%），但产品选择性很高（达到 99%）。由于二氧化碳可回收利用，其原料利用率仍较高。此外，该工艺还具有操作方便、无二次污染和成本低廉的优点，有较大的实际应用价值。

四、 生物质资源的利用

生物质资源的利用是指将组成植物体的淀粉、纤维素、半纤维素、木质素等大分子物质转化为葡萄糖等小分子物质，进而生产各种化学品、燃料和生物基材料等。目前以生物质资源为原料生产的化学品数量还不足化学品年产量的 2%，应大力开发生物质资源的利用技术。下面以几个取得进展的典型工艺为例，介绍生物质资源的利用。

1. 制备乙醇

乙醇是重要的化工原料，可用作溶剂、化工原料、燃料及防腐剂等。古代用粮食发酵酿酒来制备乙醇。现代化学工业一般以石油裂解所得的乙烯为原料，应用水合法制取乙醇。20世纪 70 年代以来，以燃料乙醇（一般是指体积浓度达到 99.5% 以上的无水乙醇）为代表性产品的生物燃料工业飞速发展，特别是以甘蔗、玉米为原料的第一代燃料乙醇产业已形成规模。预计到 2030 年，生物燃料乙醇产量将达到 $1.2 \times 10^8 t$，占燃料总用量的 5%。然而以粮食为原料生产燃料乙醇，面临着"与人争粮，与粮争地"的矛盾和原料供应不稳定等问题。因此，目前已发展出利用木质纤维素类生物质为原料制备燃料乙醇的第二代生物质能源，称为生物乙醇。生物乙醇凭借其洁净、安全和环保等优点逐渐成为最具潜力的新能源，也是近年来生物质研究的重点。利用木质生物质生产乙醇不仅可以缓解粮食和能源供应紧张的局面，从根本解决燃料乙醇的生产原料问题，而且可减少温室气体的排放。

生物乙醇的制备原理是将生物质转化为可发酵的糖，利用微生物通过发酵过程将糖转化为乙醇，如图 3-4 所示。基本工艺可分为预处理、水解、发酵和纯化四个部分。目前，已开发了多种预处理方法，各具特色。水解过程是利用酸或酶水解聚合物，使之成为可溶性的单糖，而酶水解的转化率较高。发酵过程是对水解产物（五碳糖和六碳糖）进行发酵，获得乙醇。纯化处理则是通过蒸馏、过滤等手段，获得纯净的乙醇。但该工艺的缺点在于水解液中常含有对发酵微生物有害的组分，以及存在较高含量的五碳糖。因此，去除发酵抑制物和五碳糖的利用是目前生物乙醇工业化发展亟待解决的问题。

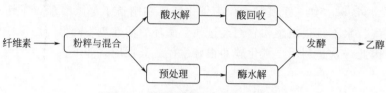

图 3-4　纤维素制取乙醇工艺流程

2. 制备己二酸

己二酸是重要的脂肪族二元羧酸，它有两个含 α-碳原子的活泼亚甲基，能与多官能团化合物进行缩合，所以具有极为广泛的应用价值，如生产尼龙 66（Nylon66）、聚氨酯润滑剂及增塑剂的中间体等。目前世界范围内己二酸的年产量已超过 190 万吨。传统的己二酸制备方法是以苯为原料制备的，引发了许多环境和健康问题。苯是一种易挥发的有机物，在室温下容易汽化，长期少量吸入大气中的苯可导致白血病和癌症。此外，苯是由石油生产的产品，消耗的是不可再生资源。己二酸的制备路线如图 3-5 所示。

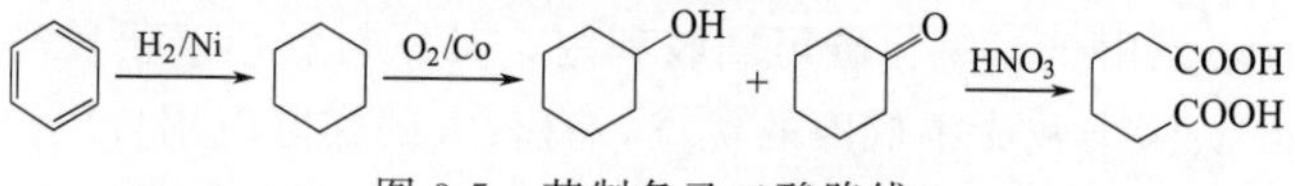

图 3-5　苯制备己二酸路线

密执安州立大学的 Draths 和 Frost 提出了利用生物技术来生产己二酸的洁净路线。该路线在酵母菌的催化下先把 D-葡萄糖转变为邻苯二酚，邻苯二酚进一步转化为顺，顺-己二烯二酸，最后在催化剂作用下，顺，顺-己二烯二酸被氢化为己二酸。其后，Du Pont 公司还报道了以大肠杆菌为催化剂将 D-葡萄糖转化为己二酸的生物法工艺。由于生物法采用可再生物质为原料，因此实现了绿色生产，但缺点是过程费用高，目前尚未实现大规模工业化生产。其制备路线如图 3-6 所示。

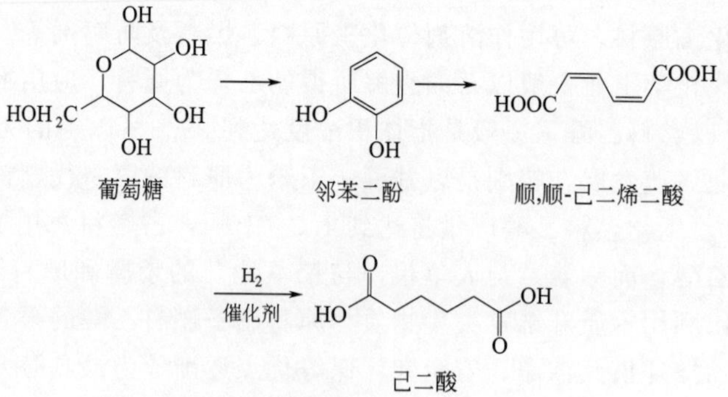

葡萄糖　　　　邻苯二酚　　　　顺,顺-己二烯二酸

己二酸

图 3-6　葡萄糖制备己二酸路线

3. 生产单细胞蛋白

纤维素质原料是自然界中存在量最大的一类可再生资源。由于这类资源含木质纤维素量高，含蛋白质量少，一般不易被动物消化吸收，长期以来大都被烧掉或还田。为了更加充分合理、有效地利用纤维素质资源，使其转化为营养价值较高的饲料，许多国家都致力于研究其加工处理的方法，其中利用该类原料生产单细胞蛋白已成为开辟蛋白质最有发展前景的途径。工艺流程如图3-7所示。

图3-7　纤维素质制单细胞蛋白工艺流程

该工艺共分4部分：原料预处理、菌种逐级扩大培养、双菌株混合发酵及产品后处理。

（1）原料预处理　纤维质原料被粉碎后，经高压蒸汽爆破处理，配以辅料，水润湿、拌匀后，蒸汽灭菌。

（2）菌种逐级扩大培养　纤维素分解菌和单细胞蛋白生产菌分别按各自培养条件进行三角瓶、饭盒种曲、曲盘种曲逐级扩大培养。

（3）双菌株混合发酵　将培养好的纤维素分解菌和单细胞蛋白生产菌先后接种在已灭菌并降温至35℃左右的物料上，进行双菌株固态通风发酵，以获得含有较高活性纤维素酶、淀粉酶、蛋白酶以及高蛋白质含量的发酵产物。

（4）产品后处理　发酵产物经低温干燥、粉碎、配料混合，即得单细胞蛋白产品。

高酶活单细胞蛋白是用生物技术生产的具有较高酶活性、高蛋白质含量和多种生物活性的新型饲料添加剂，具有明显提高畜禽体重、节省饲料消耗量、减少动物疾病等功效。

五、绿色氧化剂的利用

近年来，氧化反应的研究取得了显著性的发展。氧化反应既是最基本的化工技术之一，又是污染最严重的技术之一。现代化学工业产品结构的制造大部分以石油为原料，而石油烃分子几乎是完全不含氧的，因此通过氧化反应可以使这些产品转化成带有不同含氧基团的有机化合物，最后转化为可应用的化工产品。目前在使用的大多氧化剂都含有毒性物质，如卤素化合物及重金属锰、铬、汞等。这些物质被应用于数十亿吨的石化产品的氧化，导致大量金属残留物和有毒物质排放至环境。为了解决氧化过程给环境带来的恶劣影响，发展绿色氧化技术十分重要。下面简单介绍几种绿色氧化剂。

1. 空气/氧气

绿色氧化过程要求氧化剂在参与反应后不应有氧化剂分解的有害物残留，因此 O_2 作为最廉价、清洁的氧源自然是最好的氧化剂。

利用空气/氧气作为绿色氧化剂，华南理工大学的纪红兵等人开发了一个常温下即可活化空气的催化剂，即通过设计 Mn-Fe-Cu-Ru 氧化物体系，构筑钌的高活性位，可在常温下实现对空气的活化，具有氧化各类液相醇的氧化性能。其反应式如下：

$$R\diagup OH \xrightarrow[\substack{O\\ \Vert\\ Ru}]{\text{空气、室温}} R\diagup \overset{\displaystyle O}{\overset{\|}{C}} OH \tag{3-13}$$

Sun 等人研究了用乙酰丙酮镍（Ⅱ）作催化剂，氧气作氧化剂，于常压下将苯甲醛氧化为苯甲酸；用高氯酸铜作催化剂，在六氟磷酸吡啶盐离子液体中，在室温条件下将一些芳香烃、烯烃和烷烃取代的伯醇用氧气氧化为醛。

2. 臭氧

臭氧（O_3）是构成地球大气层数十种气体中的一种痕量气体，总含量还不到地球大气分子数的百万分之一。它有很高的能量，极不稳定，在常温常压下自行分解为氧（O_2）和单个氧原子（O），后者具有很强的活性。

臭氧由于其氧化性强、选择性好、反应速率快、反应后无残留等优点，而广泛应用于有机化工、制药工业等方面。例如，臭氧氧化烷烃反应，锰置换的多元多金属含氧簇合物可在温和的条件下活化臭氧，进行各类烷烃的氧化，典型的反应式如下：

$$\text{环己烷} \xrightarrow[\text{t-BuOH/H}_2\text{O, 45min, 25℃}]{\text{Li}_{12}\text{Mn}_2\text{ZnW(ZnW}_9\text{O}_{34}\text{)}_2\text{O}_3} \text{环己酮}$$

$$\text{转化率：41\%}$$
$$\text{选择性：95\%}$$

$$(3-14)$$

使用氧气、臭氧等分子氧作为氧化剂不产生"三废"污染等环境问题，但仍有许多不足之处。分子氧的动力学惰性使分子氧的催化活化过程难以控制，表现在：有些氧化剂的氧化性不高，如氧气；有些氧化性能不易控制，如臭氧；有些尚需特别的反应条件。因此，如何高效、高选择性地实现氧化反应，是研究和开发分子氧氧化技术的关键问题。

3. 过氧化氢

过氧化氢（H_2O_2）又叫双氧水，无色、无味、透明无毒，是一种强氧化性物质。其参与氧化反应后产生的副产物为水，对环境无影响，因此被称为"最清洁"的化工产品，广泛应用于化工、医药、食品、电子、环保等领域。又由于过氧化氢中活性氧含量高，在某些催化剂作用下，可进行选择性很高的定向氧化反应，所以它在绿色氧化中，是对分子氧作为氧化剂的一个重要补充。

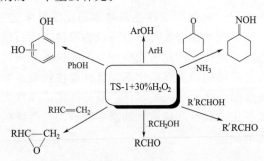

图 3-8　TS-1 钛硅分子筛催化过氧化氢氧化反应

过氧化氢作为氧化剂用于有机反应通常需要催化剂，如在 TS-1 钛硅分子筛催化剂的作用下，它可参与有机物的环氧化、羟基化、酮化、肟化（氨氧化）等反应，其氧化过程具有选择性高、无污染且不会深度氧化的优点。在替代原有工艺上表现出越来越大的优越性，其中苯酚羟基化制苯二酚和环己酮氨氧化制环己酮肟已实现工业化生产。

TS-1 钛硅分子筛催化的主要过氧化氢氧化反应如图 3-8 所示。

研究者发现，有些反应不需要使用催化剂，过氧化氢就能完成反应物的有效氧化。例如，Wahlenn 等人以苯酚作为溶剂，利用苯酚与过氧化氢和烯烃双键的独特活化性能，高效完成了各类烯烃的环氧化过程，其反应式如下：

$$\xrightarrow[\text{OH} \quad \text{,8h,20℃}]{\text{H}_2\text{O}_2}$$

$$\text{转化率：99\%}$$
$$\text{选择性：97\%}$$

$$(3-15)$$

4. 高铁酸盐

高铁酸盐是铁的＋6 价化合物，其有效成分是高铁酸根 FeO_4^{2-}，具有很强的氧化性。高铁酸盐用作选择性氧化剂，相对于常见的 MnO_2、$KMnO_4$、CrO_3、K_2CrO_4、$K_2Cr_2O_7$ 等氧化剂而言，由于其副产物铁锈不会对人和环境有任何不良影响，因此它是一种高选择性、高活性、无毒、无污染、无刺激性的绿色有机合成氧化剂。它可以选择性地氧化醇类、含氮化合物、含硫化合物甚至烃类等大部分有机物，且反应条件温和。因此，高铁酸盐在有机物的氧化合成方面具有十分重要的应用价值。

早在 1897 年，Moeser 就观察到 K_2FeO_4 溶液能在室温下氧化氨。1971 年，Audette 等人在报道了在水、二甲亚砜、二甘醇二甲醚或它们的混合溶剂中用 K_2FeO_4 可氧化伯醇和伯胺来制备相应的醛或酮，其选择性和产率均很高。但高铁酸盐作为有机物选择性氧化剂的最大问题是高铁酸盐在许多有机溶剂中都是不溶或难溶的。为了解决高铁酸盐的溶解度问题，Kim 等人使用相转移催化剂拓展了其应用范围。如使用固体复合物 $K_2FeO_4Al_2O_3CuSO_4 \cdot 5H_2O$ 选择性地将丙烯醇、苄醇和仲醇氧化成相应的醛和酮，得到了较好的效果，产率大多可达到 95％以上。2000 年，ChiMingHo 等报道了室温下少量金属氯化物存在时 $BaFeO_4$ 氧化烷烃的效果，根据金属氯化物的不同，烷烃的氧化速率依次为：$AlCl_3 > FeCl_3 > MgCl_2 > LiCl > ZnCl_2$。

从环保角度看，高铁酸盐的用途是引人注目的，随着对其性质的进一步认识和制备工艺的成熟，其在有机物的氧化合成方面的应用范围将不断拓宽，会受到越来越多研究者的关注。而高铁酸盐氧化反应中催化剂的制备和选取、反应溶剂的选择、反应条件的控制等是该领域研究的重点。

5. 有机高价碘试剂

有机高价碘化合物具有易制备、无毒、无污染及良好的化学反应活性而受到人们的广泛关注。在各种类型的有机高价碘试剂中，最早研究并合成应用的是有机高价碘盐，主要包括二芳基碘盐、炔芳基碘盐和烯基芳基碘盐，可用通式 $ArRI^+X^-$ 表示。在有机合成中高价碘盐多用作亲电芳基化试剂，与各种亲核试剂反应。由于它们在反应中离去了一个 ArI，所以其反应活性比相应的卤化物高得多，为合成有机化合物提供了许多简便方法。

6. 固载氧化剂

通过将传统的氧化剂负载于载体上，可将原来的铬（＋6 价）、锰（＋7 价）等难以控制的廉价试剂，改善为选择性好、可控的氧化剂。而且有利于反应后氧化剂的回收和分离，实现了氧化剂的再生，减少或消除了传统计量氧化反应给环境带来的危害性。例如，将铬酸钾与铵盐配位，制成配体铬氧化剂，再将配体铬氧化剂负载到二氧化硅、氧化铝等无机载体上，可以得到结构稳定的负载的配体铬氧化剂。该氧化剂可在温和的条件下对醇、醚、肟和半卡巴腙等有机化合物进行氧化，选择性好，产物分离简单。而且使用后的氧化剂可以很容易地转化成其他有用物质，解决了氧化剂的分离和回收问题。这些工作也为解决铬污染提供了一条更好的思路和方法。再如，将高锰酸钾固定在碳纳米管上，所制得的氧化剂远比高锰酸钾温和，在使用该固载氧化剂参与氧化反应时，反应物上较容易引入羟基、羰基或羧酸等基团。

此外，氧化剂之间的组合及在反应过程中原位生成的氧化剂也是重要的绿色氧化剂。特别是氧化反应用于废液处理过程时，臭氧与氧气或空气组合，可以使废液被处理得更有效、更有层次。而原位生成的过氧化氢也可应用到氧化过程，实现反应之间的组装及耦合，大大减少运输和储存过程中的过氧化氢分解。

第三节 选择合适的反应条件

一、绿色溶剂

与化学品生产和使用相关的污染物不仅与原料、产品有关，也与制造过程中所使用的溶剂及助剂有关。当前化学工业中溶剂的用量十分巨大，不仅作为反应、分离的媒介，还被大量用作清洁剂，这些溶剂主要是一些高挥发性的有机化合物，且大多都有毒，有些物质还会引起地球臭氧层的破坏与水源的污染等。因此，限制传统挥发性有机溶剂的使用、改进传统溶剂、采用无毒无害的替代溶剂及开发无溶剂反应是绿色化学的重要研究领域。

在进行溶剂选择时，首先应考虑的问题是合成过程是否需要溶剂。如果溶剂是必需的，或可改善合成反应路线，那么可以考虑从一系列物质中选择一个最佳的溶剂。其次，应考虑溶剂本身的危害性。由于溶剂在合成过程中被大量使用，因此其危害性及安全性是溶剂选择的一个必须考虑的因素，包括毒性、易燃易爆性、水溶性、可降解性、生物吸收性。最后，还应充分考虑其作为介质的反应性能，是否能使反应高效安全地进行，避免发生不需要的副反应。必须指出的是，上述因素不能代替溶剂在反应效益与效率方面的考虑。绿色化学只是在其基础上，考虑了溶剂对人类健康及环境影响。

下面重点对绿色溶剂——超临界流体、离子液体等的性能及应用进行介绍。

（一）超临界流体

目前超临界流体应用较多的有两个方面：超临界流体萃取技术和超临界水氧化技术。

1. 超临界流体萃取

超临界流体的密度对温度与压力的变化很敏感，而其溶解能力在一定压力范围内与其密度成比例，故可通过对温度与压力的控制来改变物质的溶解度，特别是在临界点附近温度与压力的微小变化可导致溶解度发生几个数量级的突变，这正是超临界流体萃取的依据。具体的工业方法是在超临界状态下，将超临界流体与待分离的固体或液体混合物接触，控制体系的压力和温度使待分离组分溶解其中，然后通过降压或升温的方法，降低超临界流体的密度，待分离物析出，即可完成萃取过程，超临界流体仍可循环使用。

超临界流体萃取技术已广泛用于如油品的分离和精炼、植物及种子有效成分的提取、有机水溶液的分离和废水处理等方面。与传统的化学萃取相比，超临界萃取有许多独特的优点：①超临界流体的萃取能力与流体的密度有关，因而很容易通过调节温度和压力来加以控制；②通过等温降压或等压升温，被萃取物就可与萃取剂分离。溶剂回收简单方便，节省能源；③由于超临界萃取工艺可在较低温度下进行，因而特别适合于热敏组分的萃取分离；④可较快达到平衡，能耗少，产品质量好。目前，超临界流体萃取已取得许多成功的工业化例子，如从咖啡豆中提取咖啡因，从植物中提取香精油，超临界丁烷精炼渣油，啤酒花的二氧化碳临界提取等。

然而，一些含有强极性基团的物质需要苛刻的反应条件或无法利用超临界流体萃取出来。因此，采用超临界流体萃取应考虑以下几个因素：首先是技术的可行性，在工作条件下能满足溶质在流体中的足够的溶解度；其次是设备可承受的压力程度，有些体系需要很高的压力，对设备要求很高，应考虑压力对设备的要求；最后，还要考虑到经济效益，虽然一些体系采用超临界流体萃取可以得到很好的实验结果，但如果经济上并不划算，也不能采用。

2. 超临界流体在化学反应中的应用

超临界流体作为反应介质或反应物参与的化学反应称为超临界化学反应，超临界流体的独特性质使其在反应速率、收率和转化率、催化剂活性和寿命及产物分离等方面较传统方法均有显著改善。目前，超临界流体已在氧化、加氢、烷基化、羰基化、聚合和酶催化反应等方面得到了很好的应用。研究者们不仅从理论上对反应机理和反应动力学、反应体系相行为和分子间相互作用对反应的影响等进行了广泛的研究，而且还进行了产业化探索。如杜邦公司年产 1100t 含氟聚合物的超临界反应装置已正式投产。作为一种前沿性环保技术的超临界水氧化反应被广泛用于有毒废水、有机废弃物等的治理，并且在国内外均已实现工业化应用。此外，由于当前的能源危机，超临界水中生物质的转化反应也受到了重视，但目前这方面的研究还处于初级阶段。表 3-1 中列举了一些超临界流体在化学反应中的具体应用。

表 3-1　超临界流体在化学反应中的应用

序号	应用	原理	实例
1	加快反应速率	扩散系数小，黏度小，加快传质过程	二苯甲酮与三乙基胺 35℃ 时在超临界二氧化碳中的反应速率常数是常压下的 3.5 倍以上
2	克服界面阻力，增加溶解度	氧在常温常压下在水中的溶解度很小，在超临界状态下可加快溶解，有利于反应进行	污水处理中的超临界水氧化法
3	控制高分子	溶质在超临界流体中的溶解度随压力变化很大，改变压力可以控制所需分子量的高分子单体	高压下乙烯的合成
4	延长固体催化剂的寿命，保持催化剂的活性	超临界流体对许多重质有机化合物有较大的溶解度，因此一旦有焦化前期的重质有机化合物吸附在催化剂上，超临界流体能及时溶解，避免催化剂中毒	
5	特殊的化学反应		水热火焰，超临界水中的离子反应和自由基反应等

3. 超临界流体在超细颗粒制备方面的应用

利用固体溶质在超临界流体中因流体降压而析出制备超细颗粒，是超临界流体的另一用途。超临界流体制备超细颗粒的原理与溶质从过饱和溶液中析出的原理相同，只是从液体中析出固体靠释放热量使溶液降温，而超临界流体制备超细颗粒靠系统降压完成。与前一种情况相比，采用超临界流体制备超细颗粒所得的晶粒尺寸小，分布窄，具有更广泛的用途。目前，采用超临界二氧化碳流体已成功研制出超细 GeO_2 颗粒、超细 SiO_2 颗粒、超细 TiO_2 颗粒、聚丙烯颗粒、聚碳硅烷颗粒等，其最小直径达纳米级。另外，采用超临界流体迅速膨胀还能制备多种物质的混合颗粒，如医药上多种药物的混合造粒。

此外，超临界流体技术还可用于半导体清洗、纺织品印染、超临界色谱等多个领域。尽管采用超临界流体有许多技术优势和潜在的经济优势，但目前由于设备一次投资大、对复杂体系的基础研究不足，一直没有大规模的工业应用。因此，寻求技术可靠、经济效益好的应用领域是超临界流体继续发展的关键。

4. 超临界二氧化碳及其应用

超临界二氧化碳具有合适的临界温度和临界压力（$T_c = 304.265K$，$P_c = 7.185MPa$）、对人体和动物无害、不燃烧、没有腐蚀性、对环境友好、原料易得、价格便宜、处理方便等众多优点，是目前使用得最多的一种超临界流体。其主要应用于热敏性物质和高沸点组分的超临界萃取分离、超细微粒材料的制备及化学反应介质等方面。前面已提到二氧化碳超临界流体萃取及超细颗粒制备技术，这里不再赘述。下面主要介绍超临界二氧化碳作为反应溶剂的应用。

用超临界二氧化碳作为化学反应溶剂的优点之一是可以通过压力变化，在"准液相"和"准气相"之间调节流体的性质（如流体的密度、介电常数、黏度等性质），为更好地实现化学反应提供方便。超临界二氧化碳的密度与液体接近，溶剂强度也接近于液体，因而可以是很好的溶剂。同时，超临界流体又具有某些气体的优点，如低黏度、高气体溶解度和高扩散系数等，这对快速化学反应，尤其是有气体反应物的反应是十分有利的。超临界二氧化碳作溶剂的另一优点是：二氧化碳不可能再被氧化，因而是理想的氧化反应的溶剂。同时，还可利用超临界二氧化碳中二氧化碳浓度高这一特性，有效促进二氧化碳参与的化学反应。

近来的一些实验结果表明，超临界流体溶剂有优于普通溶剂的特性。例如，Los Alamos 实验室发现，应用铑催化剂的烯酰胺氢转移反应在超临界二氧化碳介质中进行时，气体易溶于其中，扩散速率高，其产物的对映选择性超过在常规溶剂中的对映选择性，且产物易于分离。反应式如下：

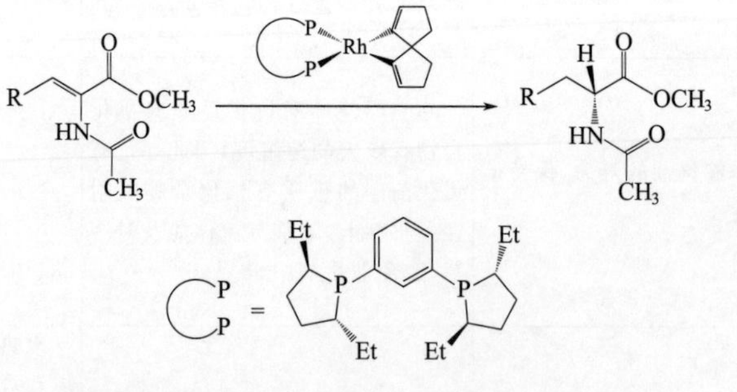

$$\text{(3-16)}$$

F. Zhao 等人研究了超临界二氧化碳中炔醇选择加氢合成 1,4-丁二醇，在 50℃ 条件下反应 2h，获得了 100% 的炔醇转化率和 84% 的目标产物选择性，而在有机溶剂中产品选择性较低。X. Wang 等报道了在超临界二氧化碳中利用氧化钛负载纳米金催化醇与分子氧的氧化反应来合成醛和酮。他们发现，通过沉积-沉淀法制备的 Au/TiO_2 催化剂在超临界二氧化碳中展示了很好的醇选择氧化催化性能，可获得 97% 的苄醇转化率和 95% 的苯甲醛选择性。这可能是超临界二氧化碳作为氧化反应介质，阻止了苯甲醛进一步深度氧化生成酸、酯，同时还促进了苄醇到甲醛的反应。乙胺/甲醇存在下二氧化碳催化加氢合成甲酸或甲酸衍生物的反应在超临界二氧化碳中进行时，其反应速率明显大于在其他溶剂中进行时的速率。Matsuda 等研究发现，在超临界二氧化碳中应用脂肪酶催化醋酸丙烯酸酯与外消旋体 1-对氯苯基-2,2,2-三氟乙醇的选择性酯化，可得到高转化率的 R 构型产物。O. Ihata 研究了 2-甲基氮丙啶与二氧化碳的聚合反应，成功合成了热敏聚合物聚亚胺酯。发现超临界二氧化碳作为清洁溶剂和反应底物，在功能高分子材料的合成中具有很好的应用前景。

综上所述，超临界二氧化碳作为非常规清洁溶剂，在替代传统有机溶剂的同时，还可促进反应的进行，作为高效反应技术在绿色化学有机合成中前景广阔；同时，超临界二氧化碳也将在温室气体的消除及其资源化利用中发挥重要作用。

5. 超临界水及其应用

超临界水是指温度在 374℃ 以上，压力超过 21.76MPa 时，进入到超临界状态的水。和超临界二氧化碳一样，超临界态水表现出许多独特的性质，如水密度大大高于气体，黏度比液体大为减小，扩散速度接近于气体，溶解度和表面张力都大大改变等。因此使得超临界水具有与有机溶剂相似的特性。一些非极性物质如苯、甲苯等有机物能完全溶于超临界水中。对于氧气、氮气、二氧化碳、空气等这些通常状态下只能少量溶于水的气体可以以任意比例溶于超临界水中。而对于无机盐类物质，在超临界水中的溶解度则变得很低。正是由于超临界水具备了这些有机溶剂的特性，使得它成为氧化有机物的理想介质。

按照对超临界水的应用，可分为超临界反应、超临界溶剂，或两者兼而有之。由于水的临界温度和压力都比较高，因此不适宜用于超临界萃取。

（1）超临界水氧化反应

超临界水氧化反应是目前国内外研究的热点领域，它作为一种很有前途的污水处理方法引起了学者们的广泛关注。在超临界条件下，水的介电常数与标准状态下一般有机物的介电常数相当。此时水更像一个非极性有机溶剂，对有机物和氧气的溶解性骤增。由于有机物与氧之间不存在界面，各种物质和热量传递不受限制，再加上高温高压的环境，使得氧化反应速度非常快，且反应彻底，对环境没有污染，是一种绿色的废水处理工艺。它与传统的化学氧化法和湿式氧化法相比，具有时间短，氧化快，反应彻底，不会引起二次污染，而且能处理浓度很低的污染物的优点。目前，工业上已开始将超临界水氧化应用于污水处理和废弃物的回收。

（2）纤维素超临界水解反应

纤维素水解工艺是化工行业的一个难点。传统上是使用强质子酸（如硫酸）作水解催化剂，这种工艺不仅费时费力，催化效果差，环境污染严重。有人采用纤维素酶技术来催化水解，效果较好，但条件十分苛刻，反应时间较长。超临界水在一定压力和温度下，离子积会比常温常压下大，且随压力和温度的变化可表现出一定的酸或碱的性质，使纤维素在超临界水中的溶解度大大增加。超临界水的这种特殊性质促进了纤维素无催化剂水解新工艺的研究。日本学者通过实验发现，在超临界条件下，纤维素的水解反应只需 0.05s 即可完成。与传统的水解工艺相比，超临界水解反应彻底，速度极快，不需用任何催化剂，避免了催化剂特别是强酸对环境的污染。

（3）高分子材料的降解

高分子材料大多为人工合成，在自然界中无法降解，"白色污染"成为当今世界的一大公害。而现在处理的方法主要是焚烧或填埋，给大气和土壤带来了严重的危害。

利用超临界水的溶解和氧化能力为降解高分子材料带来了希望。由于水在超临界条件下随压力变化显示出一定的酸或碱的特性，对高分子材料的聚合键破坏能力较大，在临界区内材料的降解较好。但即使如此，高分子材料的降解效率仍不太高，在刚开始反应的一段时间内分子量的降低最快，此后趋于平缓，如升温到450℃时，酚醛树脂的分解率仍只有38.7%。不过，从经济效益来看，超临界降解仍要比传统的处理回收方法更迅速、简便，生产成本更低。

水的临界温度和临界压力都比较高，这样就带来一个反应容器的耐温和耐压的问题，这也正是超临界水技术不易推广的原因。与此同时，整个生产装置的密封性与安全性也是需要特别注意的方面。对于超临界水氧化反应来说，由于氧和许多有机物在超临界水中的溶解度较大，再加上高温高压的环境，对反应器的腐蚀将会非常严重。因此，寻找合适的材料以延长反应器的工作寿命是超临界氧化反应能否工业化的关键问题。最后，许多超临界水中的反应都需要催化剂，但有关于这方面的研究还很少，大多还是使用亚临界条件下的催化剂。因此，开发出合适的催化剂是科学家们需要研究的课题之一。

（二）离子液体

离子液体在经典的有机合成反应中得到了广泛应用，甚至在酶催化反应中也取得了不错的效果，以下简单举例说明。

1. 烃基化反应

在 Friedel-Crafts 的烷基化反应和酰化反应中，使用离子液体作为反应介质或同时作为催化剂时，这类反应能更有效的完成，且副产物少，产物易分离。在室温及强碱条件下，在[bmim][PF$_6$]离子液体中进行吲哚的 N-烷基化和2-萘酚上的 O-烷基化都能够高选择性地完成，而且利用[bmim][PF$_6$]离子液体作为溶剂和催化剂，可以在较温和的条件下实现多种醇、酚和糖类的 O-酰化反应，产率均在90%左右。其反应式如下所示：

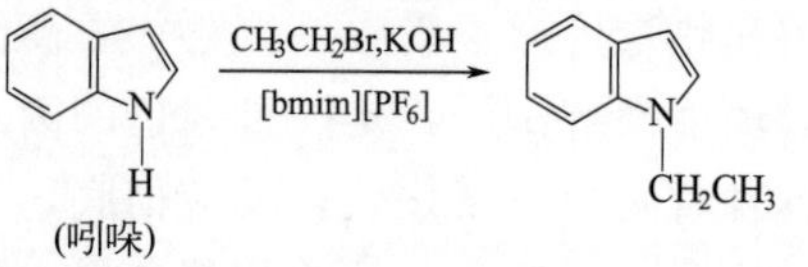

(3-17)

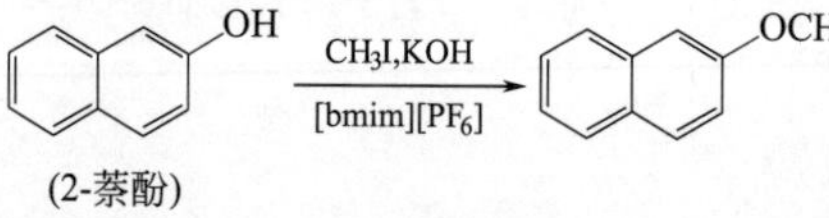

(3-18)

2. 还原反应

不饱和醛的选择性还原是重要的有机合成反应。K. Anderson 研究了离子液体中多相催化不饱和醛共轭 C＝C 键的选择加氢反应，考察了传统溶剂和不同离子液体中 Pd/C 催化肉桂醛的选择加氢催化性能。研究表明，相对于常规有机溶剂，在合适的离子液体中可以获得100%目标产物选择性（产物2）。产物易于分离，包含催化剂的离子液体通过简单处理可循环使用，催化效率没有降低，展示出广阔的应用前景。其反应过程如图3-9所示。

3. 氧化反应

烯烃的环氧化反应是精细有机反应中较难控制的反应，特别是要控制氧化反应停留在某个阶段或在分子的某一部位进行十分困难。以离子液体为溶剂进行烯烃的环氧化反应的研究较多，实验结果表明，离子液体给反应提供了特殊的环境，改变了反应起始物和主副产物在

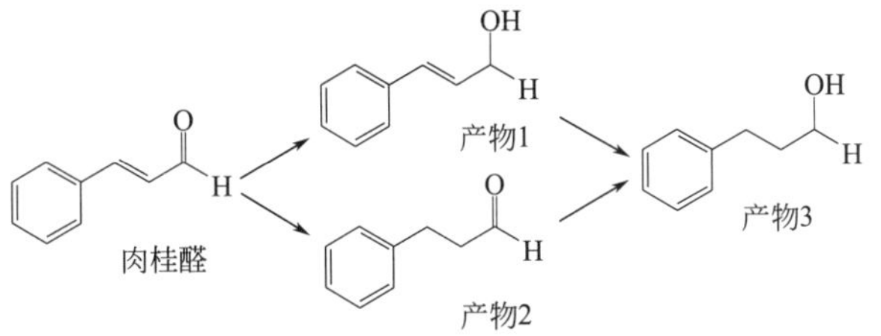

图 3-9 Pd/C 催化肉桂醛的选择加氢反应

反应体系中的溶解关系，使得主反应更容易进行，进而显著提高了反应的转化率和选择性。值得提及的是，在离子液体中，烯烃的不对称氧化的立体选择性有了显著的提高。Song 等用手性的锰配合物作催化剂，对烯烃的不对称环氧化反应进行了研究，采用离子液体 $[C_4min][PF_6]$ 与 CH_2Cl_2（1∶4，体积比）为混合溶剂，反应 2h，起始烯烃环氧化转化率达 86%。若仅用 CH_2Cl_2 为溶剂，不加入离子液体，达到相同的转化率要 6h。这两种情况的对映选择性、收率都超过 96%。

4. 加成反应

近年来由于 Diels-Alder 反应在合成天然产物和生理活性化合物中起到了重要作用，因此吸引了人们开发特殊的物理或催化方法来提高环加成反应的速率和立体选择性。在室温离子液体中进行的 Diels-Alder 反应有许多明显的优点：体系有足够低的蒸气压、离子液体可循环使用、无爆炸性、热稳定性好且易于操作。Seddon 等报道了在 $[C_4min][BF_4]$ 离子液体中进行的 Diels-Alder 反应具有较高的反应速率和选择性。Fischer 等研究了环戊二烯与丙烯酸甲酯在离子液体中的 Diels-Alder 反应，发现离子液体与非极性分子溶剂相比，具有反应速率更快，内消旋产物的选择性更高，产物中有机相更易分离萃取及离子液体可再生的优点。

5. 水解反应

离子液体的极性和特殊的溶解性提高了水的亲核能力。在离子液体 $[C_4min][BF_4]$、$[C_4min][CH_3COO]$、$[C_4min][PF_6]$ 中，芳烃和脂肪烃上的卤基、氰基可进行水解反应。在锇试剂的催化下，用离子液体作为反应介质，可以将芳香烯烃水解为邻二醇，催化剂与离子液体形成的催化体系能够循环使用，避免了催化剂流失造成的环境污染，同时节约了成本。

另外，一些学者还研究了在离子液体中进行的芳烃硝化反应、酶催化合成反应、缩合反应、偶联反应、卤化反应、重排反应等。离子液体的使用，对反应速率、催化剂的活性、产物的选择性有所提高，在产物的分离方面具有其他有机反应溶剂不可比拟的优点，可极大地提高化工过程的经济效益，有效减少对环境的污染，为化学工业的绿色化铺平了道路。

尽管离子液体的研究已经取得了很大的成就，但还存在合成成本高、提纯难、物化/热力学数据缺乏、表征手段不足、促进机制不清等问题需要解决。同时，离子液体自身的绿色化也是要关注的问题，如一些离子液体不易降解，且自身具有很大毒性等。这需要学者们加强生态学和毒理学的研究，完善离子液体的毒理数据，并尽可能在原料的选择、制备、纯化和使用过程中实现离子液体的绿色化，尽量避免使用有机溶剂。把新的合成方法和分离技术用于离子液体，使其参与的反应快速、高效、清洁地进行，从而为离子液体的大规模应用奠定基础，使其价值得到更充分和有效地发挥。

二、 无溶剂有机合成

传统的观点认为化学反应要在液态下或溶液中才能进行，而现在的观念是溶剂会污染环境及产品。就危害性本身而言，无溶剂系统对人类健康和环境具有最显著的优点。目前许多生产日用化学品的工业过程是在气相中非均相催化剂作用下进行的，并不需要溶剂。无溶剂系统常常可以简化反应操作，提高产率和选择性，但这些无溶剂反应的后处理往往都需使用溶剂。

无溶剂反应是减少溶剂和助剂使用的最佳方法，不仅对人类健康与环境安全具有重要作用，而且有利于降低费用，是绿色化学的重要研究方向之一。目前人们已经开发出几种途径来实现无溶剂反应。在无溶剂存在下进行的反应可分为三类：反应物同时起溶剂作用的反应；反应物在熔融态反应，以获得好的混合性及最佳的反应效果；固体表面反应。固态化学反应是在无溶剂条件下进行的反应，能从源头上阻止污染物，具有节省能源、无爆燃性，且产率高、工艺过程简单，某些反应还具有立体选择性等优点。特别是微波炉、超声波反应器出现之后，无溶剂反应更容易实现。

三、 高效催化剂

一个化学反应要在工业上实现，基本要求是该反应要以一定的速率进行。也就是说要求在单位时间内能够获得足够数量的产品。通过动力学研究知道，提高反应速率可以有多种手段，如加热、光化学、电化学和辐射等。加热的方法往往缺乏足够的化学选择性，其他的光、电、辐射等方法用在工业装置上时则往往需要额外的能量。应用催化剂的方法，既能提高反应速率，又能对反应方向进行控制，而且原则上催化剂是不消耗的。因此，应用催化剂是提高反应速率和控制反应方向较为有效的方法，而催化剂的选择、改进及新型高效催化剂的开发，也是绿色化学研究的主要内容之一。

（一） 催化剂的作用

根据 1981 年 IUPAC 提出的定义，催化剂是一种能够提高反应速率但不改变反应标准吉布斯自由能的物质，它在化学反应中引起的作用为催化作用，涉及的反应为催化反应。催化剂会诱导化学反应发生改变，促使反应速率加快或在较低温度下进行。这种促进作用有以下特点：

（1）增强选择性 当反应可能有一个以上的不同方向时，有可能产生热力学上可行的不同产物，而催化剂仅能加速其中一个，且促进反应的速率与选择性是统一的。如以合成气为原料，热力学上可能得到甲醇、甲烷、合成汽油、固体石蜡等不同产物，但利用不同的催化剂，可使反应有选择性地向某一方向进行，这就是催化剂对反应具有的选择性。

（2）降低反应活化能 催化剂可以降低反应活化能，这不仅有益于控制工艺，而且可降低反应发生所需的温度。在大规模生产中，这种能量降低无论从环境影响还是经济影响方面来看均是非常有益的。因此，选择合适的、环境友好的催化剂，则可开发新的合成路线，缩短反应步骤，提高原子利用率。

（二） 绿色化学与催化

分析绿色化学所要求的合成路线可知，催化可从各个方面满足其需求。不管是传统的化学催化反应还是生物催化反应，使用催化剂后，通常反应所需的能量更低，转化更为有效，副产物和其他废物的生成减少，通常还可把催化剂设计成环境友好型的。因此催化反应能最大限度地合理利用资源和最小限度地影响环境，在环境保护、绿色化学中有十分重要的作用。

1. 催化与防治污染

催化已经在减少环境污染方面起了重要作用，如利用催化剂减少和消除发电厂废气及汽车尾气中 NO_x 的排放，以改善空气质量；利用催化技术取代使用氯或含氯中间体的合成方法，减少污染物的产生；等等。催化剂还将在新的、不产生污染的合成途径中继续起着举足轻重的作用。如选择性地生成某产物，减少废物的产生，从源头上避免污染；改善反应条件，降低反应温度和压力从而降低能耗等。总之，催化剂的利用可同时满足绿色化学的若干个要求。

2. 新的反应原料需要新的催化剂来活化

前面已经提到，目前我们使用的大部分化学化工原料均来自于石油，而石油资源正面临着枯竭的威胁。我们必须寻找新的可再生的化学化工原料，而新的反应原料就必须有新的催化剂来活化。

如传统的邻苯二酚的生产方法是以苯和丙烯为原料，经三步反应合成。该方法使用有毒害的苯为原料，合成路线长，产生副产物丙酮和对苯二酚，同时还需要使用二氧化硫等不安全物质。Draths 和 Frost 等人则采用安全无毒的葡萄糖为原料来制备邻苯二酚。这就需要能使葡萄糖活化，并定向转化为邻苯二酚的催化剂。他们选用酶 E.Coli 作催化剂，通过一步反应实现了这一过程。这样不仅避免了风险原料和试剂的使用，副产物也大大减少，是真正的绿色化学合成。其反应式如下：

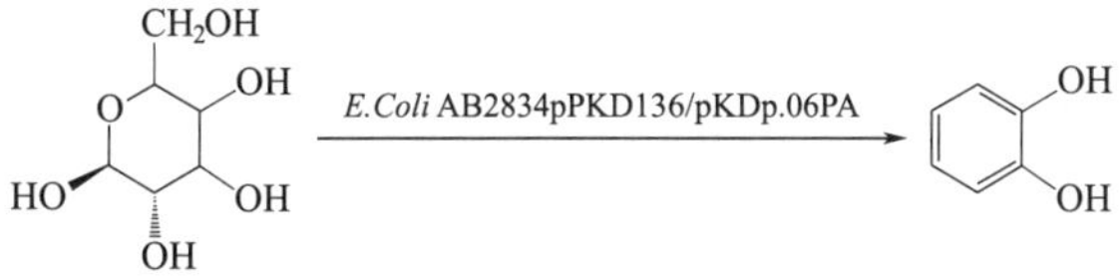

$$(3-19)$$

3. 催化与反应过程的改善

新的反应路线、反应过程需要使用新的催化剂来实现，如果对原有过程的催化剂进行改善，也可提高反应的效率。

例如传统的乙醛合成方法以乙烯和氧为原料，用 $PdCl_2$ 和 $CuCl_2$ 水溶液作催化剂，在反应过程中，$PdCl_2$ 被还原成 Pd（0），Pd（0）与 $CuCl_2$ 反应生成 $PdCl_2$ 和 $[CuCl_2]^-$，$[CuCl_2]^-$ 又被氧化为 $CuCl_2$。这一方法需要使用大量的催化剂，因此溶液中 Cl^- 的浓度较大，而这会导致有机氯化物副产物的生成。这些氯化物不仅影响产品纯度，还会对人类健康和环境产生危害。新的研究表明，如果使用钒配合物代替 $CuCl_2$，则催化剂 $PdCl_2$ 的用量大幅度减少，而溶液中 Cl^- 的浓度也就大为降低，其浓度可减少为原来的 $1/100 \sim 1/400$，这样就大大降低了产生氯化副产物的可能，提高了反应效率且减少了污染。

（三）高效无害催化剂的设计

催化是化学工业的基石，目前 90% 以上的化学反应都需要使用催化剂。然而传统的工业催化反应往往过于注重生产的实效性和经济性，而忽略了环境效应和生态效应，普遍存在催化剂效率低、反应条件苛刻、操作复杂和环境污染严重等问题。如在合成化学中的许多反应（酯化、水解、异构化、酰基化和烷基化等），都是在氢氟酸、硫酸、磷酸等液体酸催化作用下进行的。这些催化剂的共同缺点是严重腐蚀设备，危害人体健康，产生废渣、废液，污染环境等。因此，如何设计和使用高效无害的催化剂也是绿色化学中十分重要的研究课题。

在着手催化剂设计之前，首先要进行总体性分析，如反应的可行性、最大平衡产率、要求的最佳反应条件、可选用的原料、反应的原子经济性、在实际使用中可能会遇到的问题、催化剂和催化反应的经济性等。对催化剂和催化反应有了一个总体性的合理了解后，接着就应分析催化剂设计参数的几个要素：活性、选择性、稳定性或寿命、可再生性和对人体健康和环境是否无害等。在有了上述认识后，可根据反应类型、反应分子的活化方式等选择催化剂的类型和可选材料，找出最可行的催化剂，进行各种改良与调试。用实验证实设计的可行性，若实验证明设计不合理，则再从头开始进行设计。

催化剂的设计一般按图 3-10 所示的步骤进行。

目前，国内外研究人员正从分子筛、杂多酸、超强酸等新材料出发，大力发展绿色催化体系，研发新型催化剂。

（四） 固体酸催化剂

酸催化工艺在化学生产过程中占有十分重要的地位。前面已提到，传统的酸催化剂主要是硫酸、磷酸、氢氟酸等，它们腐蚀性强，后处理复杂，污染严重，不能满足环保的要求。这就迫切需要研究固体酸催化剂来取代它们。目前，研究较多的固体酸催化剂有沸石分子筛、杂多酸及其盐、超强酸等。它们都克服了传统酸催化剂的腐蚀性及污染严重等缺点。

1. 沸石分子筛

沸石分子筛，是一种结晶型硅铝酸盐，具有均匀的孔隙结构。分子筛中含有大量的结晶水，在加热过程中，由于失去结晶水而形成许多大小不同的空腔，空腔之间又有许多直径相同的微孔相通，形成分子大小直径均匀的孔道。因此，能将直径比孔大的分子排斥在外，实现筛分分子的作用，分子筛就此得名。目前发现的天然沸石已有 50 多种，代表物有丝光沸石和蒙脱土等。而人工合成的已多达 200 多种，如钒铝沸石分子筛、纳米分子筛、介孔及大孔分子筛等。这些人工分子筛绝大部分可用作固体酸催化剂，用于石油炼制、精细化工、气体净化及吸附分离、特种功能材料制备等过程。目前，人工合成分子筛已成为现代化工中应用最为广泛的催化剂之一。它有以下几个特点。

① 沸石分子筛能够对反应物进行选择性地吸附。一般而言，动力学直径比沸石孔径大 0.1nm 以内或小于孔径的分子可进入沸石分子筛的孔内。因而沸石分子筛作为催化剂具有优异的反应选择性。

② 沸石分子筛的特定规整孔道结构直接影响反应系统中物质的扩散行为，小孔和大孔沸石分子筛由于对产物扩散的限制而易失活，而中孔沸石分子筛则不容易结焦失活。

③ 沸石分子筛具有酸性。研究表明，沸石分子筛具有 Lewis 酸或 Brönsted 酸中心，可用于酸催化反应。

④ 沸石分子筛具有高的热稳定性和水热稳定性。

⑤ 沸石分子筛作为催化剂无毒，对环境无害，对设备无腐蚀作用且反应后产品容易分

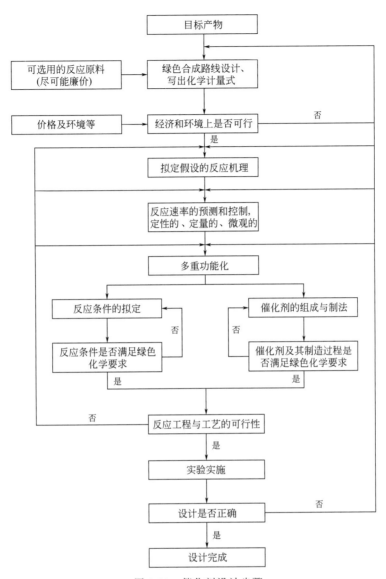

图 3-10　催化剂设计步骤

离。因此，它是一种符合绿色化学要求的固体酸催化剂。

其中，沸石分子筛最突出的特点——择形性使之成为催化活性和选择性的控制因素，表现为对反应物、产物及过渡态的选择性。对反应物而言，不允许太大的分子扩散进入沸石分子筛的孔道；对产物而言，仅允许反应期间所产生的较小的分子扩散离开孔道；在反应过程中，如果过渡态活化所需空间比可用的孔径还大，则该反应不能进行。择形反应将使分子筛催化剂有十分广阔的应用前景，并适用于各种不同的化学反应。一个成功的例子是 2,6-二异丙基萘的合成。采用传统的合成方法，通常得到 2,6-二异丙基萘、2,7-二异丙基萘及 3,4-二异丙基萘的混合物。其反应式如下：

$$\text{（3-20）}$$

通过工艺改进，采用小孔 SiO_2/Al_2O_3 催化剂可抑制大部分 3,4-二异丙基萘的生成，但仍要生成等量的 2,6-二异丙基萘和 2,7-二异丙基萘。采用 C 型丝光沸石后，不仅 3,4-二异丙基萘的生成被完全抑制，有 70% 的产品均为 2,6-二异丙基萘，得到较为理想的产品。

另外，分子筛催化剂代替 $AlCl_3$ 用于合成乙苯、异丙苯的成功，是目前固体酸代替液体酸取得显著经济效益和环境效益最为成功的实例之一。

乙苯和异丙苯都是极为重要的基本有机化工材料，目前世界上乙苯和异丙苯的年需求量分别达到了 1700 万吨和 1000 万吨，并且还在以每年 3%～5% 的速度增长。乙苯和异丙苯的生产过程相似，都是在酸性催化剂的作用下由苯分别与乙烯和丙烯反应而制成，如图 3-11（a）所示。

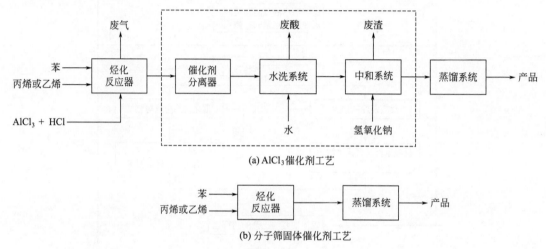

(a) $AlCl_3$ 催化剂工艺

(b) 分子筛固体催化剂工艺

图 3-11　乙苯（或异丙苯）生产工艺比较

从图中可以看出，$AlCl_3$ 工艺制备过程较为复杂，包括反应系统、催化剂分离系统、产物水洗系统、中和系统和蒸馏系统等多个步骤。由于该工艺中使用了对设备具有较大腐蚀性的催化剂 $AlCl_3$ 和盐酸，因而用氢氧化钠进行中和过程中会产生大量的废水、废酸、废渣、废气，污染十分严重，引起了研究者们的高度重视。包括 UOP、Dow、Enichem 等在内的几家世界著名的石油化工公司都投入巨资进行固体酸苯烷基化催化剂的研究开发，并于 20世纪 90 年代相继成功开发出以各种分子筛为催化剂的乙苯和异丙苯的合成新工艺，如图 3-11（b）所示。与 $AlCl_3$ 工艺相比，新工艺过程大大简化。分子筛为固体酸催化剂，固定在反应器中，不存在与产物分离的问题，因而 $AlCl_3$ 催化剂工艺中庞大的催化剂分离、水洗和中和部分在新工艺中可以全部省去。高活性和高选择性分子筛催化剂加上过程的简化，使得新工艺投资大大降低而过程效率大大提高。新工艺产品收率和纯度均大于 99.5%，基本接近原子经济性反应。分子筛催化剂无毒无腐蚀性且可以完全再生，整个过程彻底避免了盐酸和氢氧化钠等腐蚀性物质的使用，基本消除了"三废"的排放。这种新的生产技术已在国内外大规模投入使用，实现了乙苯、异丙苯生产过程的清洁化。

从 60 年代以来，沸石分子筛催化剂方面的研究已取得了很大的进展。由于目前可利用计算机进行催化剂的设计，预计其发展将越来越快。相信在未来的几十年内，分子筛在工业生产中将具有更加广阔的应用前景。

2. 杂多酸催化剂

杂多酸（heteropoly acid，HPA）是由两种或两种以上无机含氧酸缩合而成的复杂多元酸的总称。杂多酸的酸根是由杂原子（或称中心原子，如 P、Si、Fe、Co 等）与配位原子（如 Mo、W、V、Nb、Ta 等）按一定的结构通过氧原子配位桥连组成。当杂多酸中的氢部分或全部被金属离子或有机胺类化合物取代时，可形成杂多酸盐。杂多酸及其盐类统称为杂多化合物（HPC）。杂多酸化合物在固态时由杂多阴离子、阳离子（质子、金属阳离子、有机阳离子）及水或有机分子组成。

杂多酸化合物作为催化剂，其主要特征如下。

① 具有很强的 Brönsted 酸性。其酸性强于与其组成元素相同氧化态的简单酸，但腐蚀性远小于常用的无机酸。

② 极易溶于水和一般有机溶剂，这使得杂多酸易于与反应混合物形成均相系统，利于催化反应的进行。

③ 酸性可通过改变阴离子的组成元素、成盐及负载化等方式进行设计和调控，因此可根据反应自身的特点和要求设计所需的催化剂。

④ 具有良好的化学和热稳定性。在一般的酸、碱介质中，杂多化合物都能保持其结构的完整性，其耐热温度可达 350℃，可适用于大多数的催化反应体系。

⑤ 具有独特的催化性能。由于存在着变价金属元素，杂多酸化合物具有氧化还原性，可作为酸催化剂和氧化还原催化剂的双功能催化材料。

⑥ 适用于均相或非均相反应体系。对于非极性分子仅在表面反应，而对于极性分子则还可扩散进入晶格间的体相进行反应（被称为"假液相"行为），这种行为使得反应既发生在固体表面，又发生在固体内部，表现出极高的催化活性。

环境友好的杂多酸催化剂以其组成简单、结构确定、组分易调、强酸性与氧化还原性兼具、独特的"假液相"性、低温高活性和热稳定性等优点而备受关注。但是，杂多酸均相催化剂回收困难，会造成一定的环境污染和昂贵催化剂的流失。杂多酸均相催化剂的比表面积较小（$10m^2/g$），虽极性分子可以进入体相反应，但非极性分子只能在表面，催化活性未能得到很好的发挥。把杂多酸固载在多孔结构的载体（SiO_2、活性炭、离子交换树脂及分子筛等）上，可大大提高其比表面积，减少催化剂用量，有利于催化剂在反应体系中的分离回收，降低生产成本和提高产品质量，这一改进极大程度上推动了杂多酸催化剂在工业上的应用。

从 20 世纪 70 年代日本采用杂多酸催化丙烯水合实现工业化以来，杂多酸作为环境友好的催化剂在有机合成和石油化工中得到了广泛的关注。迄今为止，杂多酸催化实现的工业化过程已有 8 种：丙烯水合、正丁烯水合、异丁烯水合、糖苷的合成、制备四氢呋喃的高分子聚合物、甲基丙烯醛氧化成甲基丙烯酸、双酚 A 的合成、双酚 S 的合成。这些合成工艺工业化的实现，表明杂多酸作为环境友好的工业催化剂具有广阔的应用前景。下面简要介绍部分杂多酸催化剂在工业上的应用实例。

（1）HPA 酸催化烷基化

杂多化合物催化剂在烷基化反应中替代传统的无机强酸已取得了令人满意的结果。直链十二烷基苯是生产阴离子洗涤剂的重要原料，目前已将中孔分子筛负载硅钨酸，MCM-41、SiO_2 和活性炭负载硅酸等催化剂应用于十二烷基苯的合成。在异丁烷与丁烯烷基化制清洁汽油的反应中，采用 $Cs_{2.5}H_{0.5}PW_{12}O_{40}$ 作催化剂，产物收率和选择性分别达到 79.4% 和 73.3%；当采用 40%HPW/SiO_2 作催化剂时，丁烯的转化率为 98.8%，C_8 烷烃占液体产物的 59.5%，且反应过程中没有活性组分的流失。

（2）HPA 酸催化酯化

杂多酸可以形成"假液相"的均相反应体系，而且在非水介质中具有相当的酸度，因而可以作为酯化反应的催化剂，如催化乙酸和异戊醇反应，乙酸与 1-丁烯的反应，丙烯酸与丁醇的反应，乙酸与 1-己烯的反应，对硝基甲苯甲酸乙酯的合成，邻苯二甲酸二异辛酯的合成等。HPA 作为环境友好的低温高活性催化剂对酯化反应表现出高活性、高选择性，产品纯度高，催化剂可重复利用，工艺简单，易于连续化生产等优点，有较大的工业化应用前景。

（3）HPA 酸催化缩合

研究表明，杂多化合物对缩合反应也具有良好的催化活性。二甲苯-甲醛树脂是生产油漆和新型聚酯等的重要原料，传统的制备过程中采用硫酸作为催化剂，反应过程需要进行有机相与水相分离、蒸馏等工艺，存在着过程复杂、污染环境及产品质量不稳定等问题。当以不饱和硅钼钨混合型杂多化合物为催化剂时，催化剂用量仅为原料总量的 0.8%～10.0%，产率达到 95%。另外，HPA 催化剂还可重复使用，整个过程基本对环境无污染，工艺过程得到极大简化。

（4）HPA 酸催化硝化

杂多酸及其盐在苯的气相硝化中显示出良好的催化活性，在 270℃ 时，$H_3PW_{12}O_{40}$/SiO_2-Al_2O_3 可催化苯与 NO_2 的气相硝化反应，产物中没有二硝基苯生成，且反应速率随 $H_3PW_{12}O_{40}$ 负载量的增加而增大，当磷钨酸含量达 30% 时，硝基苯的产率达到 56%。陈景林等人研究了 SiO_2 负载的杂多酸及盐催化苯的连续硝化反应，也取得了良好的效果：当 20%$H_3PW_{12}O_{40}$/SiO_2 作催化剂时，硝基苯的产率达 90.6%。

（5）HPA 酸催化聚合

由四氢呋喃经阳离子开环聚合制得的四氢呋喃均聚醚（PTMEG）是生产聚氨酯及弹性体的重要原料。研究表明，磷钨杂多酸和钼钨杂多酸是此聚合过程的高效催化剂，并已成功地应用在万吨级的工业化装置上。

（6）HPA 酸催化氧化

杂多酸既可作酸催化剂，也可作氧化还原催化剂。Matveev 等采用磷钼钒杂多酸和对应的酸式盐催化氧化 2-甲基-1-萘酚，得到了维生素 K，取得了良好的效果。Jiang 等采用杂多酸催化选择氧化丙烷得到了丙烯酸和丙烯醛，丙烷最大转化率为 38%。Furuta 等采用 Pd-SiW_{12} 催化剂催化乙烯，一步合成了乙酸乙酯，催化剂表现出良好的双功能性，合成路线大大简化。

近年来，随着人们环保意识的提高，环境友好的 HPA 催化剂的研究和应用已取得了较大的进展，但实现工业化规模的应用并不多见。这还有待于结构、动力学、催化、有机及无机化学等方面的工作者们的共同努力，推动杂多酸化学的研究和发展，以加速我国化学工业工艺的绿色化进程。

3. 超强酸催化剂

在酸催化作用的研究中，超强酸以其不同寻常的酸强度使许多难以进行的化学反应在很温和的条件下进行，成为催化领域的研究热点，如在较低的温度下，超强酸使烷烃活化形成稳定的正碳离子中间体。超强酸催化剂一般有液体和固体两种形式，分别称之为液体超强酸和固体超强酸。最早应用于酸催化剂的液体超强酸尽管酸强度大，催化活性高，但和其他液体酸催化剂类似，催化剂与生成物不易分离，成本较高，对设备腐蚀性强，无法回收利用，易对环境造成污染。因此，近年来固体超强酸的研究尤为引人注目。

固体超强酸是指比 100％硫酸的酸强度还高的固体酸。酸强度常用哈梅特（Hammet）指示剂的酸度函数 H_o 表示，$H_o = pK_a$（所用指示剂的 pK_a 值）。已测得 100％硫酸的 $H_o = -11.93$。因此，可将 $H_o < -11.93$ 的固体酸看成固体超强酸，H_o 值越小，酸强度越大。目前，合成的固体超强酸大致分为以下三种类型。

① 金属氧化物负载硫酸根型的固体超强酸 SO_4^{2-}/M_xO_y，如 SO_4^{2-}/TiO_2、SO_4^{2-}/Al_2O_3、SO_4^{2-}/Fe_2O_3、SO_4^{2-}/ZrO_2 和 SO_4^{2-}/SnO_2 等，还包括采用复合氧化物载体的类型，如 $SO_4^{2-}/TiO_2-Al_2O_3$。

② 强 Lewis 酸负载型固体超强酸，主要是指将 BF_3、$AlCl_3$ 及 SbF_5 等组分负载于多孔氧化物、石墨及高分子载体上所形成的固体酸，如 $AlCl_3$/离子交换树脂、SbF_5/石墨等。

③ 其他类型固体超强酸，如杂多酸型、分子筛型、负载金属氧化物型及高分子树脂型等。

固体超强酸催化剂具有与产品分离容易，可反复使用，腐蚀性小，选择性高，反应条件温和，原料利用率高，"三废"少等诸多优点，成为酸催化剂研究中的热点，广泛应用于石油炼制及有机合成工业。

目前固体超强酸催化剂在有机化工领域的研究重点是 SO_4^{2-}/M_xO_y 型固体超强酸的合成技术和应用技术。SO_4^{2-}/M_xO_y 型固体超强酸，由于本身具有许多优点如高催化活性，已被广泛用于有机合成反应中，如氢化异构化、烷基化、酰基化、酯化、聚合、甲醇转化、氧化等反应，并显示出较高的催化活性。如以 SO_4^{2-}/ZrO_2 为催化剂，由异丁烷与丁烯烷基化制备叠合汽油的反应中，丁烯的转化率可达 100％，产物中 C_8 的含量达到 80％以上；在甲苯与苯甲酰氯的酰基化反应过程中，以 $SO_4^{2-}/ZrO_2-Al_2O_3$ 为催化剂，反应温度为 110℃，反应时间为 12h，转化率达 100％；利用 SO_4^{2-}/ZrO_2 为催化剂，在 20～50℃ 下进行正丁烷的异构化反应，主要产物为异丁烷，选择性达 97.9％，而含有 Pt 的 SO_4^{2-}/ZrO_2 催化剂在此异构化反应过程中则表现出极好的催化活性稳定性，使用 1000h 后仍无失活现象；以 SO_4^{2-}/ZrO_2 为催化剂合成绿色表面活性剂烷基葡萄糖苷（APG），当催化剂质量为葡萄糖质量的 10.5％，无机酸与有机酸的质量比为 5:1，反应时间为 5h 时，葡萄糖的转化率接近 100％。

尽管固体超强酸这类新型催化剂已被广泛应用于工业化生产，但仍处于开发研究阶段，尚存在一些问题有待解决。如使用过程中活性会逐渐下降，使用寿命还达不到工业化生产中长期使用的要求；催化剂为细粉状，流体流经催化剂的阻力大，不适合工业上连续化生产的要求。因此固体超强酸催化剂今后研究的一个主要方向应是工业化问题，如制备出活性更高，选择性更好，成本更低的催化剂，研究解决固体催化剂与产物的工业分离、回收、重复利用和再生等。除此之外，加强超强酸表面结构、催化作用机理的研究，并不断拓展固体超强酸在有机合成特别是精细合成中的应用范围，对优化工艺、节约资源和能源、保护环境都有着极其重大的意义。

（五）固体碱催化剂

随着绿色化学的发展，人们越来越重视环境友好的催化新工艺。固体碱催化剂具有高活性、高选择性、反应条件温和、产物易于分离、可循环使用等诸多优点，尤其在精细化学品合成方面可使反应工艺过程连续化，增强了设备的生产能力，具有越来越明显的优势，有望成为新一代环境友好的催化材料。然而，相对固体酸催化剂而言，固体碱催化剂的研究起步较晚，发展也比较缓慢，主要原因在于固体碱尤其是超强固体碱催化剂制备复杂、成本昂贵、强度较差、极易被大气中的二氧化碳等杂质污染，而且比表面积都较小。因此，各国都处于积极研制开发阶段。

自 20 世纪 50 年代以来，科学家们已经发展了多种类型的固体碱催化体系。按载体与活性位的性质，固体碱大体可分为三类：有机固体碱、有机/无机复合固体碱以及无机固体碱。有机固体碱主要是指端基为叔胺或叔膦基团的碱性树脂类物质，如端基为三苯基膦的苯乙烯和对苯乙烯共聚物。有机/无机复合固体碱主要是指负载有机胺或季铵碱的分子筛。负载有机胺分子筛的碱活性位主要是能提供孤对电子的氮原子，而负载季铵碱分子筛的碱活性位主要是氢氧根离子。由于这类固体碱的活性位是以化学键和分子筛连接的有机碱，所以反应过程中活性组分不易流失，且碱强度均匀，但不适用于高温反应。而无机碱具有制备简单、碱强度分布范围宽、热稳定性好等优点，已成为固体碱催化剂的主要品种，主要有金属氧化型和负载型。

固体碱催化剂已在异构化反应、氧化反应、氨化反应、氢化反应、C—C 键合成反应、Si—C 键合成反应、P—C 键合成反应、环化反应等有机合成反应中得到了广泛的应用。如炔的异构化反应以 Cs_2CO_3/Al_2O_3 为催化剂，3-羟基-1,3-二苯丙炔发生如下异构化反应：

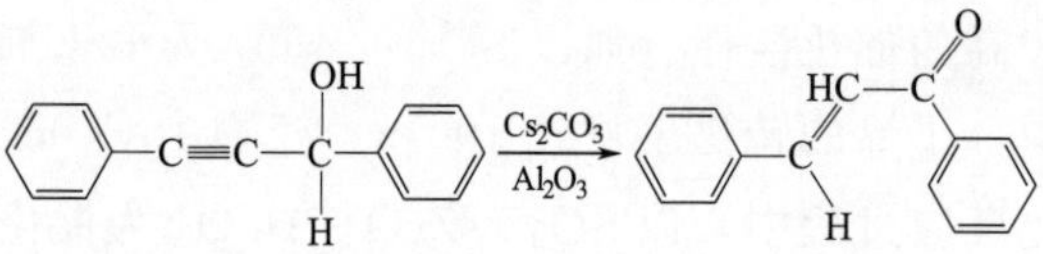

$$(3-21)$$

其中 Cs_2CO_3 为催化剂的前驱体，在温度为 303K 下持续反应 20h，产率可达到 97%，固体碱催化剂显示出较好的活性。

Knoevenagel 缩合反应发生在酮和含活性亚甲基的化合物之间，常用的固体碱催化剂有碱性离子交换的沸石、海泡石和氮氧化物、改性水滑石等。固体碱催化剂氮化磷酸铝（AlPON）对以下反应有独特的催化活性。

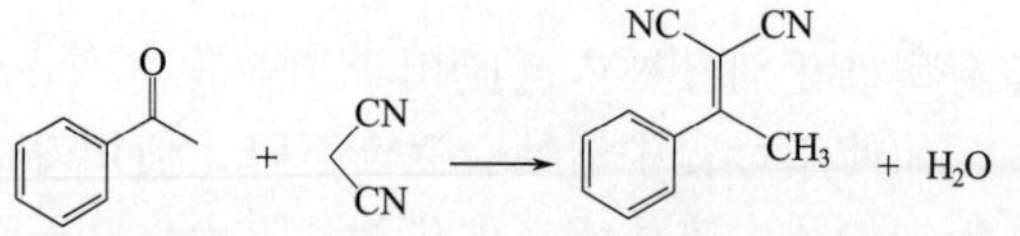

$$(3-22)$$

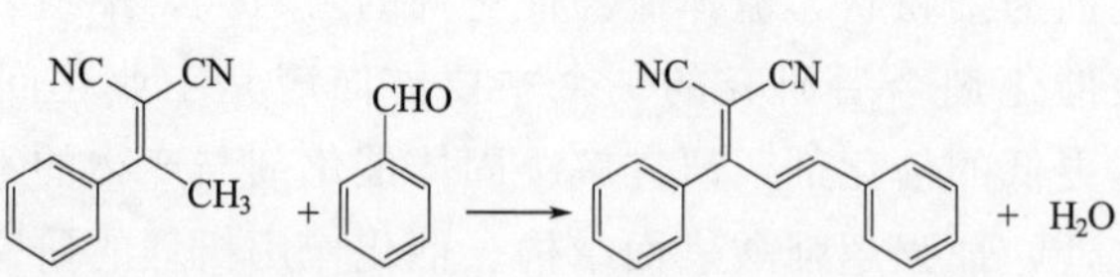

$$(3-23)$$

第一步反应可用 MgO、水滑石或 AlPON 作为催化剂，而第二步反应只有 AlPON 显示了催化性能，因此选用 AlPON 作为催化剂可使这两步反应发生在一套装置中，不仅节省了催化剂的用量，还使反应效率更高。

沃兹沃斯-埃蒙斯（Wadsworth-Emmons）反应过去都是采用液体碱来催化。虽然也有报道 KF/Al_2O_3、MgO 和 ZnO 为固体催化剂，但催化性能一般。近年来首次报道了以 Mg-Al-水滑石-O^tBu 作为以下反应的催化剂，改变镁铝比将产生不同的催化性能且活性很好。

$$R' \underset{R}{\overset{}{\bigcirc}} O + \underset{(OEt)_2}{\overset{R'}{\bigcirc}} O \xrightarrow[\text{DMF+回流}]{\text{固体碱催化剂}} R' \underset{R}{\overset{}{=}} \underset{H}{\overset{R'}{=}} + (OEt)_2 POH \qquad (3-24)$$

尽管目前固体碱的研究进展迅速，但缺乏系统性，也有一些问题尚待探索和解决。如固体碱催化剂的碱中心（数量和强度）应该进一步阐明；对催化剂性能的描述需进一步发展；固体碱催化剂在有机反应中的作用应该继续探索，有些反应过去采用酸性催化剂或其他种类的催化剂，若使用固体碱催化剂是否可行，能否产生更好的催化效果等，这些都有待于科研工作者进一步研究。

（六） 固载化均相催化剂

催化剂和反应物同处一相，没有相界面存在，能起催化作用的催化剂，称为均相催化剂。均相催化剂以分子或离子独立起作用，活性中心均一，具有高活性和高选择性。然而近年来，人们逐步认识到均相催化剂除了可能产生的腐蚀性问题之外，与产品的分离问题也成为阻碍其工业化发展的重要原因。特别在以贵金属络合物作催化剂时，更要注意分离问题，否则既不经济又要污染产品，影响下一步反应。为了使均相催化剂能够更广泛地使用，许多学者进行了大量的研究，普遍采用均相催化剂固载化的方法来解决这个问题。

均相催化剂的固载化，就是把均相催化剂通过物理或化学方法使其与固体载体相结合形成一种特殊的催化剂。这种固载催化剂中的活性组分往往与均相催化剂有着同样的性质和结构，因而保存了均相催化剂的高活性和高选择性的优点。同时又因催化剂结合在固体上，使其具有多相催化剂的优点：易于产品分离和回收。而且，由于这类催化剂是在分子水平上进行研究和制备的，能够使人们对催化作用机理有更进一步的认识，有利于研制出更多性能优异的催化剂。除此之外，由于均相催化剂被固定在固体上，其浓度不受溶解度限制，因此可以提高催化剂的浓度，并使用较小的反应容器，进一步降低生产费用。

固载化均相催化剂采用的载体一般为有机高分子化合物和无机氧化物。尤其是无机氧化物，如 SiO_2、Al_2O_3、MCM-41、MCM-48 等，其机械强度、热稳定性、化学稳定性等性质都比高分子载体更具有优势。

一般来说，固载化后的催化剂常与相应的均相催化剂具有相近的活性，相同的反应机理。但载体的表面积和孔径分布、接枝过渡物质、催化剂的固载浓度、反应介质等都会对催化剂的活性产生一定的影响。

下面介绍几种常见的固载化均相催化剂。

（1）固载化的酸催化剂

固载的酸催化剂被有效地应用于催化缩醛、缩酮、酯化、成醚、傅氏烷基化等反应，比均相的酸催化剂具有更高的稳定性和催化效率，并能重复使用。目前固载化的酸催化剂主要有吡啶盐、聚异丙基丙烯酰胺、二氰基乙烯酮缩醛等。固载的吡啶盐对醚化反应和醛、酮与乙二醇的缩合反应是一种较好的催化剂。聚异丙基丙烯酰胺树脂特有的温敏性，在催化缩醛脱保护时能方便的回收和分离。聚合物固载的二氰基乙烯酮缩醛不但是缩醛脱保护催化剂，而且还是 C—C 键偶联催化剂。

（2）固载化的碱催化剂

固载化的碱催化剂的研究报道相对来说较少，主要以 4,4-二甲基氨基吡啶（DMAP）为主。例如以交联聚苯乙烯固载的 DMAP 为催化剂，能够有效地催化脂肪酸甲酯化反应，并且此催化剂能方便地回收分离，重复使用其催化活性降低较小。

（3）固载化的金属催化剂

随着有机金属化学的快速发展，出现了许多均相金属催化剂，用于烯烃加氢、烯的醛化等催化反应。但它们在空气和水中很不稳定，反应后催化剂不能回收再用，既污染环境、腐蚀设备，又造成许多昂贵的金属催化剂流失。因此人们就把金属均相催化剂负载到有配位基团的载体上制成固载金属催化剂。在催化反应中，其反应条件温和、稳定性高、腐蚀性小、有着很高的催化活性和选择性，且昂贵的金属催化剂还可回收利用。固载的金属催化剂在有机合成中能催化烯烃加氢、醛化、硅氢加成、聚合、氧化反应、卤烃的双羰基化反应等。如通过聚-4-硫杂-6-二苯基膦己基硅氧烷配体和氯化钯合成的硅胶固载的聚-4-硫杂-6-二苯基膦己基硅氧烷钯配合物，这种固载化的钯催化剂对芳基卤化物的 Heck 羰基化反应在常压下都有较高的反应活性，产率可达89％，并且催化剂具有良好的回收再用性能。

载体还可同时固载两种金属，或两种及多种催化剂同时固载在同一载体上。例如，用溶剂化金属原子浸渍技术制备的高分散树脂固载 Co-Ag 双金属催化剂，这种催化剂在对二丙酮醇加氢反应和燃料电池电极反应时，具有更高的分散性和金属还原度，并且随着金属含量的增加催化活性增大。

固载化的均相催化剂大大促进了催化反应技术的发展，但同时仍存在如固载量较低，回收催化剂活性降低等普遍性问题。因此还需要研究工作者们的不断改进和创新，开发高固载量、低失活的固载催化剂，促进绿色化学工业快速发展。

（七）生物催化剂

生物催化剂是指游离或固定化的活细胞或酶，微生物是最常用的活细胞催化剂，酶催化剂则是从细胞中提取出来的，只有在经济合理时才被应用。目前，人们已有可能用重组 DNA 技术及细胞融合技术来改造或组建新的生物催化剂。固定化酶或固定化细胞的出现，使生物催化剂能较长时期地反复使用。与传统的化学催化剂相比，生物酶催化剂具有催化效率高、区域或立体专一选择性强的特点。在相同的条件下，有酶参加的反应速率是没有酶时的 100 万倍或数百万倍。又由于具有反应条件温和、催化效率高和专一性强的优点，利用生物催化或生物转化等生物方法来生产药物组分已成为当今生物技术研究的热点课题。

目前，生物催化工艺对化学工业已产生重大影响，全球酶市场规模约 10 亿美元，几个酶产量较大的国家年产量都以万吨计。在过去几十年中，微生物和酶工艺已被用于生物衍生原料，目前已扩展到石油衍生材料领域，而手性酶在有机药物合成及柴油微生物脱硫中也得到广泛应用，在反应中作歧化剂。而在生产小分子的药物及中间体时，生物转化和传统的化学方法最显著的区别就是能非常有效地合成不对称手性化合物。

由于生物催化剂是一类以蛋白质为主体的催化剂，其催化活性易受温度及 pH 值的影响。随着温度的上升，反应速率加快，但达到某一温度（一般为 45～50℃）以上，蛋白质就会变性失活，其反应速率急速下降；同样它也只在有限的 pH 值范围内起反应，故每种酶都有其最佳温度和 pH 值。而有些工业生产过程需在一定的温度、压力、pH 值或有机溶剂条件下进行，因此要求所用生物催化剂具有较高的耐受力，以适应工业化生产的需要。目前，生物催化技术的应用主要局限于有无合适的生物催化剂，而运用现代筛选技术有望获得理想的生物催化剂，并在未来的工业化应用领域发挥越来越大的作用。

（八）膜催化剂

化学工业中的许多重要反应都是在高温下的平衡反应，使用普通反应器无法突破化学平衡的限制，必须对未转化的反应物进行分离回收，循环再利用。这样，势必会导致化学反应过程能量消耗增大。而要解决这些问题，可使用膜催化反应技术。膜催化反应技术是将膜技术和催化综合的一种催化工艺，是近二三十年才发展起来的一项新技术，也是当代催化学科的前沿研究领域之一。该技术是将催化材料制成膜反应器（即膜催化剂），反应物可选择性地穿透膜并发生反应，产物也可选择性地穿过膜而离开反应区域，从而有效地调节某一反应物或产物在反应器中的区域浓度，打破化学反应在热力学上的平衡状态，实现反应的高选择性并提高原料的利用率。

根据膜的作用和功能，膜反应器主要分为两种类型：一种是分离膜和催化剂分占不同位置，催化剂位于反应区内，邻近膜，膜起选择分离作用；另一种是分离膜同时作为催化剂，反应区在膜内，反应和分离同步进行。

与传统催化剂相比，这种膜催化剂具有扩散阻力小、温度易控制、选择性高、可进行无副产物的连串反应、成本低、能耗少、效率高、无污染并可回收有用物质等特点。因此，膜催化在有机合成、绿色电子、轻工、食品、医药、生物工程、环境保护等众多行业中已得到了广泛应用，成为一个迅速崛起的新兴技术。尽管目前膜催化技术在向工业化发展的过程中，仍存在着一些问题，如膜制备、设备的密封、膜的污染与稳定性等，但随着催化技术和新颖膜材料的发展，相信在不久之后，膜催化技术的应用会出现惊人的技术突破和重大的科研成果，开创化学工业的新时代。

在过去的几十年里，催化剂方面的研究成果为化学与化学工业带来了巨大的进步与效益。而绿色催化剂的研制与开发，依然是化学工作者的重大课题，也是减少和防止化学工业对环境污染的希望所在。催化科学发展至今已成为化学品生产和环境保护的主要支柱技术。过去在研制催化剂时只考虑其催化活性、寿命、成本及制造工艺，极少顾及环境因素。近年来以清洁生产为目的的绿色催化工艺及催化剂的开发，已成为 21 世纪的研究热点。

第四节 设计理想的合成路线

一、开发原子经济性反应

产品和原料确定了之后，就要考虑如何设计有效的合成路线了。要从源头上消除污染，设计具有好的原子经济性合成路线是前提。长期以来，人们常常使用产率来评价一个合成过程的效率。但该方法并不科学，因为往往会出现这样的情况，一个合成路线或合成步骤的产率为 100％，但是却产生了比目标产物更多的废物。这是因为产率的计算是由原料物质的量与目标产物物质的量相比较而得到的，并没有考虑反应中产生的废物。因此，再把选择性或产率当成唯一评价反应好坏的评价指标已不能满足现代化学工业发展的需要，这就要求我们必须开发原子经济性反应，实现更有效地利用原料并使反应实现废物零排放或尽可能少的废弃物排放。

原子经济性反应在大部分化工产品的生产中得到了较好的应用。如丙烯氢甲酰化制丁醛、甲醇羰基化制乙酸、丁二烯与 HCN 合成己二腈等均为原子经济性反应，但在精细化工合成中却尚未引起充分注意。例如，Witting 反应被广泛用于合成带烯键的天然有机化合物，如胆固醇母体、角鲨烯、番茄红素和胡萝卜素等，因此 Witting 于 1979 年获得诺贝尔化学奖。反应过程如图 3-12 所示。

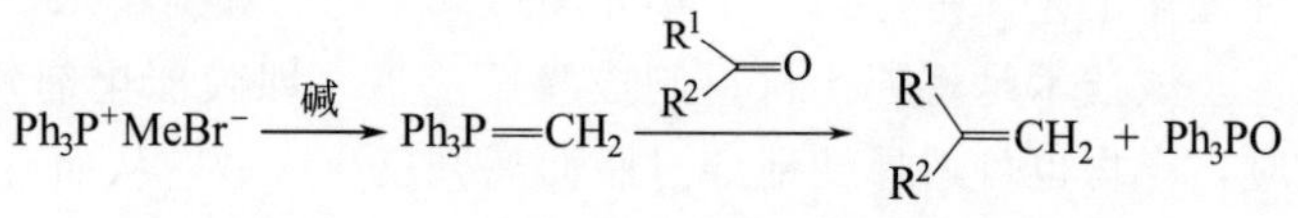

图 3-12　Witting 反应过程

该反应的收率可达 80% 以上，但是溴化甲基三苯基膦分子中仅有亚甲基被利用到产物中，其余部分转变成了废物，从原子经济性角度考虑，原子利用率仅有 4%。这是一个典型的传统反应，具有较理想的收率，但原子利用率很低，原子经济性很差。因此，探索选择性及原子经济性好的合成反应将成为当今合成化学研究的热点。

二、 提高合成反应的原子经济性的途径

绿色化学的核心是实现原子经济性反应，但在目前的化学理论条件下不可能将所有化学反应的原子经济性提高到 100%。因此，可通过寻找新的反应途径或对传统的化学反应过程进行改造，以达到提高原子利用率的目的。下面，从原料、合成路线和催化材料三方面简要分析提高原子经济性的方法。

（一） 采用新的合成原料

采用新的合成原料是提高反应原子经济性的重要途径之一。如甲基丙烯酸甲酯（MMA）的合成。工业上生产 MMA 主要采用丙酮-氰醇法（ACH），该方法包括 ACH 合成，甲基丙烯酰胺硫酸盐（MAS）合成，酯化，MMA 的回收和提纯，酸废水回收和处理等五个工序。反应过程中采用了有剧毒的氰化氢和强腐蚀性的硫酸作为原料，对环境造成了很大危害，且两步反应获得产品的原子利用率也只有 47%。

Shell 公司新开发了用二价钯化合物、可取代的有机磷配体、质子酸和一种胺添加剂组成的均相钯催化体系，采用甲基乙炔作为原料，在甲醇溶液中，60℃、6MPa、11.6min 停留时间条件下可一步反应制得 MMA。原料全部转化为产品，反应的原子经济性达到 100%，且 MMA 的选择性高达 99.9%，单程收率达 98.8%。该工艺具有原料费用低、无硫酸副产物、MMA 单程收率高、对环境友好等特点。图 3-13 给出了 MMA 的新、旧生产工艺过程的原子经济性对比情况。

（二） 设计新的合成路线

有些化学产品往往需要多步反应才能得到，尽管有时单步反应的产率较高，但整个反应的原子经济性却不理想。若合理设计反应路线，改变反应途径，简化合成步骤，就能大大提高反应的原子经济性。如布洛芬的生产就是一个很好的例证。

布洛芬是一种非甾体抗炎药，常被用来缓解关节炎、经痛、发热等症状。传统的布洛芬合成是采用 Boots 公司的 Brown 合成法，需要经过 6 步反应才能得到产品，如图 3-14 所示。

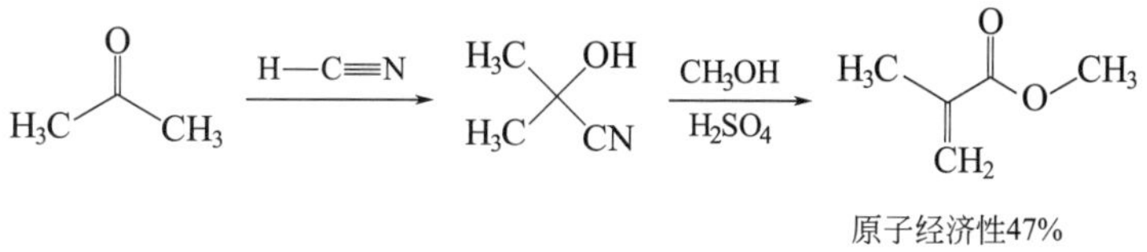

(a) 旧工艺

(3-25)

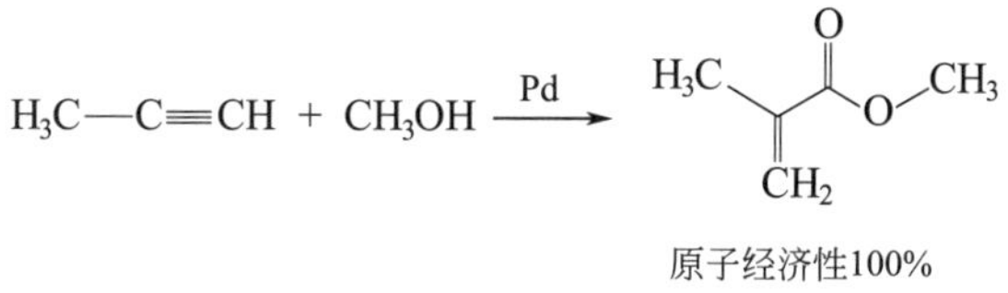

(b) 新工艺

图 3-13 制备甲基丙烯酸甲酯的新旧工艺路线

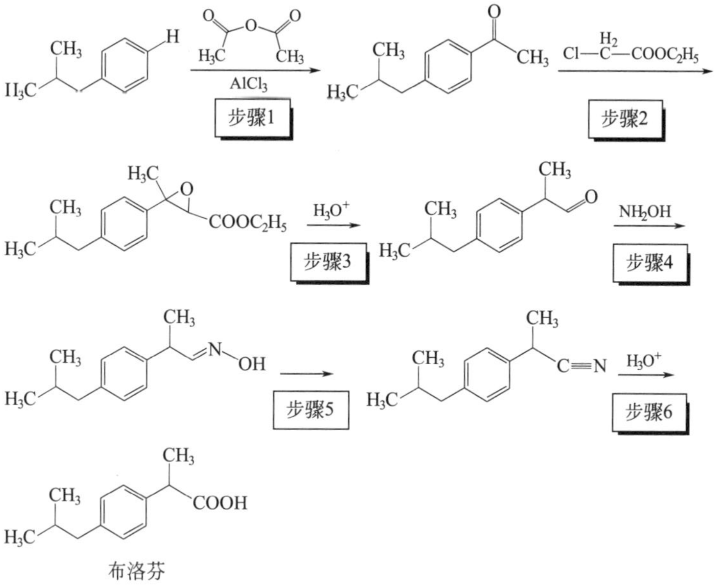

布洛芬

图 3-14 Boots 公司的布洛芬的生产工艺

每步反应中的原料只有一部分进入产物，而另一部分则变成废物，该合成路线的原子利用率只有 40.03%。后来，BHC 公司开发了生产布洛芬的新方法，该方法只需三步反应即可得到产品布洛芬，如图 3-15 所示。

该路线的原子经济性达到 77.44%，与老生产工艺相比，新发明的方法少产生了 37% 的废物。而 BHC 公司也因此获得了 1997 年度美国总统绿色化学挑战奖的变更合成路线奖。

在设计新的绿色化学合成路线之时，既要考虑到产品的性能要好、价格低廉，还要尽量减少甚至消除废物的生成，其难度是很大的。计算机是人脑的延伸，利用计算机来辅助设计，不仅可以减轻人脑的劳动，还可成为实验控制和模拟中强有力的助手和工具，通过它人们可设计出更加绿色、可行、原子经济性好的合成路线。

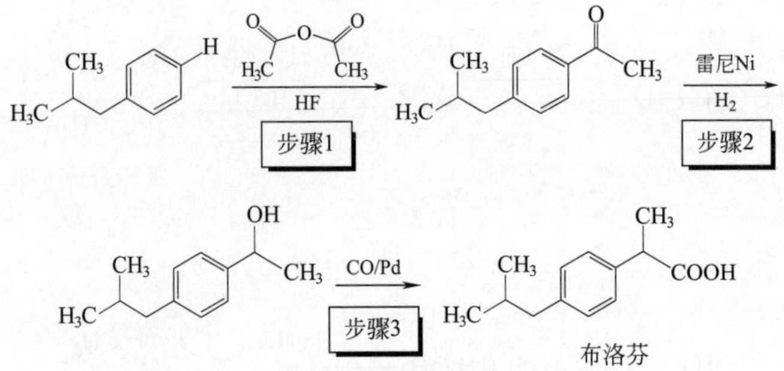

图 3-15　BHC 公司的布洛芬的生产工艺

（三）　开发新型催化剂

催化剂在当今化工生产中占有极其重要的地位，据统计，80%以上的化学品均是通过催化反应制备的。因此开发新型催化剂也是提高反应原子经济性的一种手段。近年来在这方面取得了较大的研究进展，特别是过渡金属催化剂的开发利用。如新型催化材料钛硅-1（TS-1）分子筛的开发，使丙烯氧化生产环氧丙烷过程的原子经济性得到明显提高。TS-1 分子筛催化烯烃环氧化最具代表性的反应是丙烯环氧化合成环氧丙烷（PO）。

环氧丙烷是一种重要的有机化工原料，其产量仅次于聚丙烯和丙烯腈的第三大品种，主要用于制取聚氨酯所用的多元醇和丙二醇等。国内现有的生产技术是从国外引进的氯醇法。其合成路线如图 3-16 所示：

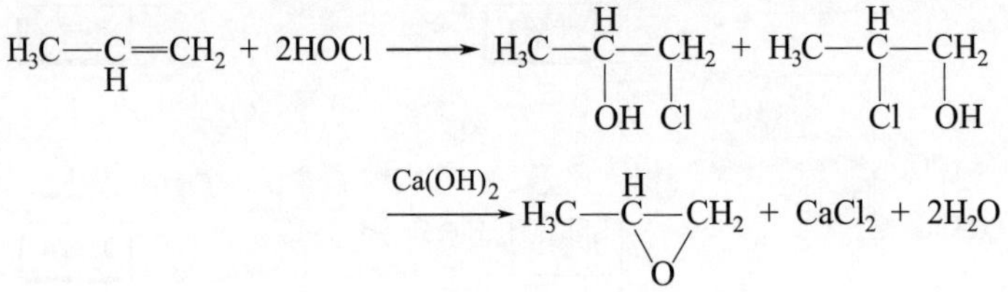

图 3-16　环氧丙烷的合成路线

该合成方法需要消耗大量的石灰和氯气，设备腐蚀和环境污染严重，且原子利用率仅为 31%。

Ugine 公司和 Enichem 公司开发了 TS-1 分子筛作为氧化剂的过氧化氢氧化丙烯新工艺。反应过程如下：

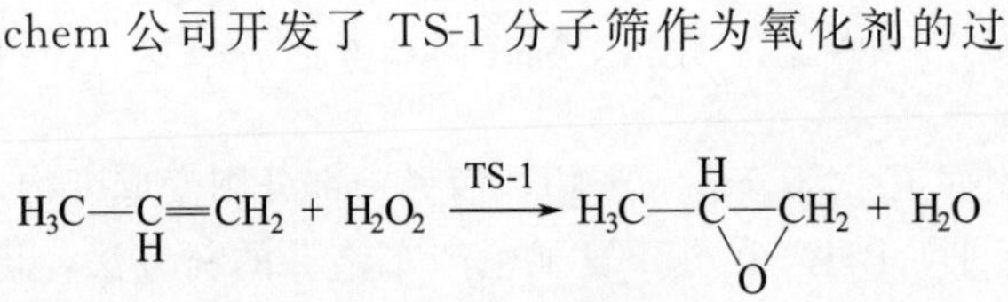

$$(3-25)$$

新工艺使用 TS-1 分子筛作为催化剂，反应条件温和，可在 40～50℃、低于 0.1MPa 的条件下进行反应，且氧源安全易得（30% 的 H_2O_2 水溶液），而且副产物是水。反应几乎以化学计量的关系进行，以 H_2O_2 计算转化率为 93%，环氧丙烷的选择性达到 97% 以上。因此该方法是低能耗、无污染的绿色化工过程，原子利用率为 76.32%。但唯一不足之处是 H_2O_2 成本高，在经济上可能缺乏竞争力。

通过将设计合理的反应途径、采用新的合成原料、开发新的催化材料等绿色化学合成的方法有机结合起来，才能真正地实现原子经济性反应，合成对人类和环境无毒无害的绿色产品，完成绿色化学的最终使命。

在化学反应过程中要减少有毒有害物质的使用，可以采用多种方法。近年来已发展了一些特别的、非传统的新化学方法，获得较好的效果。

一、 催化等离子体方法

在由二氧化碳和甲烷合成燃料油的工艺中，传统的制备方式是：先由二氧化碳与甲烷重整生成合成气，再采用费-托合成工艺把合成气转化为燃料油。反应过程如图 3-17 所示：

$$CO_2 + CH_4 \xrightarrow{\text{镍催化剂}} 2CO + 2H_2 \xrightarrow{\text{费-托合成}} \text{燃料油}$$

图 3-17 二氧化碳和甲烷合成燃料油

这一过程的缺点是，反应过程中使用的催化剂易积炭失活，且费-托合成是一个高能耗的过程。刘昌俊等采用催化等离子体方法实现了一步直接合成燃料油，改善了产品的选择性，降低了单位产品的能耗。在这一过程中催化剂增强了等离子体的非平衡性，而等离子体又促进了催化剂的催化作用。

二、 电化学方法

采用电化学过程也可以减少有毒有害物质的使用，而且还可以使反应在常温常压下进行。自由基反应是有机合成中非常重要的一类碳-碳键形成反应，实现自由基环化的传统方法是使用过量的三丁基锡烷。该过程不但原子利用效率低，而且锡试剂有毒又难以除去，易造成环境污染。采用维生素 B_{12} 作为催化剂进行电化学还原环化反应，完全克服了传统法的缺陷。维生素 B_{12} 是天然的无毒手性化合物，由它作催化剂，产生自由基类中间体，能够实现温和条件下的自由基环化反应，反应式如下：

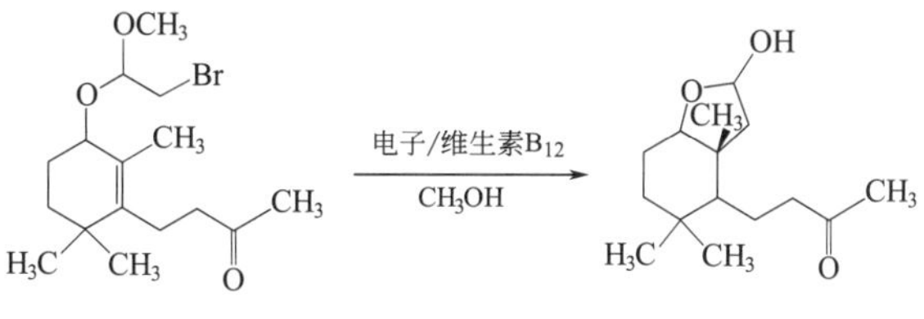

(3-26)

三、 光化学及其他辐射方法

采用光化学及其他辐射方法，也可有效地改变传统过程，减少有毒有害物质的使用。

例如，传统的二噁烷、氧或硫杂环己烷的开环反应主要使用重金属作为催化剂，在一定试剂的作用下才能进行，而 Epling 等则采用可见光作为"反应试剂"直接使保护基团发生开环反应，避免了使用重金属造成的环境污染。

再如，在传统方法下，醇钠或氢氧化钠催化苯乙酮与取代苯甲醛缩合合成查尔酮，产率很低。但在超声波作用下，以 KF/Al_2O_3 为催化剂仅在几分钟内，产率可达到 95% 以上。

节能、减排，充分利用资源，提高合成效率是绿色化学一直以来研究与关注的焦点。寻找非传统的转化方法，发展新型、高效的化学合成技术也将是绿色化学未来的重要课题。

◆ 参考文献 ◆

[1] ［美］阿尔贝特·马特莱克. 绿色化学导论（原著第二版）［M］. 郭长彬等译. 北京：科学出版社，2012.

[2] 贡长生. 现代化学工业［M］. 武汉：华中科技大学出版社，2008.

[3] 薛永强，张蓉. 现代有机合成方法与技术：第二版［M］. 北京：化学工业出版社，2010.

[4] 李淑霞. 美国总统绿色化学挑战奖情况介绍［J］. 锦州师范学院学报（自然科学版），2011，22（1）：9-13.

[5] 陈佳明，庞博，盖红辉. 杂多酸催化剂应用性研究进展［J］. 广州化工，2011，6，7-8.

[6] 李汝雄，王建基. 绿色溶剂——离子液体的制备和应用［J］. 化工进展，2001，12：43-48.

[7] 李淑芬，张敏华，等. 超临界流体技术及应用［M］. 北京：化学工业出版社，2014.

[8] 邰玲. 绿色化学应用及发展［M］. 北京：国防工业出版社，2011.

[9] 杨德红，杨本勇，李慧，等. 绿色化学［M］. 郑州：黄河水利出版社，2008.

[10] 张龙，贡长生，等. 绿色化学［M］. 武汉：华中科技大学出版社，2014.

[11] 胡常伟，李贤均. 绿色化学原理与应用［M］. 北京：中国石油工业出版社，2006.

[12] 沈玉龙，曹文华. 绿色化学：第二版［M］. 北京：中国环境科学出版社，2009.

[13] 吴辉禄. 绿色化学［M］. 成都：西南交通大学出版社，2014.

[14] 赵忠奎，张淑芬. 高效反应技术与绿色化学［M］. 北京：中国石化出版社，2012.

[15] 周淑晶. 绿色化学［M］. 北京：化学工业出版社，2014.

[16] 纪红兵，佘远斌. 绿色氧化剂和还原剂［M］. 北京：中国石化出版社，2007.

[17] 闵恩泽，傅军. 绿色化学的进展［J］. 化学通报，1999，1：10-15.

[18] ［美］Umit S.O zkan. 非均相催化剂设计［M］. 中国石化催化剂有限公司译. 北京：中国石化出版社，2014.

第四章 绿色化学品的设计原理及应用

化学品的危害性与其功能均取决于化学品的本质特性。因此，要减少或消除化学产品在使用过程中所产生的危害，首先必须从化学品的设计入手。化学品的设计者们在设计具备某种功能的化学品时，必须考虑其安全性问题。因而设计更安全的化学品就是要从设计源头上来解决化学品对环境和人类健康所产生的危害问题。而要解决这一问题，这就需要化学工作者们掌握设计更安全化学品的一些基本原理和方法。

第一节 设计安全有效化学品的一般原则

化学家在设计化学品时，不仅仅要考虑其功效，还要把化学品的安全性及毒性问题纳入设计思路中，即设计的化学品应在保持其原有功效的同时，尽量使其对人类、对环境安全无害或毒性很小。即使其进入生物体，也不会对生物机体内正常的生化和生理过程产生不利的影响。要实现这一目标，化学工作者首先必须掌握设计安全无毒分子的方法及原理，建立判别化学结构与生物效应的理论体系，从分子水平上避免有害生物效应的产生。其次，化学工作者还必须考虑分子释放于环境后可能发生的分子结构变化、降解，以及在空气、水、油、土壤中的分散性、溶解性及潜在的危害，即对环境可能引发的直接有害效应和间接有害效应。这些有害效应包括对生命机体及环境的直接有害效应和间接有害效应，比如酸雨、臭氧层破坏和全球变暖等。充分掌握了这些关系，才能很好地利用结构设计方法有效设计出比已知化学品更安全的目标分子，除去其对人类、对环境的有害生物效应。在设计更加安全有效的化学品时，一般主要考虑两个原则，即物质分子对包括人、动物、水生生物和植物在内的机体的"外部（external）"效应原则和"内部（internal）"效应原则，如表4-1所示。

一、"外部" 效应原则

"外部"效应原则，主要是指通过分子设计，改善分子在环境中的分布、人和其他生物机体对它的吸收性质等重要物理化学性质，从而减少它的有害生物效应，即"外部"效应原则主要考虑使物质分子与人、动物、生物和植物机体减少接触的可能。

具体来讲"外部"效应原则需要考虑四个方面的问题。第一，通过分子结构设计，增大物质降解速率，降低物质的挥发性，减少分子在环境中的残留时间，减小物质在环境中转变为具有有害生物效应物质的可能性等。第二，通过分子设计，降低或妨碍人、动物和水生生物对物质的吸收，即尽可能减少生物体吸收的可能性。不同的生命机体对物质吸收的途径不

71

表 4-1　设计安全有效化学品一般原则简表

"外部"效应原则——减少接触的可能性	"内部"效应原则——预防毒性
一、与物质在环境中的分布相关的物理化学性质	一、增大解毒性能
1. 挥发性/密度/熔点	1. 增大排泄的可能性
2. 水溶性	(1)选择亲水性化合物
3. 残留性/生物降解性	(2)增大物质分子与葡萄糖醛酸、硫酸盐、氨基酸结合的可能
(1)氧化反应性质(2)水解反应性质(3)光解反应性质(4)微	性或使分子易于乙酰化
生物降解性质	(3)其他相关考虑
4. 转化为具有生物活性(毒性)物质的可能性	2. 增大可生物降解性
5. 转化为无生物活性物质的可能性	(1)氧化反应
二、与机体吸收有关的物理化学性质	(2)还原反应
1. 挥发性	(3)水解反应
2. 油溶性	二、避免物质的直接毒性
3. 分子大小	1. 选择一类无毒的物质
4. 降解性质	2. 选择功能团
(1)水解(2)pH 值的影响(3)对消化酶的敏感性	(1)避免使用有毒功能团
三、对人、动物和水生生物吸收途径的考虑	(2)让有毒结构在生物化学过程中消去
1. 皮肤吸收/眼睛吸收	(3)对有毒功能团进行结构屏蔽
2. 肺吸收	(4)改变有毒基团的位置
3. 肠胃系统吸收	三、避免生物活化
4. 呼吸系统吸收或其他特定生物的吸收途径	1. 不使用已知生物活化途径的分子
四、消除或减少不纯物	(1)强的亲电性或亲核性基团
1. 是否会产生不同化学类别的不纯物	(2)不饱和键
2. 是否会产生有毒或更毒的同系物	(3)其他分子结构特征
3. 是否会产生有毒或更毒的几何异构体、构象异构体和立	2. 对可生物活化的结构进行结构屏蔽
体异构体	

完全相同，对人类而言，吸收物质的途径有皮肤吸收、眼睛吸收、肺吸收、肠胃系统吸收、呼吸系统吸收等。第三，在进行分子结构设计时，必须考虑生物聚集（bioaccumulation，某些化学品在某些生物体内会聚集和积累，造成累积性中毒）和生物放大（biomagnification，即随着生物体内的有毒转化和食物链的延伸，化学物质在组织中的浓度增大的现象）。众所周知，某些有毒重金属化学物质如铅、铬、镉、汞等及氯代杀虫剂或其他氯代烃，可存留在多种生命机体中，并能聚集到致毒的水平。这一现象会在食物链中逐步加剧，因为鱼、鸟、哺乳动物等以这些食物链中的低级生命为食，如水生生物和鱼类体内累积铅、铬、镉、汞等有毒重金属的含量是水体中浓度的 $100 \sim 10000$ 倍，而人类则以鱼等为食。因此，毒物可在低级生命形式中聚集，在更高一级的生命形式中被生物放大到更大的数量级，从而由低级生命形式传递到更高级的生命形式中。第四，要考虑消除或减少目标物质中可能产生的不纯物质，尽可能减少杂质造成的毒性，例如，在化合物合成中是否会产生有毒或更毒的同系物、几何异物体、构象异构体、立体异构体或不同类别的不纯物等。

二、"内部"　效应原则

"内部"效应原则通常指通过分子设计以达到以下目标：增大生物解毒性（biodetoxication），避免物质的直接毒性和间接生物致毒性（indirect biotoxication）或生物活化（bioactivation）。即"内部"效应原则主要考虑预防化学品的毒性。

"内部"效应原则需要考虑三个方面的问题。第一，增大生物解毒性，尽可能提高物质在生物体内的无毒代谢和转化，可以把分子设计为本身是亲水性的或很容易与葡萄糖醛酸、硫酸盐或氨基酸结合或使分子易于乙酰化，增大物质的可生物降解性，从而加速其从泌尿系统或胆汁中排出。第二，避免物质的直接毒性，直接毒性是指有毒化学品引起正常细胞性质改变的属性，通常由分子的部分结构引起，是物质的固有毒性。要解决这一问题，可以把物质分子设计成无毒无害类的化合物，在分子的合成中引入一些无毒功能团，或对有毒功能团进行结构屏蔽，或改变有毒基团的位置等。第三，避免物质的间接生物致毒性或生物活化，间接生物致毒性或生物活化是指物质在初始结构时并不具毒性，但它进入人体内后，由于分子的某种特殊结构，使之在代谢过程中产生对人体有害的产物或衍生物，许多致癌物质、诱变物质、畸胎性物质都是通过生物活化特征机理转变为有毒有害物质的。

　　综上所述，化学家们在进行分子设计时，可以把"外部"和"内部"效应原则结合在一起进行综合的考虑。这两个原则为化学工作者设计安全无毒化学品的分子结构提供了研究基础。在这两个原则的指导下，使物质的安全性与使用功能和谐地统一在分子中变得可能。但是要实现安全化学品的有效设计，除了这两个原则的指导外，还必须拥有相关物质分子结构与物质使用功能之间关系的数据库和相关信息。只有积累了这些数据和信息后，才能发展相应的原理和构效关系（structure-activity relationships，SAR）。这里的"效（activity）"就是指化学物质对生命机体造成的生物化学影响，或称毒性。有了构效关系，才能进行相应的分子设计。当然，更为重要的是能在分子水平上拥有物质分子结构与其生物活性之间的关系信息，然后仔细整合这两类数据和信息，从而在进行分子设计时能很好地找到平衡物质的安全性与使用功能之间的方法。要达到这一目标，需要多学科的交叉和合作研究。

第二节　设计安全有效化学品的方法

　　设计更安全化学品主要基于两个方面的知识信息：一是基于结构与活性相关的知识；二是实验数据信息，主要指现有的大量的动物毒性实验数据或信息。目前化学家能够通过分子结构的相关知识，准确地确定一个化学物质的相关性质，并已发展了一些可行的推测化学品性质的方法。药物化学家及毒物学家也开发了一些能利用化学结构知识来表征分子毒性的有效工具，使得人们对化学品毒性有了更深的认识，为设计更安全化学品打下了坚实的基础。

　　不管是对新设计的化学品，还是对已知化学品的结构再改造，如果可以分析出分子结构对人类健康与环境有害的机理或危害结果，则可通过对分子结构进行调控和修饰，从而在保证物质使用性能不变的条件下，使某一物质的功效达到最大的发挥，直接或间接地使其内在的危害性降至最低，这样就可实现更安全化学品的设计。一般可通过减少吸收；利用致毒机理消除毒性；利用构效关系消除毒性；利用后代谢原理消除毒性；避免毒性功能团；等效的无毒物质代替有毒物质和不使用有毒物质；降低生物利用率；减少辅助物质等基本方法来实现该目标。在设计中具体选择哪种方法取决于化学工作者所掌握的资料信息，一般包括以下3个方面的信息：①化学品分子毒性作用的机理或毒性程度的信息；②已知化学品物质分子的参数、物理性质和化学性质；③与某种化学品物质分子有相同化学结构或相似化学结构的相关物质的信息。总的来讲，关于一个化学品如何产生毒性的信息资料越多，设计更安全化学品的方案与方法也就越多。相反，若这方面的资料不具体，则人们在设计更安全化学品时就会受到较多的限制。毒性机理、构效关系、等空间置换、后代谢等方法已在制药工业中有了广泛的应用，这些方法也可应用于非医用化学品。因此，更安全化学品的设计方法可以借鉴药物设计的一些方法和思路。下面就根据对化学品毒性信息掌握的情况分别讨论设计安全化学品的常用方法。

一、 毒理学分析及相关分子设计

（一） 化学品的毒性

化学品的毒性是指某种化学品对生物体的易感染部位产生损害作用的能力。从分子角度来看，就是化学物质分子与生物体内的生物分子发生不良作用的结果。

在通常情况下，有一些化学物质在生物环境中（如生物机体内或环境中）是完全惰性的，但是大多数化学物质都具有一定的生物活性。这些生物活性对生命机体来讲可能是有益的，如食品、养分、维生素及其他使生命得以维持的化学品等；也有一部分化学品在进入人体内或一个生态系统时，会引起毒性作用，比如重金属汞及甲醛等。如果人们对于化学物质的致毒作用机理知道得越多，在设计化学品时就会有更多、更好的方法将其毒性避免或降至最低。

一种化学物质对机体的毒性作用可以是直接毒性引起的，也可以是间接毒性引起的。直接毒性作用，也叫物质的固有毒性，它是指有毒化学品本身引起正常细胞性质改变的属性，通常由分子的部分结构引起，这部分结构通常称为"毒性基团"（toxicophore）。有些物质没有直接的毒性，但由于其分子的特殊结构，它能在原始物质的代谢过程中转化为有毒的代谢物或衍生物而引起毒性作用，这种特殊结构称为"产毒"（toxicogenic）结构。不管是上述哪种情况，物质的毒性均来源于"毒性基团"与细胞生物分子活性部位的相互作用。化学品"毒性基团"与生物分子相互作用称为化学品的"毒性动态学相"　（toxicodyrm-micphase）。

通常毒物分子的某一部分（毒性载体）与细胞大分子发生相互作用，使得原细胞的正常生物化学功能遭到破坏，引发了毒性。这些细胞大分子可以是酶、核酸、蛋白质等，这种相互作用可以是毒物分子与细胞大分子受体部位键合，也可以是毒物分子与细胞大分子非受体部分键合。如果毒物分子与细胞大分子之间形成了共价键，这一相互作用是不可逆的；相反，则是可逆的：这一相互作用确定了毒性产生的机理。上述几个方面可由图4-1表示。

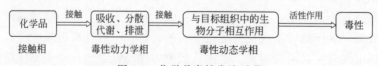

图 4-1　化学品毒性发生过程

一种化学物质毒性的大小与接触程度、生物吸收性和它引发的生理学过程在生命体内的重要性有关，也与化学品本身的结构和性质有关。药理学的一个最新研究成果表明，研究导致毒性作用的关键步骤可以更加清楚地认识引发毒性作用的机理，从而可以有效控制或避免毒性作用的发生。一旦毒性作用机理清楚了，化学工作者在设计分子时就有多种方法可使分子内在的毒性更小。从以上论述可以看出，有毒化学品可从三种途径对人、对生命机体致毒，即接触（exposure）致毒、生物吸收致毒以及物质的固有毒性致毒。接触包括皮肤接触、嘴接触、呼吸系统接触等。生物吸收是指生命系统对有毒化学品吸收的能力及吸收后有毒化学品在生命系统内的分布。

（二）吸收

人体或生命机体对化学品的吸收是指其从与人或生命机体接触处进入血液的过程。对人体而言，它可以通过肠胃系统、肺和皮肤完成（如口咽、吸入、真皮接触）。一种物质要能被吸收并在体内产生生物活性，其分子必然具有能够穿过无数的细胞膜而进入水溶性的血液，并随血液的流动流遍全身，然后再一次穿过无数的细胞膜进入器官或组织的细胞的物理化学性质。而人体的细胞膜，尤其是皮肤的细胞膜、肺的上皮衬、肠胃系统、毛细血管、器官等主要是由脂类物质构成的，因此，被吸收的物质还必须具有良好的水溶性和脂溶性。很多事实表明，有毒化学品的"毒性动力学（toxicokinetic）"均直接或间接地与其在细胞膜或器官膜中的运输性质有关，而物质的运输性质又受其物理化学性质如熔点、沸点、分子大小、相对分子质量、水溶性、油溶性、物理状态（气态、液态或是固态）、分解常数、蒸气压以及粒子大小等的影响。同时器官或组织的解剖学因素和生理学因素（如膜的表面积、厚度、血流速度等）对物质的吸收也有十分重要的影响。如表 4-2 所示。

表 4-2 影响物质吸收和膜渗透的生理学因素

接触途径	膜表面积/m²	吸收壁厚度/μm	血液流动速度/（L/min）
皮肤	1.8	100～1000	0.5
肠胃	200	8～12	1.4
肺	140	0.2～0.4	5.8

1. 皮肤吸收

皮肤是人体最大的器官，其主要功能是保护身体内脏而不是吸收物质，因此其吸收表面、吸收血液流动速度均很小，且厚度最大。然而皮肤也是接触和吸收的重要器官，是许多化学物质进入身体的通道。有毒化学物质要通过皮肤吸收进入血液和毛细血管，必须穿过生皮的 7 层细胞膜，而这 7 层细胞膜的厚度有 100～1000μm。有毒物质被皮肤吸收速度的快慢是由物质分子穿透最上一层（角膜）的扩散过程决定的，穿透其余 6 层的速度均很快。由于液体通常能在皮肤表面上铺展开来而具有更大的接触面积，因此液体比固体更容易被皮肤吸收；油溶性好的物质通常也容易被皮肤吸收。但要注意，油溶性太好而水溶性太差的物质是不容易被吸收的，因为该类分子虽然很容易穿透角膜层，但不容易再穿过其余 6 层细胞膜。因此，利用这些知识，通过分子设计使其成为固体而不是液体，或使其具有更大的极性或离子性（比如一种酸的钠盐、胺的盐酸盐等）或具有更大的水溶性而无油溶性；或增大其颗粒度、相对分子质量及分子大小，这样可以使该物质很难通过皮肤吸收，进而减小其生物利用率。

2. 肠胃系统吸收

一般情况下，有毒化学品进入人体而引起致毒的主要途径就是通过肠胃系统吸收（gastrointestinal tract）。许多环境中的有毒物质通过食物链而被食入，从而被肠胃系统吸收。空气中的有毒物则通过呼吸（口、鼻）进入肠胃系统。从表 4-2 可知，影响肠胃系统吸收的主要因素是肠胃的表面积，而血液流动速度是次要的。肠胃系统对物质的吸收主要由小肠和大肠来完成，小肠中有较强的酸性，其 pH 为 1.2，因此酸性物质主要在小肠中被吸收。而大肠中略带碱性，其 pH 为 8 左右，因而碱性物质主要在大肠中被吸收。因此，改变 pH 值可改变碱性物质和酸性物质的吸收程度。除此之外，物质的物理化学性质也严重影响物质在肠胃系统中吸收的程度。一般而言，水溶性较大的物质，液态物质比固态物质更容易被吸收，盐类物质比中性物质更容易被吸收，油溶性越好的物质越容易被吸收，当然还需要有一定的水溶性。而仅溶于油而不溶于水或仅溶于水而不溶于油的物质是不易被肠胃系统吸收的。对于固体物质而言，物质的颗粒越小越容易被溶解而吸收。从物质的分子量来看，物质的相对分子质量越大越不容易被吸收，一般认为相对分子质量小于 300 的分子容易被吸收，相对分子质量在 300～500 的分子则较难被吸收，相对分子质量大于 1000 的分子基本上不能被吸收。利用这些知识，化学工作者可以将分子设计为难以或无法被肠胃系统吸收，而降低其生物利用率，从而使其不能引起毒性。例如，已知一个化合物从口入的可能性很大，则可通过以下途径进行分子设计。如增大其颗粒度，或使其保持非离子化形式；或增大其油溶性同时减小其水溶性；或使其相对分子质量大于 500、熔点高于 150℃（对非离子性物质）；或使其处于固态而不是液态，或应用多种取代基联合作用，使其分子在 pH≤2 时强离子化，而不能穿越脂肪膜，或在物质分子中引入硫酸根，使其难以穿越生物膜。这些方法都可有效地降低化合物的毒性。

3. 肺吸收

肺是非常复杂的器官，其主要作用就是获得身体所需的气体、排除二氧化碳，并将其交换为身体可利用的氧气，从支气管到肺气泡这一段器官连续不断地重复呼吸产生很大的吸收表面积，肺还要接受来自心脏的全部血液。由于每个气囊内氧气的浓度都很高，而肺气泡细胞膜的厚度仅为 $0.2～0.4\mu m$，因此氧气仅需几分之一秒就会透过或经肺泡膜扩散进入肺毛细血管，同时肺的这些特性使其对其他物质的吸收也很快。由于肺气泡细胞膜太薄，物质在数秒内就可由肺进入血液中，因此，肺对水溶性物质的吸收量就会很大。对于固体物质而言，颗粒度小于或等于 $1\mu m$ 的很容易通过肺被吸收；$2～5\mu m$ 的颗粒会残留在支气管区，可能与黏液一起被清除；大于 $5\mu m$ 的颗粒则通常残留在鼻咽中而不被吸收，但这些微粒也可能转移到肠胃系统而被吸收。那么，在分子设计时，可以使其挥发性降低，即具备更低的蒸气压、更高的沸点；或使其具有更低的水溶性（或更高的油溶性）；或具有更高的熔点（＞150℃），或使其颗粒度大于 $5\mu m$，这样就可阻止其进入呼吸系统，因此也就不能引起毒性。

（三）分散

分散是指人体或其他生命机体吸收有毒化学物质后，有毒化学物质在生命机体中的运动情况。有毒物质在生命机体中的分散速度是由血液流动速度和从毛细血管向器官的扩散速度决定的，通常都很快，许多物质被吸收后分布于心脏、肝、肾、大脑及其他器官。一种物质通常仅对一个或两个器官有毒性，这些器官称为该物质的目标器官（target organs），但该物质在其目标器官中的浓度不一定是最高的。物质分散于哪一个器官取决于它的物理化学性质（如脂溶性）和其他因素（如与血浆蛋白的结合程度，在脂肪组织中的聚集程度等）。例如，油溶性好的物质容易进入大脑。

（四）代谢

人体与其他生命机体相比，人体具有能区分有营养价值的食物（如维生素、碳水化合物、氨基酸等)、无营养价值的食物及有害的非食物(non-food)化学物质(如化学品、药物等)的能力。因此,人体吸收物质后,无营养价值的部分便以最快的速度通过大小便被排泄出来。物质的排泄与吸收和分散是不同的,排泄需要更大的水溶性。因此物质在被吸收后能快速穿越细胞膜的物理化学性质对排泄有很大的影响。同时,人体内还有能把吸收的物质转化为水溶性更大的、更容易排泄的物质的酶催化过程。这些催化反应过程通常就称为代谢(metabolism)或生物转化(biotransformation)。代谢的总目标是去毒,是一个把有潜在毒性的物质转化为可排泄物质的防御机制。人体在代谢外源化学物质的过程中要发生两类化学反应,分别叫作Ⅰ相(phaseⅠ)反应和Ⅱ相(phaseⅡ)反应。在Ⅰ相化学反应中,通过氧化、还原和水解等过程使外源化学物质暴露或产生极性基团(如—OH、—NH$_2$、—SH、—COOH等),使其水溶性增高并适合于Ⅱ相化学反应的底物。在Ⅱ相化学反应中,内源代谢底物如葡萄糖酸盐、硫酸盐、乙酸盐或氨基酸与有毒外源化学物质结合,生成水溶性更大的物质,从而更有利于排泄,这一过程也称结合作用。在Ⅰ相反应和Ⅱ相反应中起催化作用的酶主要存在于肝脏的内质网状结构中,其他器官如肾、肺和肠胃系统中也存在这种酶。氧化反应是代谢过程中发生最普遍的反应,细胞色素 P450 是催化大部分氧化反应的酶。酯酶、黄素和转化酶通常是水解反应、还原反应和结合反应的催化剂。有一些物质的代谢过程是将一些本身并无毒性的物质通过代谢转化为有毒的代谢产物,而不是去毒。通常把这一通过代谢作用使无毒物质转化为有毒物质的现象称为生物活化(bioactivation)。因此,在设计安全有效的化学品时,通过分子修饰,使其代谢产物不再具有毒性,使代谢过程不再是生物活化过程而是去毒过程,即控制物质的生物活化作用就成了一个重要的工作。

二、 已知毒性机理与安全化学品的设计

知道了物质毒性作用机理对设计安全的化学品是有很大帮助的。能分辨出毒性基团或其取代物,或者得到了关于毒性机理的知识,化学工作者就会有多种方法可使分子的固有毒性降低或消除。

(一) 含有亲电性物质的毒性机理及相关安全化学品的设计

1. 含有亲电性物质的毒性机理

亲电性物质或代谢后形成的亲电性物质都能与细胞大分子如 DNA、RNA、酶、蛋白质等中的亲核部分发生共价相互结合。这些亲核部分包括:蛋白质中半胱氨酸残基中的巯基;蛋白质中蛋氨酸(甲硫氨酸)中的硫原子;精氨酸(arginine)和赖氨酸(lysine)残基中的一级氨基;蛋白质中的二级氨基,如组氨酸(histidine);RNA 和 DNA 中的尿碱中的氨基。这种不可逆的共价相互作用会对细胞大分子的功能产生严重的影响,进而引发多种毒性效果,比如癌症、肝中毒、血液中毒、肾中毒、生殖系统中毒、发育系统中毒及神经系统中毒等。由于在哺乳动物身体内的肝脏及其他器官中有多种防御系统,包括谷胱甘肽转化酶系统和环氧化物水解酶系统,它们能提供"自我牺牲"的亲核试剂与外来的亲电试剂结合。这些物质与亲电试剂(毒物)作用后便形成可排泄的水溶性物质,从而防止了毒物进一步与更重要的生物细胞大分子的作用。但是,若连续受到亲电毒物或高浓度亲电毒物攻击,这些防御系统中"自我牺牲"的亲核试剂就可能会被消耗完,这样就有可能产生毒性危害,从而使机体中毒。这一过程如图 4-2 所示。

商业上常用的含有亲电取代基的物质如表 4-3 所示。

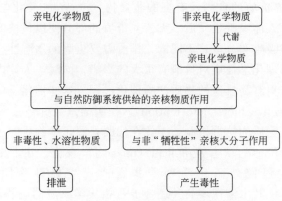

图 4-2 亲电物质的致毒过程

表 4-3 常用亲电试剂亲核反应及毒效影响

亲电试剂	一般结构	亲核反应	毒效
卤代烃	R—X X=Cl, Br, I, F	取代反应	癌症
α,β-不饱和羰基化合物及相关化合物	C=C—C=O C≡C—C=O C=C—C≡N C=C—S—	Michael 加成反应	癌症,变种,肝、肾、血液、神经中毒等
γ-二酮	$R_1COCH_2CH_2COR_2$	生成 Schiff 碱	神经中毒
环氧化合物	—C̲—C̲— 　H H 　　O	加成反应	变种,睾丸损伤
异氰酸酯	—N=C=O —N=C=S	加成反应	癌症,变种,免疫系统中毒

2. 安全的亲电性物质设计

知道了亲电性物质的致毒机理,就有办法设计出既能保持其商业用途又较安全的化学品。比如,知道某种化学品会产生危害,而且知道该物质中的官能团与它的功效有关,则可通过分子设计,将该官能团转换成危害性较小的形式以降低其使用过程中可能产生的危害。

例如,丙烯酸乙酯含有 α,β-不饱和羰基,因而会发生 Michael 加成反应,一般认为这是丙烯酸乙酯具有致癌作用的原因。因此可在其 α-位上引入 1 个甲基使其生成甲基丙烯酸乙酯,其亲电性就大大降低,不会再发生 Michael 加成反应,因而不会有致癌这一毒性,但它仍然具有与丙烯酸酯相似的商用功效,分子结构式如下:

$$CH_2{=}CHCOOCH_2CH_3 \text{(丙烯酸乙酯)}$$

$$CH_2{=}C(CH_3){-}COOCH_2CH_3 \text{(甲基丙烯酸乙酯)}$$

对于化学品中官能团就是功能团的情况,除了通过分子设计来降低分子的毒性外,还可以通过掩蔽法来降低其毒性。用掩蔽剂把可能产生毒性的功能团掩蔽起来,当需要时再将功能团释放出来,这样就减少了该产品在生产、运输和保存过程中的危险性。比如,当一种物质处于暴露状态时,就将其修饰成无害的,当它被安全地装入容器后,再将其功能团释放出来。

例如,在染料工业中,强亲电性的乙烯砜常用于纤维活性染料(乙烯砜与纤维中的羟基形成共价键从而使其着色而不被洗掉），其染色效果非常优秀，但事实表明乙烯砜基团对人类是有害的。因此，染料生产者就将乙烯基砜基团掩蔽成为乙烯砜硫酸酯。这样就大幅度地降低了乙烯基砜基团的危害，保证它在不暴露于人类和环境时才被生产出来。其反应如下：

$$RSO_2CH_2CH_2OH \xrightarrow{H_2SO_4} \underset{\text{硫酸酯}}{RSO_2CH_2CH_2OSO_3H} \xrightarrow{\text{强碱}} \underset{\text{乙烯砜}}{RSO_2CH=CH_2} \qquad (4\text{-}1)$$

又如，异氰酸酯是广泛用于黏结剂、单体、合成中间体等上的一类非常重要的亲电性物质。但毒性实验表明，人体吸入异氰酸酯后会造成肺中毒，引发肺敏感和肺气喘，有的还会造成变种和癌症。为了降低其毒性，通常通过形成酮肟（$RNHCOON=C(CH_3)(CH_2)_3CH_3$）的方法把它的亲电特性掩蔽掉，这样异氰酸酯就不再具有亲电性，因而也就无毒性。只需在使用时，用加热等方法将异氰酸酯酮肟去除，原位释放出异氰酸酯使其与亲核试剂作用，这样就减少了人与异氰酸酯接触的可能性，也减少了它排放于环境的可能性。

（二）　含有自由基的毒性机理及相关安全化学品的设计

自由基是含有未成对电子的高活性基团。人体吸收化学物质后经代谢可产生自由基。生成自由基是一个自然的代谢过程和生理过程，代谢过程中的许多活性物质就是自由基，比如细胞色素 P450 氧化过程中的关键步骤就是自由基的生成。而且，目前一些毒性数据已清楚地表明化学品在代谢过程中生成的自由基是有毒的。因此，容易生成自由基的化学品具有较大的潜在危险性。不过知道了它的致毒机理后，可以通过分子设计使化学品的潜在危险性降到最低。比如，众所周知，多数腈类化合物在生物体内由于会释放氰化物而对生物系统产生毒性。研究表明其作用机理为，首先在相对于氰基的 α 位置形成一个自由基，在这个自由基形成之后，氰基从分子中断裂，引发了最终的毒性作用。由此可见，这里的关键步骤是 α 位自由基的形成，因此，如果要消除有机腈化物的毒性，就必须阻止这个 α 位自由基的形成。可以通过在 α 位上引入一个取代基（如甲基）的方法抑制 α 位自由基的形成，如下所示，阻止氰基释放，这样该物质就被转化成无毒的物质。

$$\begin{array}{c} CH_3 \\ | \\ R-C-CN \\ | \\ CH_3 \end{array}$$

这是一个通过改变分子结构减轻化学品毒性的典型例子，结构变化阻止了毒性作用的发挥，但没有影响分子功能基团的功效。事实上，只要知道了化学品的毒性作用机理，通过阻止其毒性引发途径，均可以防止其毒性作用的发挥。

（三）　利用毒性作用机理设计对人体和环境友好的杀虫剂

知道了物质的致毒机理，对于我们设计更安全有效的化学品是非常有用的，可有效地减小或阻止化学品的毒性。当然这一知识也可以用来设计对于人体和环境都没有危害的杀虫剂。比如，由美国罗姆-哈斯（Rohm&Haas）公司开发的一类二酰基肼杀虫剂，其中的 Confirm TM 杀虫剂，专门用来防止鳞翅目害虫，研究表明其杀虫机理是通过模仿在昆虫体内发现的叫作 20-羟基蜕化素的物质而起作用的。这种蜕化素能诱导昆虫提前脱皮（脱皮阶段不能进食）并调控昆虫的生长。当鳞翅目害虫食用 Confirm TM 后，其脱皮时间就会提前，其脱皮过程也会延长，这样在几小时内它们就会因停食、脱水而死亡。由于 20-羟基蜕化素对许多节肢动物不具有生物效应，所以 Confirm TM 杀虫剂对于各种各样的哺乳动物、植物、水生动物、益虫（蜜蜂、瓢虫、甲虫等）以及其他食肉节肢动物（如蜘蛛）都非常安全。更重要的是，Confirm TM 杀虫剂不具有挥发性和生物积累性，不易流失，且在环境中容易被降解而不会长期存在于环境中，它是迄今为止发现的对人和生态系统没有明显危害的、最具选择性、最安全及最有效的昆虫控制剂之一。因此该研究成果获得了 1998 年美国总统绿色化学挑战奖的设计更安全化学品奖。这种杀虫机理也为将来研发更加安全有效的杀虫剂提供了一条新的思路。Confirm TM 的结构式如下：

$$C_2H_5 \text{—} \bigcirc \text{—COHNHN} \text{—} \bigcirc \overset{\displaystyle H_3C \quad COOH}{\underset{\displaystyle H_3C-\underset{\displaystyle CH_3}{\overset{\displaystyle |}{C}}-CH_3}{\qquad CH_3}}$$

Confirm TM

三、 已知构效关系与安全化学品的设计

如前所述，大多化学品在生物体内可产生生物效应。对于药物来说，我们希望其具有某种生物效应（药效），其特殊结构特征称为"药效基团（pharmaeophore）"。而对于商用化学品，我们并不希望其具有某种生物效应（毒性），其特殊结构特征称为"毒性基团"。无论是药效还是毒性都属生物效应，这种生物效应的产生与其本身的分子结构存在着密切的关系，即分子都是通过其特殊结构部位与特殊生物分子的相应部位发生相互作用而引发生物效应。因此可以推断，含有相同"药效基团"或"毒性基团"的物质具有相同的药效或毒性，但其相对生物效应强度会随其结构上的差异而有一些细微的变化，即化学品的分子结构与其活性之间有着相互对应的关系，也就是所说的构效关系。构效关系揭示了许多普遍性的、规律性的信息，对设计更安全的化学品具有非常重要的意义。比如，如果弄清了一类结构相似化合物的毒性，即知道该类物质的某种结构会产生毒性作用，就可以通过构效关系，推测未测试化学品的毒性，即使对一个化学品分子的作用机理是未知的，这种相对应的关系也可以获得；也可以通过构效关系来设计新的化合物以加强或减轻某种生物效应（比如药效加强，毒性减弱等）。因此，尽管人们不清楚这种结构与毒性之间相关性存在的机理，但"它们确实有对应关系"这个事实足以帮助化学家设计出危害极小或没有危害的化学品，即利用构效关系设计新的化合物以减轻某种毒性效应。

构效关系包括定性构效关系和定量构效关系。这两类关系在新药设计中，都已被药物化学家普遍地使用，取得了很好的效果，而且美国国家环保署也利用构效关系来推测新的、未测试的化学品的毒性。这方面的研究工作在化学界、制药界越来越受到重视。

（一）应用定性构效关系设计安全的化学品

定性构效关系以直观的方式定性推测生理活性物质的结构与活性的关系，进而推测活性位点的结构和设计新的活性物质结构。目前定性构效关系在化学合成和药物的设计合成中均有较广的应用。以下是定性构效关系在安全化学品设计中的应用实例。

例如，壬基酚聚氧乙烯醚结构与毒性的关系。壬基酚聚氧乙烯醚的结构通式：

$$C_9H_{19}\text{—}\bigcirc\text{—O(CH}_2\text{CH}_2\text{O})_n\text{CH}_2\text{CH}_2\text{OH}$$

壬基酚聚氧乙烯醚是烷基酚聚氧化乙烯醚（APEO）中的一种，这类非离子表面活性剂的产量居全球第二，广泛应用于家用清洁剂和工业乳化剂、润湿剂、油剂及油墨中的发泡剂等。壬基酚聚氧乙烯醚降解后会生成壬基酚：

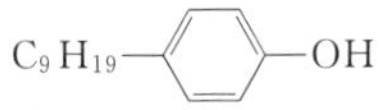

$$C_9H_{19} \text{—} \bigcirc \text{—OH}$$

近年来，通过对猪和狗的动物实验发现，当 n 在 $14 \sim 29$ 之间时，猪和狗有严重心肌坏死；$n < 14$ 或 $n > 29$ 时，猪和狗无心肌病变。因此，尽管对其致毒机理仍不清楚，但根据定性构效关系，在选择使用壬基酚聚氧乙烯醚时，应设计使用 n 小于 14 或大于 29 的壬基酚聚氧乙烯醚。虽然通过改变壬基酚上的氧化乙烯醚的长度可以防止其对动物心脏的毒性，但近年来，人们又发现它们的降解产物壬基酚具有雌激素活性，会干扰水生生物、两栖动物和哺乳动物的生殖系统。从 1986 年开始，烷基酚聚氧乙烯醚已陆续被德国、英国、中国和欧盟限用。由于其引发的毒性与烷基酚的结构有关，为减小其毒性，又能保持其应有的功效，化学家利用定性构效关系对其结构进行改变，用脂肪醇聚氧乙烯醚（FEO）来代替壬基酚，从而避免了壬基酚的产生，有效地消除了其对水生生物、两栖动物和哺乳动物的生殖系统的不良影响，其结构式如下：

$$R\text{—O}(CH_2CH_2O)_nCH_2CH_2OH$$

又如，缩水甘油醚结构与毒性的关系。缩水甘油醚的结构通式如下：

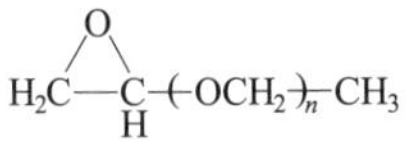

$$H_2C\underset{\underset{H}{}}{\overset{O}{\diagup}}C\text{—}(OCH_2)_n\text{—}CH_3$$

缩水甘油醚常用作化学反应中的合成试剂。近年来，兔、鼠动物实验表明，当 $n = 7 \sim 9$ 时，它会对动物的睾丸产生毒性，使睾丸的功能受到损伤，但当 $n = 11 \sim 13$ 时，则没有上述毒性。与壬基酚聚氧乙烯醚类似，尽管人们对其致毒机理仍不清楚（人们认为烷氧基环氧基部分是当然的"毒性基团"），因此利用上述定性构效关系，在设计合成缩水甘油醚时，应避免设计使用 $n = 7 \sim 9$ 的缩水甘油醚，而应使 n 值在 $11 \sim 13$，这样就可有效地防止其毒性的产生。

再如，可卡因结构与毒性的关系。可卡因是从南美洲古柯树叶中提取的活性成分，是一种生物碱晶体。1884 年作为局部麻醉药被正式应用于临床上。其结构式如下：

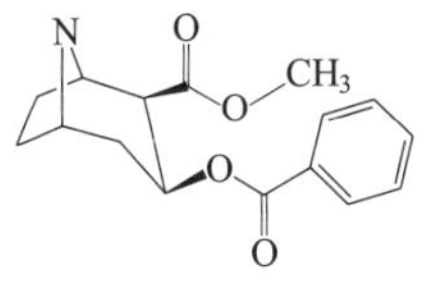

但是，后来发现该药物由于在使用过程中具有成瘾性、致变态反应性、组织刺激性及水溶液不稳定性等，其应用便受到了限制。因此，人们为了寻找更好的局部麻醉药，对可卡因的结构进行了仔细的研究，结果发现，在可卡因的结构中起麻醉作用的关键是苯甲酸酯。有了这一构效关系，人们便开始了苯甲酸酯类局部麻醉药物的研究。该构效关系让药物化学家们认识到研究局部麻醉药完全可以抛开可卡因的结构，避开可卡因结构所带来的毒性。1904年人们合成了局部麻醉作用优良的普鲁卡因：

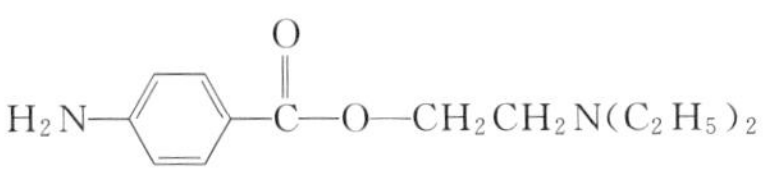

$$H_2N\text{—}\bigcirc\text{—}\overset{\overset{O}{\|}}{C}\text{—O—}CH_2CH_2N(C_2H_5)_2$$

同样，依据构效关系，人们以普鲁卡因结构中的对氨基苯甲酸酯为基础，合成了许多药效好、毒副作用小的新麻醉药物。

（二） 用定量构效关系设计安全的化学品

定量构效关系（QSARs）是指关联一系列物质生物活性与一种或多种物理化学性质的关系式。在定量构效关系式中，要把化学结构转化为描述物理化学性质的参数，而这些理化性质又与物质的生物活性相关。对一系列给定物质，要定量给出构效关系式，就需要成功提出一种或多种能与生物活性相关联的物理化学性质。与生物活性相关联的物理化学性质与物质的生物活性机理有关，通常把这一性质称为生物活性的"描述符（descriptor）"。一个常用的构效关系的回归关系式为：

$$\lg \frac{1}{c} = a(x)^2 + b(x) + c(y) + d$$

式中，c 为表现出生物活性的事物的最低浓度（生物活性由 $\frac{1}{c}$ 给出）；x 和 y 为描述生物活性的物理化学性质；a、b、c、d 为系数。

给出这一回归关系式时，还应给出用于构筑定量关系的数据库的物质数目 n，相关系数 r，回归关系式的标准差 S。

有了构效关系的定量表达式，就能定量给出物质结构变化造成的生物活性（毒性）变化。这比用直觉判断或仅用定性构效关系来判断要准确得多。因此，有了定量构效关系式，无需事先合成该物质，再去测量其物理化学性质。可以先估价其物理化学性质，将这些物理化学性质代入定量构效回归关系式中，预测其生物活性。药物化学家早已利用定量构效关系进行药物设计。美国国家环保署从 1981 年开始就利用定量构效关系来预测新的、未测试的化学品的毒性。实践证明定量构效关系对设计更加安全有效化学品十分有用，其最大优点是无需先合成某物质便能预测其毒性。美国国家环保署已经建立了一套计算程序（程序的名称为 ECOSAR），该程序中包含了 42 类化学品的 100 多个回归方程。

四、 等电排置换与安全化学品的设计

人们发现，具有类似分子和电子特征的物质不管其结构是否相似，通常都具有相似的物理性质和其他性质。Langmuir 将这一现象称为电子等排同物理性质现象（isosterism），这些物质称为电子等排物（isostene）。根据 Langmuir 的定义，电子等排物具有相同数目的原子、相同数目的电子且电子的排布方式相同及相同的电荷特征。随着分子轨道理论的发展，Langmuir 提出的电子等排物概念发生了许多变化。Burger 在前人研究的基础上，认为电子等排物除了 Langmuir 所述之外，还包括具有相似的分子形状和体积、大致相似的电子排布，表现出相似物理化学性质的分子、原子、取代基等。常见的一些电子等排物如下所示：

① —H，F；

② —COOH，—SO_2NH；

③ —OH，—NH_2；

④ —CH_3，—SH，—Cl；

⑤ —CH_2—，—NH—，—O—，—S—，—SiH_2—；

⑥ —N＝，—CH＝，—S—；

⑦ 环结构中的 CH＝CH—，—S—；—NH—，—O—；

⑧ —COO—，—CONH—，—CO—CH₂—；

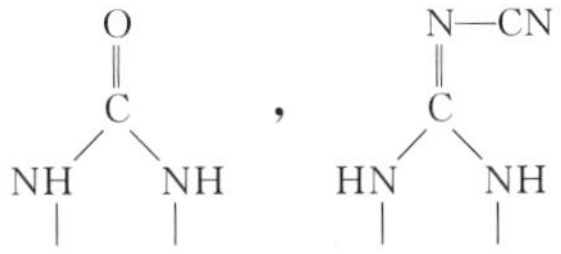

⑩

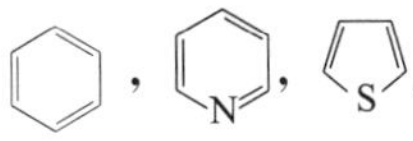

电子等排的药物或毒品也可能具有相似的生物性质，同时，可通过等电排置换，对物质赋予某些生物性质，增强物质生物活性或降低其生物活性。

例如，7-甲基苯并蒽是一个已知的诱导型致癌物，其致癌机理如图 4-3 所示。

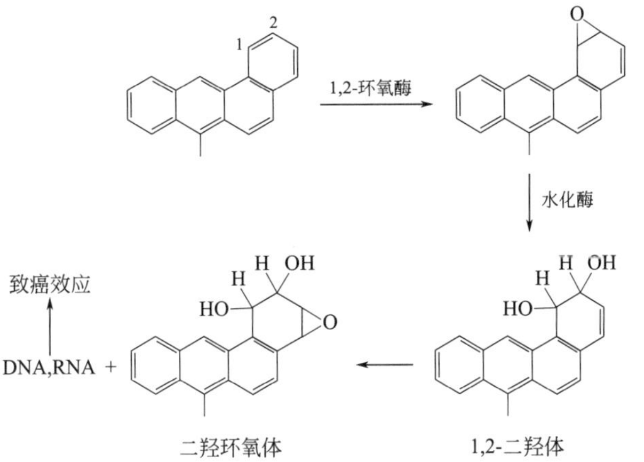

图 4-3　7-甲基苯并蒽致癌机理

从上述致癌机理可看出，7-甲基苯并蒽在代谢过程中会在 1,2 位发生环氧化而被生物活化并引发毒性。而 7-甲基-1-氟苯并蒽则不致癌。用电子等排物氟原子取代 1 位氢原子后，氟原子使 1,2 位的环氧化反应受到阻碍，因而不再表现出致癌效应。

从上述例子可看出，等电排置换原理在安全化学品的设计中具有重要的作用。随着等电排置换原理的丰富和完善，其在安全药物设计、染料设计及杀虫剂设计中均得到了很好的应用，下面是一些利用等电排置换法来设计安全化合物分子的例子。

（一） 等电排置换与安全药物分子的设计

在抗溃疡药物研制过程中发现，麦角胺（metiamide）通过对抗氢接收位会降低胃肠道的酸分泌，因此其抗溃疡作用因其硫脲部分的致毒作用而大大减弱。为了得到抗溃疡作用效果好而毒性小的抗溃疡药物，药物化学家利用等电排置换设计原理，将有毒的硫脲部分用电子等排物氰基胍（cyanoquanidine）取代，得到了一类新的抗溃疡药物塞麦替酊（cimetidine）。由于塞麦替酊能接收氢，这样就去除了麦角胺的毒性，但仍保持了其较强的抗溃疡功效，因此塞麦替酊成为目前使用最多的抗溃疡药物。

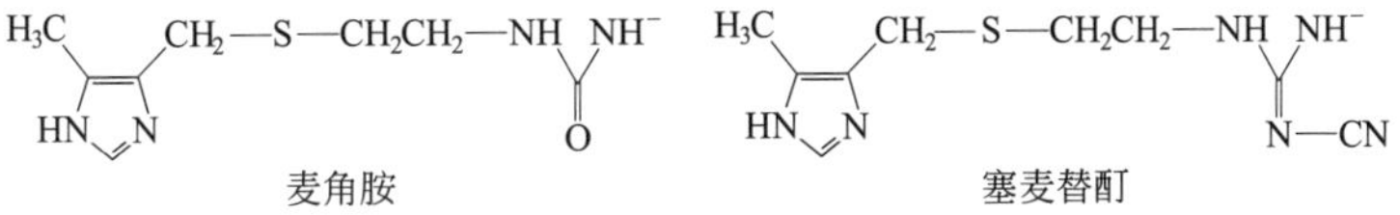

（二）等电排置换与安全农药分子的设计

有机硅化合物中 Si—C 键具有特殊的环境特性，在自然条件下，至今还没有发现 Si—C 键化合物的存在。这是因为自然界中 Si—O 键太过于稳定，即使存在 Si—C 键化合物，其存在时间也是有限的，碳原子也会很快被氧原子取代，重新形成 Si—O 键化合物。

在元素周期表中，碳和硅都属于第ⅣA族元素，能通过 4 价形成稳定化学键，在化学性质上有极大的相似性，因此硅和碳互为等电排原子（图 4-4）。目前，对于等电排置换机理尚有争论，但一般来讲，硅原子取代碳原子后形成的衍生物是无毒的，尤其是与同族的锗、锡、铅的衍生物相比。此外，硅是自然界存量丰富、成本低廉且易于开采使用的元素。因此，硅作为碳的等电排置换原子具有得天独厚的优势。

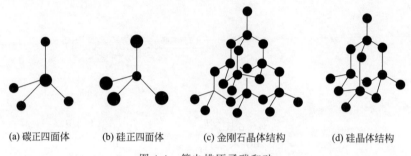

(a) 碳正四面体   (b) 硅正四面体   (c) 金刚石晶体结构   (d) 硅晶体结构

图 4-4 等电排原子碳和硅

例如，DDT 是有毒的人造有机物，易溶于人体脂肪，并能在其中长期积累，已被证实会扰乱生物的激素分泌。除此之外，DDT 具有极强的稳定性，不能被环境降解，因此不得不放弃这种性能优越的杀虫剂。其等电排置换物 DDD 具有类似的杀虫特性，但其分子中 Si—H 键在环境中极易降解，使 DDD 在环境中存留时间缩短，污染危害大大降低。

DDT   DDD

类似的例子还有氨基甲酸酯类杀虫剂，经过硅等电排置换后，仍然对苍蝇有较强的毒性，杀虫功效不会减弱，能更快速降解，对环境的危害降到了最低。

氨基甲酸酯   氨基甲酸酯的硅等电排置换物

在非经典结构的除虫菊酯杀虫剂中，MTI-800 是一类高效、低毒、不易残留的广谱性杀虫剂，但是该类杀虫剂对鱼也有毒性（LC_{50} 为 3mg/L），这就限制了其商业使用。因此为了防止其对鱼类的毒性，合成化学家们利用等电排置换规律设计，用硅原子取代 MTI-800 结构中的 1 个季碳原子，得到了另一杀虫剂氟硅菊酯（silafluofen）——硅白灵。该物质的杀虫效力变为 MTI-800 的 0.2～0.6 倍（即有一定程度的降低），即使当浓度为 50mg/L 时，对鱼仍然没有毒性。这一例子说明，电子等排规律对设计安全有效的杀虫剂是非常有帮助的。

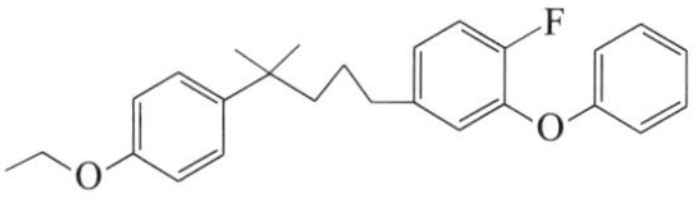

MTI-800 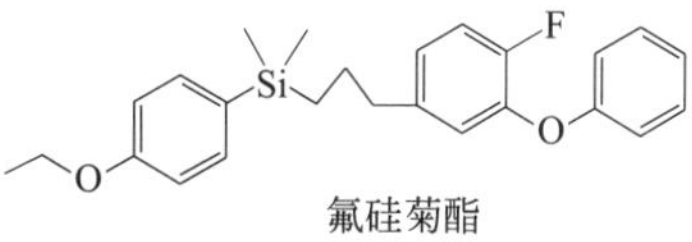　　　　　　　　氟硅菊酯

从以上例子可以看出，大部分化学品在经过硅等电排置换处理后，不仅功效没有受到影响，而且更易降解，减少了对环境的污染和危害，符合绿色化学的发展目标。

（三）　等电排置换与安全染料分子的设计

等电排置换除了能帮助化学家设计安全有效的药物及农药外，其在设计安全有效的金属偶氮染料中也得到了成功的应用。众所周知，历史上，人们常常采用铬作为金属偶氮染料的中心金属，这种金属偶氮染料可获得鲜艳的色彩及快的染色速度。由于在制备含铬染料中，使用的是 6 价铬，而 6 价铬是已知的致癌物质，因此，该类金属偶氮染料的使用受到了环保部门的限制。近年来研究发现，利用等电排置换设计，用无毒性的铁代替金属铬，同样能获得鲜艳的色彩和快的染色速度，这样就防止了使用含铬金属偶氮染料产生的毒性。下述金属偶氮染料，当其中的 M 为金属铬时有毒，M 为金属铁时则无毒，但有相同的染色效果。

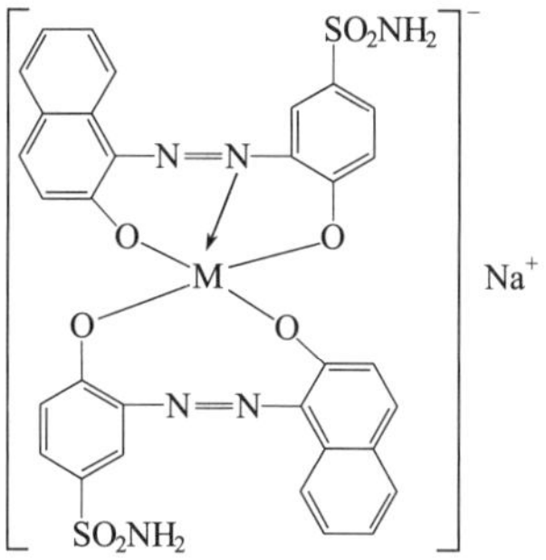

从上述例子可以看出，电子等排置换原理在今后设计更加安全的化学品中将发挥重要的作用。

五、 生物利用率（度） 最小化与相关分子设计

一种物质无论其本身的毒性有多强，只有在其进入体内才能起破坏作用。因此把化学品进入各种生物系统和器官的能力称为生物利用率，也可表述为化学品被机体吸收利用的程度及速度。在对一种物质是如何引起毒性或者这个分子中的哪个功能基团引起毒性缺乏了解的情况下，减小分子的生物利用率往往是减小危害性的一种技术。可以有两种方式减小生物利用率（度）。

1. 阻止或减少有毒化学品进入生物体

目前已知许多关于分子如何通过各种渠道（呼吸、皮肤、膜传送等）进入生物体内的知识，利用这些知识，化学工作者可将分子设计成难以或无法进入生物系统的分子，从而降低其生物利用率。化学品分子能否通过这些途径进入机体，与化学品颗粒的大小有直接的关系。例如，当一个聚合物要进入呼吸系统，其粒径要在 $1\sim10\mu m$。为此，化学家可以通过

设计，使聚合物颗粒的粒径大于 $10\mu m$，使它们成为不可呼吸的物质，也就不可能通过呼吸进入生物体内，由于这个聚合物没有生物利用率（度），所以也不会表现出毒性。

对于从皮肤进入人体的物质也可采用类似的控制方法。物质要穿过表皮进入生物体内，其必须要具有一定的溶解性，化学家们可以通过调控其物理、化学性质，使该物质分子难以穿透表皮膜，其生物利用度自然也就小了。同样，该物质由于不能进入生物体系内，也就不能表现出原有的毒性。

2. 利用人体自身代谢，减少危害

对于一些医用药物来讲，化学品免不了要进入人体，如何在不影响疗效的情况下，减少其副作用呢？物质进入机体后都要代谢，通过一些酶系，把亲脂性化学物质转化为亲水性、容易排泄的物质。因此，可以通过体内代谢，将脂溶性物质转化为水溶性物质来降低其危害。当药物进入人体后，需要经过一系列的化学反应，即代谢，这个过程分为两步：第一步代谢即Ⅰ相反应，指药物发生氧化、还原或水解反应；第二步即Ⅱ相反应，指药物分子或Ⅰ相反应生成的代谢物与体内的物质结合，发生结合反应。一般情况下结合反应具有生物活化和解毒反应的特点，因为结合后的产物大多是不具有生物活性的，而结合产物易于机体排泄，从而减少其危害。因此，我们可以依据机体代谢机理，设计具有生理活性的、治疗上十分有用的、在人身体内完成作用后很快转化为无毒物质的药物。因此，在 20 世纪 80 年代中期便出现了"后代谢设计"（retrometabolic design）（也叫"软药剂"），它是指具有生理活性的、治疗上十分有用的，在人身体内完成治疗作用后很快又转化为无毒物质的药物。"软"药剂通常是指那些在临床上有治疗效果，但又因具有毒性或副作用而被限制使用的物质的类似物质。"软药剂"保留了物质的治疗特性，同时又没有毒性和副作用。理想的"软药剂"是具有所需治疗功效，同时能在单步代谢（非氧化性的）过程中转化为可排泄的无毒物质的药物。

例如，盐酸十六烷基吡啶，其结构式如下所示：

$$CH_3(CH_2)_{12} \underbrace{ -\overset{H_2}{C} -\overset{H_2}{C} - }\overset{H_2}{C} -\overset{+}{N} \bigcirc \quad Cl^-$$

它是有效的防腐剂，但同时对哺乳动物有严重的毒性。老鼠口服实验发现，其 LD_{50} 为 $108mg/kg$。以盐酸十六烷基吡啶为母体，设计出新的化合物，使得该物质在防腐作用的重要结构特征保持不变的同时，进行某些分子结构修饰，使新物质能很快代谢为对哺乳动物毒性小得多的物质，目前研究得到的新物质结构式为：

$$CH_3(CH_2)_{12} \underbrace{ -\overset{O}{\overset{\|}{C}} -O- }\overset{H_2}{C} -\overset{+}{N} \bigcirc \quad Cl^-$$

该新物质保留了原分子中的功能团，而用 $-\overset{O}{\overset{\|}{C}}-O-$ 取代原分子中的 $-CH_2-CH_2-$ 基团，这样得到新分子的侧链仍为 16 个原子。但是，新分子在血液中能很快地代谢分解为吡啶、甲醛及十四碳酸，而且这几个物质的毒性均很小，且新分子在防腐方面的物理化学性质仍与原有的分子相当。这种利用人体自身代谢，减少危害的方法不仅适用于药物的设计，也可被用于设计其他化学品。

由"软药剂"的概念扩展到商用化学品的设计而衍生出"软化学物质"，它保留了能完

成其商用功能所需的结构特征，但当它被人体吸收后，又能很快通过非氧化过程分解为无毒的、易于排泄的物质。这一概念已被用于设计烷基化试剂和 DDT 的安全替代物。

六、　用具有相同功效而无毒的物质替代有毒有害物质

有些有毒化学品的功能是完全可以由其他无毒的化学品来替代的，从构效关系的知识可知，结构相似的化合物，具有相似的性质。因此，在设计安全化学品中，可以完全抛开原有物质，寻找另一类化学物质来完成它们的功能。上述几种方法都主要着眼于分子的本身结构及分子在生物体内的行为方面。如何修饰分子的结构，使分子保持原有功能的同时，又不产生毒性呢？当分子修饰无法解决我们面临的困境时，寻求另一类无毒物质来完成这些功效也不失为一个有效的方法。许多事例证明也是可行的方法。

例如，用磺化二氨基-N-苯甲酰苯胺代替染料中的联苯胺。联苯胺及类似物质常作为染料中间体用于染料的合成，这类染料具有色质好和染色快速两大优点。但后来发现这类物质有很强的致癌作用，现在它被很多国家和地区禁止使用。因此，以联苯胺及类似物质为中间体来进行染料的合成就大大地减少。首批禁用染料为 118 种，其中直接染料为 77 种，占 65.2%，而联苯胺及其衍生物占禁用直接染料总数的 93.5%。因此，研究开发联苯胺类染料中间体的代用品就显得非常迫切和重要，这也成为染料工业的重要研究课题。许多研究者都想找到具有相同染料特性，但又不致癌的替代品。令人欣慰的是，最近发现，可用磺化二氨基-N-苯甲酰苯胺代替联苯用于染料合成，结构式如下：

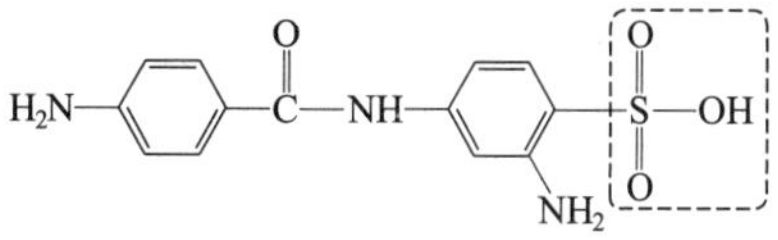

由于有磺酸基存在，增大了该物质在代谢过程中的水溶性，可直接排泄，因此大大降低了其危害性。

又如，用乙酰乙酸酯代替异氰酸酯用作密封胶和黏结剂。异氰酸酯能与亲核试剂（通常是含有活泼氢的醇或胺）反应生成交链加成物，而具有密封和黏结的效果，同时，异氰酸酯还具有黏结速度快、黏结物质种类广、价廉等优点。因此，异氰酸酯在工业上被广泛地用作密封胶和黏结剂。但是它具有毒性，能引发癌症、变异（mutation）、肺敏感、气喘等，因此这对生产者和使用者的身体健康会产生很大的危害。为了解决这一难题，Tremco 公司（Beachword，Ohio）在这方面进行了深入仔细的研究，找到了一种非异氰酸酯密封胶和黏结剂，即乙酰乙酸酯。其工作原理是（图 4-5）：乙酰乙酸正丁酯与多元醇反应形成酯化产物，此产物再与二胺反应形成复合物，该复合物与酯构成密封胶。这一新体系的最大优点就是无毒。

七、　减少有毒辅助物品的使用

有时有些化学品其本身并不具有毒性或毒性较小，但是，其需要和有毒的物质相结合才能发挥其功能。例如，如果一个无毒的化学品只有溶于一个有毒的溶剂（比如四氯化碳这样的溶剂）才能被使用，那么，该物质具有间接的毒性。尽管毒性是间接产生的，但却是由该化学品的使用而引起的。长期以来，各种涂料、油漆均需要利用溶剂才能发挥其作用，此

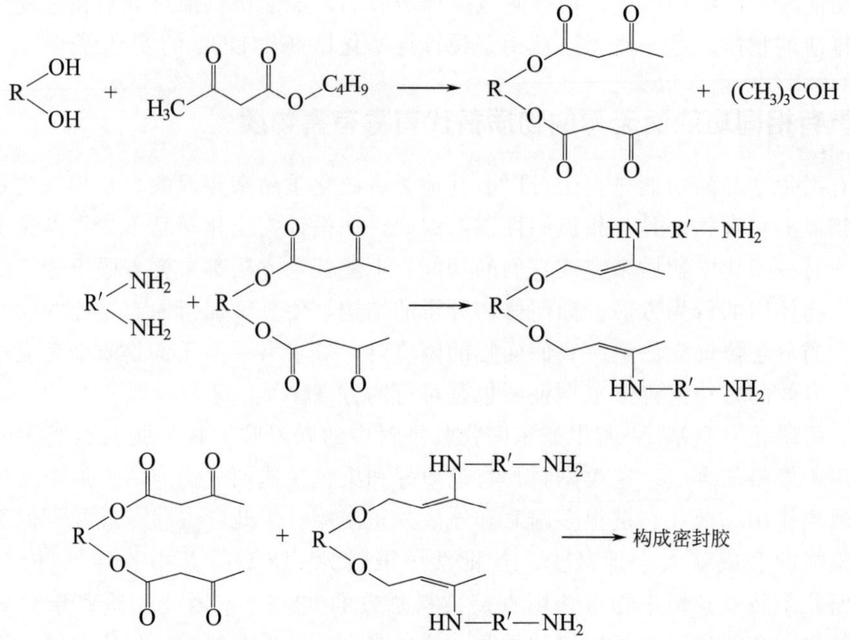

图 4-5　乙酰乙酸酯制备密封胶工作原理

时，辅助物质便引发了毒性。在这种情况下，就需要消除这些辅助物质的使用。目前化学家已经设计了基于水相或其他非挥发性溶剂的新型涂料，这种涂料不必使用挥发性的有机溶剂，但却具有相同的性能，此外采用超临界液体来替代有机溶剂也是一个好的办法。当然，若无法找到无毒的辅助物质，则要对化学物质本身进行某些结构修饰，使其能适用于新的辅助物质。

第三节　设计可生物降解的化学品

随着化学工业的发展，大量的人工合成物质进入环境中，其中有些物质是有毒的，甚至有致癌、致畸、致突变的危险。这类物质有些能够在外界环境作用下较快降解，有些由于其化学结构与天然有机物相差较大，所以很难在自然条件下降解。由此造成物质在环境中的积累，对人类和生态环境造成极大的威胁。这类物质的生物降解性已引起了人类的高度重视。

绿色化学的首要任务不是先污染再治理，而是要从源头上消除或减少有害物质的排放。绿色化学的概念应该可以用于目标产物的分子设计，通过目标产物的分子设计使其在环境中的存留时间缩短，为微生物生理活动所利用，即在微生物生长过程中，目标产物发生化学结构变化，最终生物降解为无毒产物。

在考虑化学品与环境的关系时，一个重要的问题就是其持续性和持续生物聚集性。当把化学品弃于环境后，它们会保持其性状且被动物或植物吸收而发生聚集，而且这一聚集对该生物物种有一定的危害。因此我们应该在设计分子的其他功能时，同时使化学品具有可降解的功能。另外还可以通过在分子结构中引入特殊功能团促使其快速降解，并且在设计其可生物降解的功能时，应该考虑其降解后的产物是什么，降解产物的毒性如何。如果降解产物对人的健康和环境无害，那么这种降解就可能达到绿色化学的目的。本节将介绍可用于增大生物降解性的分子结构设计原理。

一、　生物降解的细菌基础与降解途径

生物降解是复杂有机化合物在微生物作用下转变成结构较简单化合物或被完全分解的过程，是有机污染物分解的最重要的环境过程之一。水环境中化合物的生物降解依赖于微生物的酶催化反应。当微生物代谢时，一些有机污染物作为食物源提供能量和细胞生长所需的碳；另一些有机物不能作为微生物的唯一碳源和能源，其碳源和能源必须由另外的化合物提供。因此，有机物生物降解存在两种代谢模式：生长代谢（growth metabolism）和共代谢（cometabolism）。

生长代谢模式中，许多有毒物质可以像天然有机化合物那样作为微生物的生长基质。只要用这些有毒物质作为微生物培养的唯一碳源便可鉴定其是否属于生长代谢。在生长代谢过程中微生物可对有毒物质进行较彻底的降解或矿化，因而与那些不能用这种方法降解的化合物相比，其对环境威胁较小。

共代谢模式中，某些有机污染物不能作为微生物的唯一碳源与能源，必须有另外的化合物存在并提供微生物碳源或能源时，该有机物才能被降解，这种现象称为共代谢。它在那些难降解的化合物代谢过程中起着重要作用，展示了通过几种微生物的一系列共代谢作用，可增大某些特殊有机污染物彻底降解的可能性。微生物共代谢的动力学明显不同于生长代谢的动力学，共代谢没有滞后期，降解速度一般比完全驯化的生长代谢慢。共代谢并不给微生物体提供任何能量，不影响种群多少。

在自然生态系统中，大部分有机物都有相对应的降解微生物。只要具备合适的条件，微生物就可以沿着一定的途径降解这些有机物。

1. 烷烃类的微生物降解

微生物对一般的烷烃的降解是通过单一末端氧化、双末端氧化（又称 ω-氧化）、亚末端氧化的途径来实现的。烷烃（n 个碳原子）的分解通常从一个末端的氧化形成醇开始，然后继续氧化形成醛，再氧化成羧酸，羧酸经 β-氧化后产物进入三羧酸循环，被彻底降解为 CO_2 和 H_2O。

2. 烯烃类的微生物降解

微生物对烯烃的代谢，其途径有三种可能：

① 在双键部位与 H_2O 发生加成反应，生成醇。

② 受单氧酶的作用生成一种环氧化物，再氧化成一个二醇。

③ 在分子饱和端发生反应。

以上三种途径的代谢产物为饱和或不饱和脂肪酸，然后经过氧化进入三羧酸循环被完全分解。

3. 芳烃类的微生物降解

芳香烃在双加氧酶的作用下氧化为二羟基化的芳香醇，之后失去两个氧原子形成邻苯二酚。邻苯二酚可在邻位或间位开环，邻位开环则生成己二烯二酸，再氧化后的产物进入三羧酸循环；间位开环则生成 2-羟己二烯半醛酸，进一步代谢生成甲酸、乙醛和丙酮酸。

4. 脂环烃类的微生物降解

脂环烃较难进行生物降解，自然界几乎没有利用脂环烃生长的微生物，但可以通过共代谢途径进行降解。脂环烃被一种微生物代谢形成的中间产物，可以作为其他微生物的生长基质。

5. 农药的微生物降解

降解农药的微生物主要有假单孢菌属、芽孢杆菌属、产碱菌属、黄杆菌属、节杆菌属等；放线菌有诺卡菌属；霉菌以曲霉属为代表。

6. 多氯联苯的微生物降解

从湖泊污泥中分离出来的产碱杆菌和不动杆菌能把多氯联苯（PCBs）转化为联苯或对氯联苯，然后吸收这些分解产物，排出苯甲酸或取代苯甲酸，再由环境中其他微生物继续降解。

利用厌氧微生物的降解方法，通过共代谢作用、降解性质粒以及微生物之间的互生关系等途径，也可使多氯联苯降解、转化。

7. 合成洗涤剂的微生物降解

合成洗涤剂的基本成分是人工合成的表面活性剂。根据表面活性剂在水中的电离性状，可分为阴离子型、阳离子型、非离子型和两性电解质四大类，以阴离子型洗涤剂的应用最为普遍。

在阴性表面活性剂中，高级脂肪链最易被微生物分解。其途径是，最初高级脂肪链经微生物作用形成高级醇类，然后进一步氧化为羧酸，再在微生物的作用下分解为 CO_2 和 H_2O。整个过程在有氧的条件下进行。

二、 化学结构与生物降解性

（一）不易生物降解的化学结构

通过大量实验，科学家们发现，相对微小的分子结构改变可以极大地改变生物降解性能。研究表明，具有以下结构特征的分子对需氧生物降解具有抗拒作用：

① 卤代物，尤其是卤化物和氟化物；

② 支链物质，尤其是季碳和季氮或是极度分支的物质，如三聚丙烯或四聚丙烯；

③ 硝基，亚硝基，偶氮基，芳氨基；

④ 多环残基，尤其是超过三元的多环稠环或芳烃；

⑤ 杂环残基，比如吡啶环；

⑥ 脂肪族醚键（—C—O—C—）；

⑦ 高取代的化合物比低取代的化合物更不易降解。

含有以上基团的物质大多数都是人工合成的，能分解这类化学物质的微生物的分布并不广泛，并且由于各种化学物质的结构相当复杂，可能同时带有多个难以降解的基团，所以要想找到能降解这类化学物质的微生物是极困难的。此外，由于这些化学基团种类繁多，其中有许多化学基团具有生物毒性，能直接杀死微生物，所以不具有生物降解性。因此，在化学分子设计中应尽可能地避免使用以上诸种基团。

（二）可生物降解的化学结构

具有如下特征结构的分子具有较好的生物降解能力：

① 具有水解酶潜在作用位的物质会增大其生物降解能力，比如酯、胺；

② 在分子中引入以羟基、醛基、羧基形式存在的氧会增大其生物降解能力；

③ 存在未取代的直链烷基和苯环时，由于可受氧化酶进攻，因而可增大其生物降解能力；

④ 水中溶解度大的物质更容易生物降解；

⑤ 取代基相对少的化合物。

上面所列物质中，最易生物降解的化学结构是含有氧原子的基团。许多微生物降解化合物的第一步就是化学品的氧化，而这一步通常是速度决定步骤。若分子中本身带氧原子，则可加速其氧化过程。因此，如果在设计过程中已经在分子中引入了氧，那么分子的生物降解可能性会明显增强。

（三）物质在水中的溶解度与可降解性分子结构关系

所有的生物降解过程都离不开水，物质以分子形态溶解于水中，才能更好地与生物细胞相互作用，最终得到降解。溶解分子骨架上的取代基数目和物质分子的水溶性对物质的可生物降解能力有较大影响。对于大多数不发生多分子聚集的物质而言，溶解度可能通过如下一种或多种机理影响其生物降解性能：

① 微生物生物利用度（microbial bio-availability）。不溶性化学品不能被微生物捕获，趋于吸附在活性淤泥、沉积物和土壤上，因而能长时间停留在环境中，这会降低其生物降解速率。

② 溶解速率。微生物很难直接利用固态化合物进行生理活动，大部分的营养物质都必须以溶液的形式进入细胞。对溶解度很低的固体物质，仅溶解了的部分及分散相才能受到微生物的作用，因此，溶解速率快的物质被降解的可能性要大一些。同时，研究发现许多微生物能分泌表面活性剂从而加速难溶物的溶解，这是自然界长期进化的结果。

③ 水溶液中底物的浓度。微生物体内的酶能高效分解底物，但若底物浓度过低，非主动运输无法进行，其分解速率就会降低。一些研究表明，在水中溶解度低于每升几毫克或更少时，细胞酶和非主动传输系统就无法发挥其功能，虽然一些微生物可通过主动运输进行部分补偿，但是仍然不能满足底物最低浓度的要求，因此也难以生物降解。一般来说，在其他条件相同的情况下，对于难溶于水的化学品，在其结构中引入增大溶解度的基团（如羟基、羧基、醛基等）可增大其生物降解性。

三、 基团贡献法预测生物降解能力

根据大量的动物毒性试验信息和普适性规律，现在的化学家能够通过化学品的结构的有关知识，比较准确地确定化合物的特性，并已发展了一些可行的估计和测试化学品性质的方法，这对设计更加安全的化学品和预测降解速率的能力会有很大帮助。其中基团贡献法便是一个很好的预测方法。

基团贡献法（group contribution method）模型又称碎片贡献法（fragments contribution method）模型，是定量结构-活性关系研究中使用最广的方法之一。它是根据 Langmuir（1925 年）的独立作用原理建立起来的，近来已被用于环境友好化学品设计。其基本假定是：我们感兴趣的某一活性是组成分子的 1 个或 n 个碎片或二级结构的贡献或贡献之和，而同一碎片能做出的贡献在不同化合物中是相同的，与它所处的化合物无关。最理想的情况是，模型中的每一碎片与我们感兴趣的活性之间有清楚的机理关系，且这一关系已在分子水平上弄清了。当然，这种理想情况不可能实现。但这并不重要，因为：①我们有足够量的一系列测量值（训练系列）可用于建造模型；②可分析一系列结构碎片与活性之间的关系，从而理性化地理解其作用。因此，采用基团贡献法，可以预测未知物质的构效关系。

Boethling 等用基团贡献法原理建立了四个模型，用于预测物质的可生物降解能力。其中两个模型用于预测容易降解的物质和不容易降解的物质，降解性与分子结构特征之间采用线性和非线性对数关系；另外两个模型则针对水溶液中的降解速率做半定量的估价，适用于降解的初级和最终过程。

四、 设计可生物降解化学品的例子

生物降解高分子材料是指在一定条件下、一定的时间内能被细菌、霉菌、藻类等微生物降解的高分子材料。影响材料生物降解性能的因素有环境因素和材料的结构。环境因素是指水、温度、pH 值和氧浓度。水是微生物生成的基本条件，只有在一定湿度下微生物才能侵蚀材料。每一种微生物都有其适合生长的最佳温度。并且一般来说，真菌宜生长在酸性环境中，而细菌适合生长在碱性条件下。虽然很多环境因素影响材料的降解性能，但是材料的结构是决定其是否能生物降解的根本因素。

生物降解高分子材料大多是在分子结构中引入能被微生物分解的含酯基结构的脂肪族聚酯，目前具有代表性的工业化产品有聚乳酸（PLA）、聚己内酯（PCL）、聚琥珀酸丁二酯（PBS）。

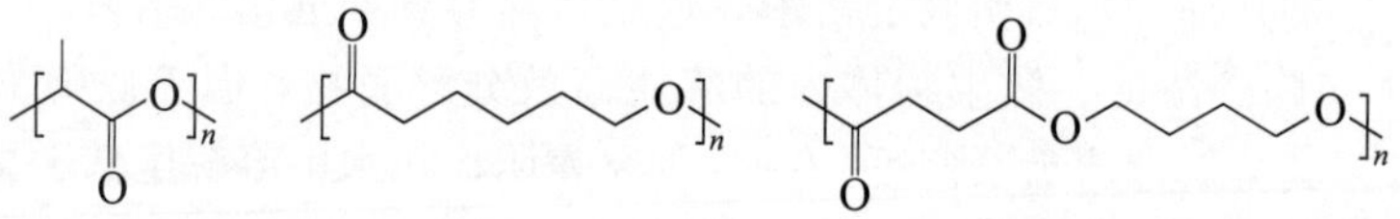

(a) PLA　　　　　(b) PCL　　　　　(c) PBS

聚乳酸（PLA）是一种具有优良的生物相容性和可生物降解性的合成高分子材料。PLA 这种线型热塑性生物可降解脂肪族聚酯是以玉米、小麦、木薯等一些植物中提取的淀粉为最初原料，经过酶分解得到葡萄糖，再经过乳酸菌发酵后变成乳酸，最后经过化学合成得到的。1997 年美国 Cargill 公司和 Dow 公司联手研制生产出 PLA 塑料，为绿色包装开辟了一条新途径。2002 年，美国在全球的 PLA 销售量为年均 13 万吨左右，产品主要有薄膜、热成型食品和饮料的容器、外涂层纸、纸板和瓶。PLA 产品主要生产于美国，在其他国家也有一些公司生产高价的 PLA 树脂材料用于医药包装。热塑淀粉与淀粉/聚乙烯混合物不同，它由 100％的淀粉构成，有时也与一些其他可降解物质混合而成，因此它是真正可生物降解的物质。这类材料大多数是溶于水的。2001 年 5 月美国的 BioCorps 公司率先生产出用热塑淀粉材料制成的塑料杯，并在全球销售。

聚乳酸（PLA）分子结构式中的酯键易水解，能在体内或土壤中经微生物的作用降解生成乳酸，代谢最终产物是水和二氧化碳，所以对人体不会产生毒副作用，使用非常安全。因此聚乳酸已经被应用于医学、药学等许多方面，如用作外科手术缝合线、药物控制释放系统等。在农林业方面，生物降解膜使用一定周期后易被环境降解为无害的小碎片甚至粉末，能够有效控制和减少"白色污染"，特别是对它的堆肥化处理，对于保持农田土质和治理环境污染都具有十分重要的现实意义；在食品行业，降解塑料可作为包装材料、容器及保护膜，例如用微生物发酵法制成的淀粉薄膜，作为食品的包装材料，不必撕裂，用热水冲可直接食用，十分方便；在医药行业，降解塑料在身体内分解为人体可吸收的材料，可用作手术缝线等。此外，降解塑料还在电子电气行业、一次性卫生用品、服务业等领域获得了广泛应用。

PCL 与 PBS 的降解机理与 PLA 类似，都是先发生酯键水解，然后再被响应微生物降解为无毒的水和二氧化碳。然而 PCL 易结晶，导致材料质地致密，水分很难渗透进去，因此其水解速度十分缓慢，有研究表明人体内的 PCL 材料要经过两年时间才能被降解完毕。通过引入聚乙二醇（PEG）组分可以降低 PCL 的结晶性，可有效提高聚己内酯共聚物降解的速率。PEG 含量提高，共聚物结晶性下降，结构变得较为疏松，使水分更加容易深入，从而对水解反应起促进作用。其反应式如下。

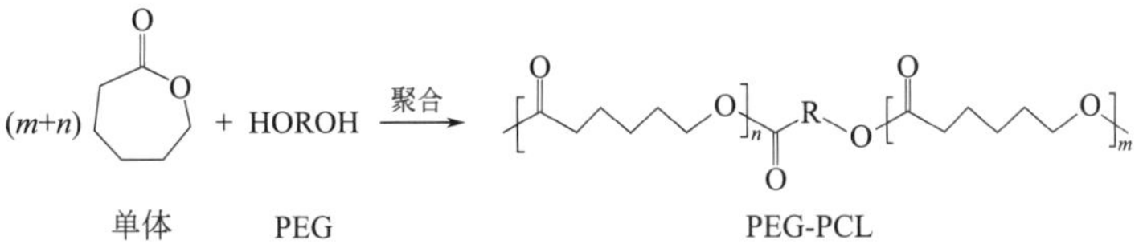

$$(m+n)\ \text{单体} + \underset{\text{PEG}}{\text{HOROH}} \xrightarrow{\text{聚合}} \underset{\text{PEG-PCL}}{} \tag{4-2}$$

除了可生物降解的高分子材料外，可生物降解的例子还有许多。例如，生物体内的神经传递质——乙酰胆碱（acetylcholine）是一种兴奋型传递质，可用其天然类似物尿烷作为拮抗剂，抑制神经兴奋。当尿烷结构中的季碳原子被硅原子取代后，其药剂反应曲线与前者完全相同，但动物实验发现，硅取代物的毒性远低于对应碳化合物的毒性。

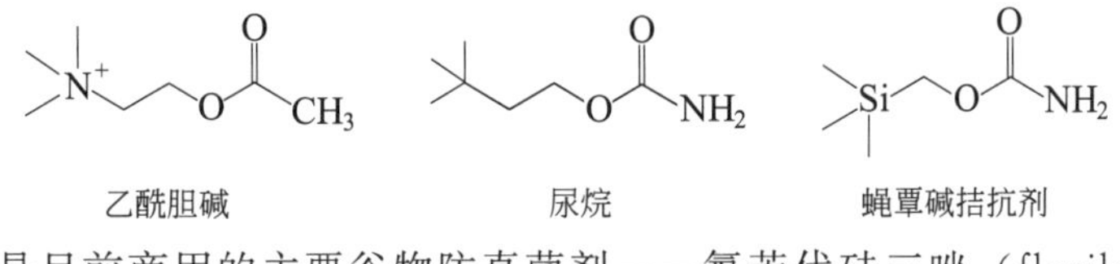

乙酰胆碱　　　　尿烷　　　　蝇覃碱拮抗剂

另一个例子是目前商用的主要谷物防真菌剂——氟苯代硅三唑（flusilazole），它与其他防真菌剂（非硅取代物）一样，对甾醇的合成有生物抑制作用。氟苯代硅三唑不仅防真菌效果出色，而且可以生物氧化，生成硅醇，硅醇生物活性小，同时处于更高的氧化态，因而容易进一步降解，是一种典型的生物降解化学品。

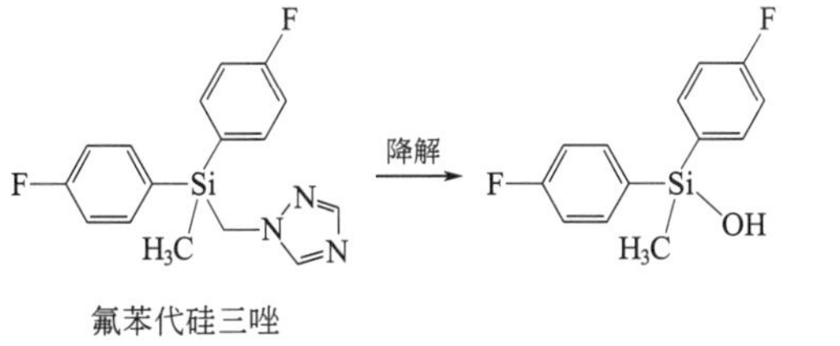

$$\text{氟苯代硅三唑} \xrightarrow{\text{降解}} \tag{4-3}$$

第四节 设计对水生生物更加安全的化学品

水生生物是生活在各类水体中的生物的总称。水生生物种类繁多，有各种微生物、藻类以及水生高等植物、各种无脊椎动物和脊椎动物。海洋面积大约占地球总面积的71％，因此，水生生物是生态系统中最重要的组成部分，为其他物种提供了赖以生存的物质基础。例如浮游生物，它们种类极多，数目巨大，是构成水体生产力的基础。首先，浮游植物能进行光合作用吸收二氧化碳并产生氧气，是地球上最重要的产生氧气的系统，对维持地球的大气平衡有重要作用。另外，浮游植物是水体中的初级生产者、食物链的开端，是绝大多数水体生物的初级营养来源。如果化学品在生产和使用过程中导致水体污染必然危及水生生物，那么就可能会使整个生态系统处于危险之中，甚至造成急性中毒，影响到食物链顶端的人类（图4-6）。

图4-6　食物链

水体在受到一定程度的污染后，由于自然界物理、化学及生物等过程的作用，会使污染的水得到净化，这种现象称为水体的自净。生物净化在水体自净中起相当重要的作用。水生生物类群通过代谢作用（同化作用和异化作用），使进入环境中的污染物质无害化，这个反馈作用称为生物净化（biological purification）。这是因为水生生物，在其生命活动过程中，经过吸附、氧化、还原、分解，吸收了某些污染化学品。在化学品的降解和无机化的过程中，直接或间接地把污染物作为营养源，不仅满足了水生生物自身的原生质合成、繁殖及其他生命活动等的需要，又使水体得到了净化。但是水体对污染化学品负载能力是有一定限度的，如果污染量超过了生态系统的负载能力，水生生物净化作用就会遭到破坏，生态系统也就失去了原来的平衡状态。目前，根据这些污染化学品对水生生物的毒性作用机理的不同，科学家将不同结构的化合物大致分成了四类：非极性麻醉型化合物、极性麻醉型化合物、反应型化合物和特殊作用型化合物。

非极性麻醉型化合物是指在整个毒性作用过程中没有与有机体的各个靶位发生生物化学反应的化合物。一般认为非极性麻醉型作用是通过化合物与细胞膜之间的某种非共价作用，可逆性地改变了细胞膜的结构和功能，进而对有机体产生毒性作用。从理论上讲，任何化合物都有进入到有机体的能力，所有化合物都至少可以引起非极性麻醉型毒性，因此非极性麻醉型毒性是化合物的最小毒性，也称基线毒性。如表 4-4 所示，一般脂肪族烷烃、烯烃、醇、醚、酮以及苯和卤代苯类化合物被公认为是基线化合物。

极性麻醉型化合物在整个毒性作用过程中也没有发生生物化学反应，但是其毒性比基线毒性稍高，通常被认为是极性麻醉性作用机制。虽然非极性麻醉型化合物和极性麻醉型化合物的作用机制在生理学上的区别没有详细的说明，但可以通过这些化合物的结构来进行区分。如表 4-4 所示，这类化合物一般都包括氢键供体，例如苯酚类和苯胺类。

表 4-4　非极性麻醉型化合物和极性麻醉型化合物的分类列表

非极性麻醉型化合物	极性麻醉型化合物
①只含 C 和 H 的化合物	①无酸性或弱酸性的酚：烷基酚、单硝基酚、1～3 个氯取代苯酚
②饱和卤代烃	
③不饱和卤代烃（不包括 β 位卤素取代化合物）	②烷基苯胺、单硝基苯胺、1～3 个氯取代苯胺
④苯、烷基取代苯、卤代苯	③单硝基苯、烷基取代单硝基苯、1 或 2 个氯取代单硝基苯
⑤醚（不包括环氧化物）	
⑥脂肪醇（不包括丙烯醇或烯丙醇）	④脂肪伯胺
⑦芳香醇（不包括酚类和苯甲醇）	⑤烷基取代吡啶、1 或 2 个氯取代吡啶
⑧酮类（不包括 α,β-不饱和酮）	
⑨脂肪族仲胺和叔胺	
⑩卤代醚、醇、酮（不包括 α 位和 β 位卤素取代化合物）	

反应型化合物是指化合物本身或者其代谢产物能与普遍存在于生物中的大分子的某些结构发生反应的有机物。反应型有机化合物结合的生物靶位主要是多肽、蛋白质和核酸中的亲核基团，例如氨基（—NH₂）、羟基（—OH）和巯基（—SH）等。化合物与亲核靶位之间的亲电-亲核反应是非特异性的，并且可以产生多种不良后果。

特殊作用型化合物是指能与某些受体分子发生特异性相互作用的化合物。例如有机磷酸酯类化合物能够有效地抑制乙酰胆碱酯酶；DDT 是作用于神经元上的钠离子通道调节受体（特异或受体毒性）；另外，（二硫代）氨基甲酸酯和菊酯类化合物都是特殊作用型化合物。

因此，化学物质的分子结构直接决定了其对水生生物毒害性作用的大小。通过合理优化化学物质的分子结构，进一步改进和设计环境友好产品，避免水生生物受其影响，这对成本控制、资源利用、环境污染防治等方面具有深远意义。

一、　利用构效关系预测对水生生物的毒性

随着计算机的爆炸式发展以及人们对水生态系统的重视，人们开展了对水生生物的毒性的定量构效关系（quantitative structure-activity relationships，QSAR）研究。定量构效关系研究不仅可以建立预测化合物的各种理化性质以及生物活性的理论模型，而且还可以发现和确定对化合物的各种性质起决定作用的结构因素，从而在分子水平上了解物质的微观结构对各种宏观性质的影响。该研究方法已在水生生态系统中得到了广泛应用。在受体结构未知的情况下，定量构效关系方法是最准确和有效地进行药物设计的方法。根据 QSAR 的计算

结果指导，药物化学家可以更有目的性地对生理活性物质进行结构改造，并使其对水生生物毒性降到最低。但是 QSAR 方法不能明确给出回归方程的物理意义以及药物-受体间的作用模式，物理意义模糊是对 QSAR 方法最主要的置疑之一。另外，在定量构效关系研究中使用了大量实验数据和统计分析方法，因而 QSAR 方法的预测能力很大程度上受到实验数据精度的限制。

二、 物质结构和物理化学性质对水生生物毒性的影响

上面讨论了几种有效预测化合物对水生生物毒性的方法，在这些规律的指导下，可以很好地利用化学品的物质结构、物理和化学性质（包括化学品的官能团、水溶性、油溶性、颜色、形成内盐、酸性、碱性、分子体积、最小截面直径、物理状态等）来预测水生生物毒性。深入研究这些因素对水生生物影响的机理会帮助我们更有效地设计更加安全的化学品。

（一） 物质结构的影响

化学品种类繁多，根据官能团可分为烷烃、烯烃、炔烃、卤代烃、醇、酚、醚、醛、酮、醌、羧酸、磺酸、胺类以及杂环化合物等。不同的官能团，毒性各有不同。例如，烃类有机物不饱和度越大，毒性越高，如乙炔的毒性大于乙烯，乙烯的毒性又大于乙烷，而当烃上有卤素取代氢时，毒性增加，取代愈多，毒性愈高；在非烃类化合物分子中引入烃基，脂溶性增高，易于透过生物膜，毒性增强；某些金属或类金属被甲基化以后，其毒性大大增强。

芳香烃化合物大都具有麻醉作用及抑制造血机能的毒性。当芳环中氢被甲基取代时，毒性大大降低，但当芳环中氢被氨基、硝基、亚硝基及偶氮基取代时，毒性则会增大。大多数芳香烃化合物可对神经产生毒性作用，且含硝基的化合物的毒性作用较含氨基的化合物更强；而当有羧基、磺基或乙酰基存在时，可显著减轻物质毒性。当芳环中氢被卤素取代时，毒性减小，取代产物有微弱麻醉性，但具有强烈的刺激作用；侧基上的氢被卤素取代时，产物对眼睛及呼吸道黏膜有极强的刺激性。当芳环中氢被两个基团取代时，一般而言，毒性按对位、邻位、间位依次减小。

因此设计安全化学品时，应从物质结构着手，首先考虑到其最低生物毒性的结构类型，避免高毒性结构出现在化学品中。

（二） 物理性质的影响

化学品对水生生物毒性的作用除了物质结构因素外，还与其物理性质有关，如存在状态、辛醇-水分配系数、水溶性、挥发性、相对分子质量和分子直径等。

化学品的存在状态主要指其物理状态（固体、液体和气体）、颗粒直径等。液体类物质在水中扩散较固体快，在不考虑其他因素的前提下，可以认为液体物质对水生生物的影响作用最大；颗粒越小、分散度越大，生物活性越强，越易进入水生生物体内，毒性越大，尤其是纳米状物质。

其次是溶解度，化学品的毒性与其在水溶液中的绝对溶解度有关。一般有毒化学物在水中的溶解度越大，可造成水体污染物浓度越高，对水生生物的毒性也就越强。例如，砒霜（As_2O_3）在水中的溶解度是雄黄（As_2S_3）的 3 万多倍，因而毒性较后者大；又如氯气、二氧化硫易溶于水，能对水生生物迅速产生刺激作用，而二氧化氮水溶性较低，不易引起刺

激反应。但是对于麻醉型化学品而言，当其水溶性很差（小于 1×10^{-9}）或有很高的水溶性时，其生物活性都很低，因而对水生生物也就表现不出明显的毒性。因此，在设计更加安全的化学品时，应改变分子结构使其不溶于水，或者在水中的溶解度很大。例如，特戊醇在水中的溶解度比其异构体正戊醇在水中的溶解度高 98g/L，因而毒性要低得多；氨基丁酸比 2-氨基丙酸多一个甲基，在水中的溶解度比 2-氨基丙酸高 44g/L，对水生生物的安全性提高了很多。

辛醇-水分配系数（$\lg P$ 或 $\lg K_{ow}$）是指某化合物在正辛醇中的溶解度与其在水中的溶解度的比值，常用来描述物质的油溶性。分配系数的数值越大，有机物在有机相中溶解度越大，即在水中的溶解度越小。辛醇-水分配系数也可用于评价有机化学品对水生生物的物理性质。$\lg P$ 能通过实验轻易得到，QSAR 将 $\lg P$ 作为估计未知化学物毒性的重要参数。对于仅表现出麻醉型毒性的非离子有机化合物：$\lg P \leqslant 5$ 时，其致死性和慢性毒性均会随脂溶性呈指数增大（不包括染料、聚合物、表面活性剂）；$\lg P > 5$ 时，毒性随脂溶性呈指数减小，因此生物活性降低；$\lg P$ 在 5～8 之间时，长期接触这类非离子型有机化合物呈现慢性毒性；$\lg P \geqslant 8$ 时，长期接触也表现不出毒性，因为此时水溶性很差，化学品变得没有生物活性。

挥发性是另一种影响水生生物的因素，化学毒物的挥发性越大，其挥发到空气中的物质就越多，水中污染物的浓度会有所减小，危险性降低。但这种现象会造成空气污染，在大气循环的作用下，最终也会导致水体污染。

物质的相对分子质量和分子直径也会影响其对水生生物的毒性，一般来说，化合物的相对分子质量越大，其对水生生物的毒性就会减小。相对分子质量增大到 1000 后，基本上对水生生物不会造成影响，因为这么大的分子不能扩散通过水生生物的呼吸膜。化学物质对水生生物的毒性也会随其分子体积的增大而减小，这也是因为体积大的分子不易穿越生物膜系统。一般来说，相对分子质量大于 1000 的分子具有很大的体积，它们的横截面直径也较大，超过 1nm，如此巨大的直径导致这些分子不易于在水生生物各类膜系统，如细胞膜、线粒体膜等中扩散和穿越。因此这些大分子很难与生物相互作用，其水生生物毒性就很小。例如，天然酞菁染料（phthalocyanine dyes）的最小横截面直径大于 1nm，它对水生生物的致命毒性和慢毒性都很小。

酞菁

（三）化学性质的影响

物质的化学性质包括不稳定性、酸性、碱性、氧化性、还原性、解离度、络合性等。大部分外加化学物质能通过化学反应，影响水生生物正常的新陈代谢过程，给其生理活动带来很大负面效果，导致生物中毒。化学反应越强烈，化学品的毒性越大。

强酸和强碱能快速改变水体 pH 值，影响水生生物体中酶的活性，导致生长受损。在高 pH 值和极低 pH 值下，酶甚至会发生不可逆变性，即使恢复到先前水体的 pH 值，水生生物也不会复活再生。具有强氧化性或还原性的物质能与水生生物的蛋白质、核酸等发生氧化和还原反应，最终导致其丧失生理活性，严重危害水生生物的生存。

对于盐类化合物而言，解离度是另一种影响因素。一些盐类的正负离子之间相互作用很强，它们会以强离子对的形式存在，在水中解离度很小或不解离，导致其水溶性很低，对水生生物不起毒害作用。但也有一些强离子对，比如阴离子表面活性剂和阳离子表面活性剂，能在水中自分散。一般而言，阳离子表面活性剂对藻类物质的毒害作用比阴离子表面活性剂明显，这是因为藻类生物细胞壁带有负电荷，能通过静电引力吸附大量阳离子表面活性剂，而阳离子表面活性剂分子结构中的疏水尾链会插进藻细胞膜的磷脂双分子层，扰乱生物膜的通透性，导致生物细胞死亡。因此很多除藻剂都是使用季铵盐类、咪唑类等阳离子表面活性剂。特别需要指出的一种特殊离子，分子中同时含有正电荷基团和负电荷基团，称为两性离子（zwitterions）。如酸性蓝 I 号，就是两性离子物质，若不带疏水尾链结构，就不是表面活性剂，无法电离出自由的正负离子，分子对外显电中性，对水生生物的毒性最小。

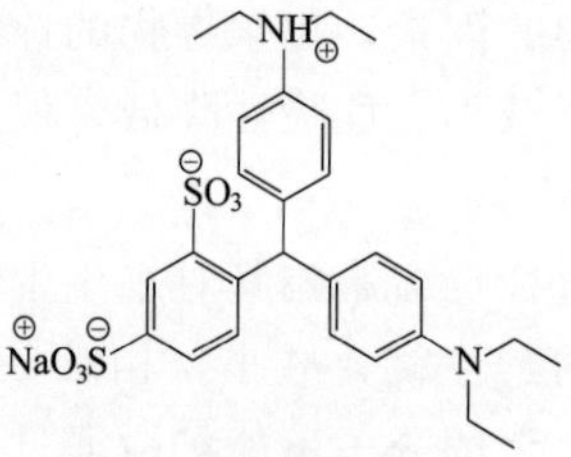

酸性蓝 I 号

有机物分子含有较多杂原子，如氮、氧、硫等，常常能与金属离子发生络合反应（chelation reaction）。杂原子具有供电子作用，能与金属离子之间形成多个共价键（如 Fe^{3+}、Cr^{3+}、Cu^{2+}、Zn^{2+}、Ca^{2+} 等）。例如含有氧和氮原子的配体与金属离子键合后，形成在热力学中张力最小、稳定性最强的五元环或六元环，最终形成平面环状或立体笼状结构。能发生络合作用的最常见化合物，如乙二胺四乙酸（EDTA），它能与绝大部分的金属离子发生等摩尔量的络合反应，形成对应的金属-EDTA 络合物，其立体构型如下：

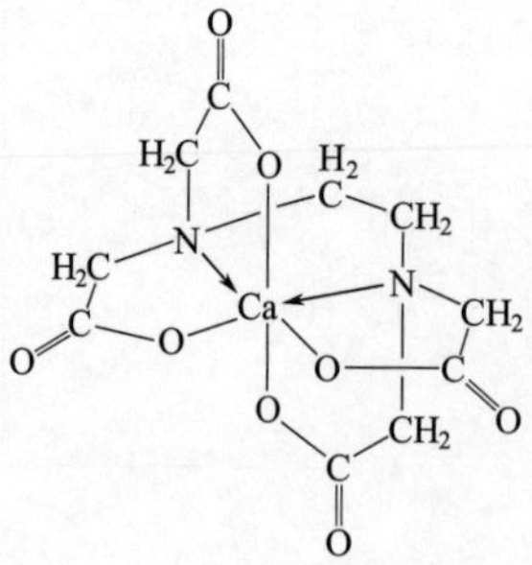

水藻的生长离不开金属离子，Fe^{3+}、Zn^{2+}、Ca^{2+} 等是某些蛋白质和酶的构成部分，若水体中有机物与上述金属发生络合反应，生成稳定的络合物，那么水藻将失去金属营养物质而无法正常生长。因此，将具有络合性的化合物释放到水体前，就需要先让其与金属离子络合，减轻其对水藻的毒害影响。

三、分子结构修饰降低对水生生物的毒性

（一）超额毒性

麻醉型化学药品与特征毒性型化学药品相比，后者对水生生物的毒性要高得多。特征毒性型化学药品有环氧化物、卤代烃、丙烯酸酯、醛类、酯类、二硝基苯等亲电性物质。如前所述，亲电性化学物质可与细胞内大分子中的亲核部位形成共价键，由于这些共价键的生成，使得细胞发生不能再复原的变化，因而引发不可逆的毒性。

所谓超额毒性（excess toxicity）是指特征毒性型物质表现出的超过由麻醉模型 QSAR 推测的毒性。但是麻醉型毒性的 QSAR 推测方法不适合于特征毒性型化学药品。因此在利用 QSAR 推测化学品毒性时，一定要注意 QSAR 方程的使用条件，否则就会出现错误。

如表 4-5 所示，一些物质的实际毒性与预测值之间差异很大。特别是一些可离子化的物质、含烯丙基的物质和炔丙基醇的物质显示出极大的超额毒性，如三炔丙基胺由 QSAR 预测为低毒性物质，但实验发现其毒性很强，真实值为预测值的 84 倍，这显然说明 QSAR 预测法不适合于特征毒性型的有机化学品。

表 4-5　一些物质的 LC_{50} 预测值与实测值的对比

物质	$\lg P$	$LC_{50}/(mg/L)$	
		预测	实测
3-氯-2-甲基丙烯	1.85	156	11
1,3-二氯-2-丙醇	0.2	11800	17
乙酸苯基乙二醇单乙醚酯	1.13	1480	22
烯丙基氯	0.65	4090	26
3-氯-1-丙醇	0.007	13700	81
乙二醇乙酸单甲酯	0.12	13000	69
氯化丙烯（1,2-环氧丙烷）	-0.27	6600	97
丙烯酰胺（acrylamide）	0.86	83000	80
烯丙基缩水甘油醚	-0.33	37600	480
环氧乙烷	-0.79	43800	490
烯丙基溴	1.59	390	>490
1-氯-2,3-环氧丙烷	-0.21	22700	990
烯丙醇	-0.25	15700	15700
季戊四醇烯丙醚	-1.6	1840000	18400
丙烯醛（acrolein）	0.1	6500	81000

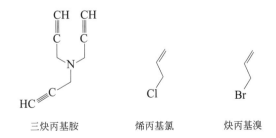

三炔丙基胺　　　　烯丙基氯　　　　炔丙基溴

（二）利用分子结构修饰减轻超额毒性

特征毒性型有机化学品对水生生物毒害的机理为亲电反应，就是化学品分子中含有的亲电基团与细胞内大分子中的亲核部位发生不可逆的化学反应，形成了共价键。我们在设计化

学品时可通过结构修饰从空间上阻碍这类化学反应的发生而降低化学品的特征毒性，即将毒性尽可能减小到只剩麻醉型。例如，在苯酚环上引入一个羧基后，其对水生生物的毒性极大降低，苯酚的不连续 96h 毒理实验中 LC_{50} 为 47mg/L，而羟基苯甲酸 LC_{50} 大于 1000mg/L。

苯酚
$LC_{50}=47$mg/L

羟基苯甲酸
$LC_{50}>1000$mg/L

在环状结构脂肪胺中引入多取代烷基，将氨基隐藏起来，其毒性仅为前者的 $\frac{1}{25}$，分子结构修饰的效果十分明显。又如，甲基丙烯酸羟乙酯，由于甲基位阻的存在，使其对水生生物的毒性比丙烯酸羟乙酯低了许多，但两种物质制备出的产品性能和商业用途相似，因此它是丙烯酸乙酯理想的绿色替代品（图 4-33）。

环状结构脂肪胺

$H_2C = C(CH_3)COOCH_2CH_2OH$
甲基丙烯酸羟乙酯
$LC_{50}=227$mg/L

$H_2C = CHCOOCH_2CH_2OH$
丙烯酸羟乙酯
$LC_{50}=4.8$mg/L

四、 设计对水生生物安全的化学品例子

染料、表面活性剂、有机金属化合物等化学品与人们的生活息息相关，这些化学品在使用完后绝大部分都被释放到外界环境中，如此众多的外来化学品直接进入水体，或经过雨水携带间接进入河流，势必会对水生生物造成重大影响。因此设计更加安全的化学品就显得尤为重要了。

（一） 各类染料的安全设计

染料是能使纤维和其他材料着色的物质，分为天然和合成两大类。一个中型印染厂每天排放的含有机染料废水可达数十吨，构成了危害河流的最大污染源。为此，关注染料设计和使用、强调环境保护已成为世界各国的重要任务，美国、欧洲、日本已建立了研究染料生态安全和毒理的机构，专门了解和研究染料对水生生物的影响。根据染料分子带电荷情况，有机染料分为中性染料（非离子型）、

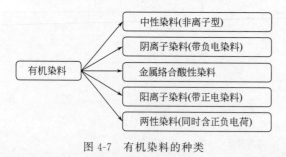

图 4-7 有机染料的种类

阴离子染料（带负电染料或酸性染料）、阳离子染料（带正电荷）和两性染料（分子中同时含有正电荷基团和负电荷基团）（图 4-7）。QSAR 能正确预测中性染料的毒性，对于带电荷染料（阴离子染料、阳离子染料及两性染料）误差很大，一般改用 SAR 方法预测，但相关

参数很难查到，所以毒理实验仍是最常用的手段。

1. 中性染料（nonionic dyes 或 neutral dyes）

不带电荷的中性染料和带电荷染料分子相比，前者的生物毒性最低。在设计更加安全的中性染料时，可以将中性染料分子设计成高 $\lg P$ 值和低水溶性的化学结构，此时物质的生物活性几乎为零，即使饱和接触和长期接触均不会有毒性。例如，分散染料作为一种典型的中性染料，通常被设计成水溶性极小的分子结构，因而对水生生物的毒害作用非常小。

为了使布料印染均匀清晰，需要增大中性染料的溶解度，那么可对染料分子进行重新设计，在其结构上添加极性无毒基团，比如氧化乙烯嵌段、醇基、甲氧基等。这些基团结合到中性染料分子上后，不仅提高了其在水中的溶解度，而且有助于增大其相对分子质量和分子横截面积。如前所述，当其相对分子量大于 1000，或最小横截面大于 1nm 时，这类化合物对水生生物的毒性可降至最低。

值得注意的是，由于染料都是有颜色的，在水中不可避免会吸收部分太阳光，因而影响藻类的光合作用。这一现象在高浓度染料废水中常常能够看到，并不认为是很严重的问题，随着染料的稀释和降解，藻类就会继续生长。

2. 阴离子染料（anionic dyes）

阴离子染料分子结构中常带有多个酸性基团（多数为磺酸钠盐，个别为羧酸盐），故又称酸性染料。如下为酸性蓝 80 和酸性蓝 260 的结构式。

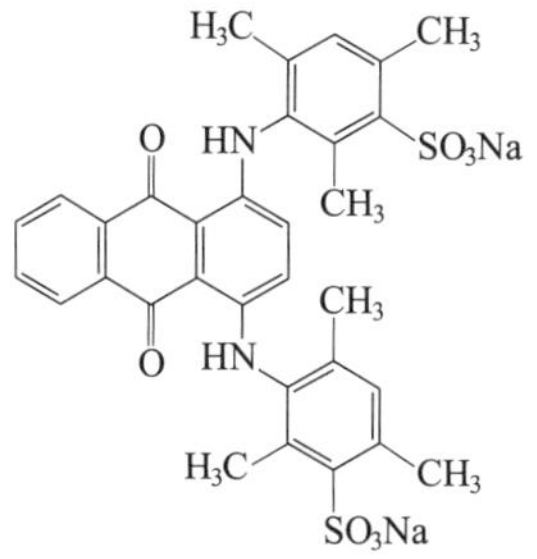

酸性蓝80 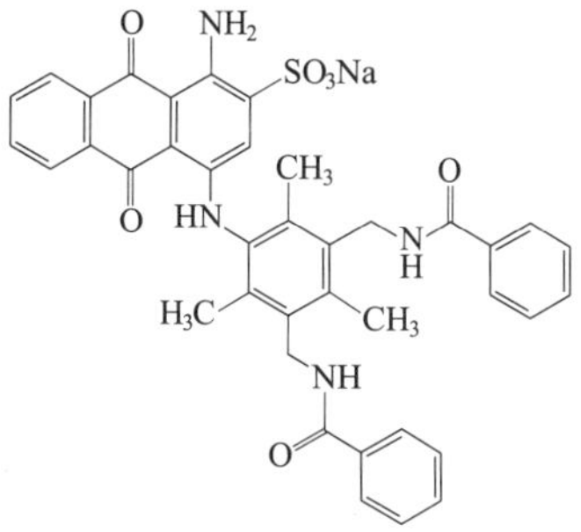　　　　　　　　　酸性蓝260

绝大部分酸性染料结构中都含有二硝基苯、蒽醌、萘酚。其相对分子质量较小时，对水生生物有一定毒害作用；当其与金属发生络合反应，相对分子质量大于 1000 后，表现出中等毒性。偶氮键是重要的发色官能团，含有偶氮键的阴离子染料仅仅具有中等毒性，特别是有大于三个酸基在分子结构中时，其在水中的溶解度很大，对鱼类等水生生物毒性超低。

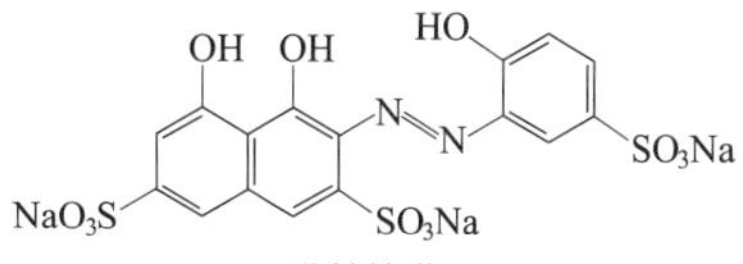

酸性铬蓝K

因此，设计酸性基团少于三个的酸性染料时，应首先考虑增大相对分子质量和横截面积，使其相对分子质量大于 1000，或最小横截面大于 1nm；若对相对分子质量有特殊要求，相对分子质量不能太大，则应多设计一些酸性基团，增加水溶性，减小毒性。

3. 金属络合酸性染料

酸性染料带有多个杂原子（氧和氮），具有较大的金属络合能力，这类染料与金属离子（铜、钴、铬、镍等）经过络合作用形成一类新型染料，具有水溶性好、其染色产品更耐晒或耐洗的特点。例如，直接耐晒翠蓝 GL 和酸性络合蓝 GGN 等。

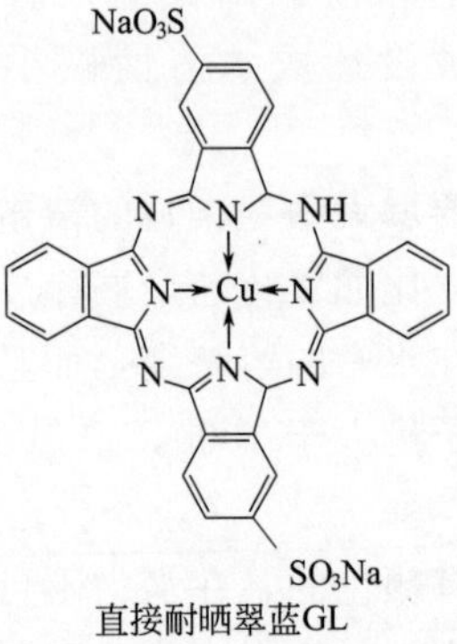

直接耐晒翠蓝GL

金属染料中通常含有未络合的金属，这些金属如铝、铬、钴等对水生生物是有毒的。因此在设计更安全的染料时，需考虑两个因素，一是尽可能增大相对分子质量至 1000 以上；二是多使用铁、锌、铜等毒性较小的金属，而不使用铬、钴、铝等对水生生物毒性较大的金属，并加大染料比例，使所有金属离子都能被络合，避免危害水生生物环境。

4. 阳离子染料（cationic dyes）

阳离子染料可溶于水，在水溶液中电离，生成带正电荷的有色离子。阳离子染料带有一个或多个正电荷，正电荷可以在分子结构中的碳、氮、氧、硫等原子上，但一些阳离子染料上的正电荷并不定域在某一个原子上而是与其他杂原子（氮、硫、氧等）形成了共轭体系，这类染料称为离域化阳离子染料。与之相对应，一个或几个正电荷集中在确定原子上的染料被称为定域化阳离子染料。

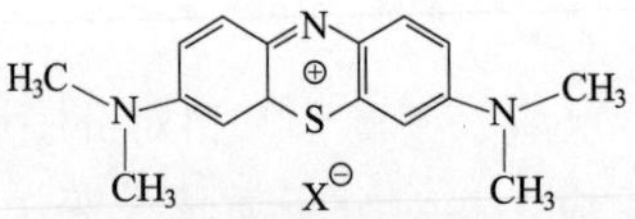

离域化阳离子染料

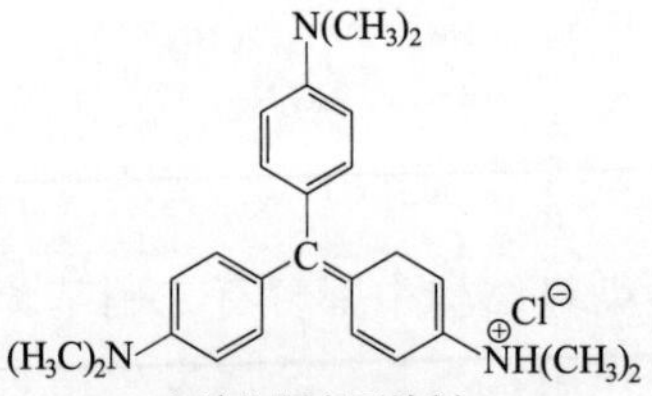

定域化阳离子染料

阳离子染料与阳离子表面活性剂类似，能优先被带负电荷的细胞壁吸附，从而对水生生物造成极大的毒性。定域化阳离子染料分子中的疏水部分，如苯环等，会导致细胞膜中的磷脂双分子层瓦解，破坏水生生物膜的生理功能，此外还能通过膜内吞作用被细胞吸收而引发内中毒。离域化的阳离子染料对水生生物的表面毒性要低一些，主要是内中毒而不是生物膜功能瓦解。相对分子质量大于 1000 的离域化阳离子染料不易被水生生物吸收，表现出的毒性比相对分子质量小的阳离子染料低。此外，在含氮的离域化阳离子染料分子中，如果氮原子参与了离域化过程，那么氮原子上的取代基的数量和种类对整个分子毒性影响很大，取代基数量越多，供电子特性越强，则染料的生物毒性越大。

因此设计更加安全的离域化阳离子染料的最佳方法是增大其相对分子质量，使其大于

1000；另外一种方法是减少氮原子上的取代基数量，即保证氮原子尽可能以伯胺形式出现。

对于定域化阳离子染料而言，影响其毒性的关键因素就是正电荷数量。带一个正电荷的阳离子染料的毒性比带两个正电荷的阳离子染料低，带两个正电荷的染料的毒性又比带三个正电荷的染料低，以此类推。原因是定域化阳离子染料与水生生物发生作用时，仍然是首先通过静电吸引结合在细胞膜的表面，正电荷越多，静电吸引力越强，对水生生物生理活性影响越大。由于阳离子染料的电荷数量直接决定着它们染品的质量，因此减少正电荷的方法并不适用。目前设计更安全定域化阳离子染料的途径是增大其相对分子质量，降低水生生物内中毒的影响。

5. 两性染料（amphoteric dyes）

两性染料分子结构中同时含有带正电和负电的基团，对外既能表现出酸性染料的行为，又可以表现出碱性染料的行为，如下所示。

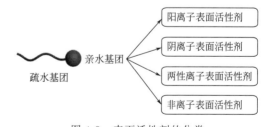

两性染料对水生生物的毒性与其正负离子数量比有关，分子结构中正电荷数越多，则其与细胞膜表面的静电吸引作用越强，显示的毒性越高；反之负电荷占多数时，毒性较弱。例如，在两性染料分子中加入一个磺酸基可有效降低其对水生生物的毒害影响。

在设计对水生生物更加安全的两性染料化学品时，可利用以下方法：

① 负电荷基团的数量多于正电荷基团，使两性染料对外性能更类似于低毒性的酸性染料；

② 负电荷基团优先使用毒性小的磺酸基团，尽可能少加入高毒性的羧酸基团；

③ 增大相对分子质量，大于1000，使染料分子无法被水生生物吸收；

④ 增大染料分子的最小横截面直径，大于1nm，使其无法通过细胞膜，降低毒害作用。

（二）各类表面活性剂的安全设计

表面活性剂（surfactant）是指加入少量能使其溶液体系的界面状态发生明显变化的物质。表面活性剂的分子结构为一端亲水基团，另一端疏水基团，具有两亲性能，在溶液的界面上能定向排列。亲水基团常为极性基团，如羧酸、磺酸、硫酸、氨基及其盐，羟基、酰氨基、醚键等也可作为极性亲水基团；而疏水基团常为非极性烃链，如八个碳原子以上的烃链。表面活性剂的分类方法有很多种，根据表面活性剂

疏水基团　亲水基团

- 阳离子表面活性剂
- 阴离子表面活性剂
- 两性离子表面活性剂
- 非离子表面活性剂

图 4-8 表面活性剂的分类

的来源进行分类，通常把表面活性剂分为合成表面活性剂、天然表面活性剂和生物表面活性剂三大类；按亲水基生成的离子类型可将表面活性剂分为四类：阳离子型、阴离子型、两性离子型和非离子型（图 4-8）。后者是人们经常使用的分类方法。

　　表面活性剂具有的双亲性能，使其具有分散、润湿、渗透、增溶、乳化、起泡、润滑、杀菌等防腐、抗静电等一系列物理化学作用及相应的实际应用，成为一类灵活多样、用途广泛的精细化工产品，有"工业味精"之美称。作为一种重要的化工产品，表面活性剂的应用范围不断拓展，消耗量也日趋增大。在使用过程中，大量含表面活性剂的废水不可避免地排入了水体、土壤等环境中，随之而来的环境污染问题也越来越严重，特别是表面活性剂在水体中的大量存在会影响整个水生生态系统。

　　具有双亲性的表面活性剂会破坏生物膜的界面，会对水生植物和水生动物造成极大危害。

　　（1）表面活性剂对水生植物的影响

　　表面活性剂对水生植物的损伤程度与其浓度有关，当水体中表面活性剂含量稍高时会影响水体中的藻类和其他微生物的生长，导致水体的初级生产力下降，从而破坏水体中水生生物的食物链。植物在被表面活性剂污染的环境中，POD（过氧化物酶）是起主导作用的保护酶，它通过增加植物组织的木质化程度，使细胞的通透性降低等方式来保护细胞，但当植物处于逆境中并超过生物体内在的防御能力时，就会发生损伤。表面活性剂引起的急性毒性最终会导致植物细胞膜的通透性增加，胞内物质外渗，细胞结构逐渐解体，SOD（超氧化物歧化酶）、CAT（过氧化氢酶）、POD 活性降低及叶绿素含量下降。

　　（2）表面活性剂对水生动物的影响

　　人们对表面活性剂危害的最初认识就是来自其对河流湖泊中的水生动物的危害。表面活性剂主要通过动物取食、皮肤渗透等方式进入动物体内，当表面活性剂的浓度过高时，可以进入鳃、血液、肾、胆囊和肝胰腺，并对它们产生毒性影响。

　　鱼类十分容易通过体表和鳃吸收表面活性剂，随着血液循环分布到体内各组织和器官。鱼类经表面活性剂染毒后，大多数的血清转氨酶和碱性酸磷酶的活力升高，表明表面活性剂对鱼类的胆囊和肝胰腺产生了不良影响。家用洗涤剂在远低于日常使用量的浓度下就会对鱼类有急性毒性，损伤程度与其受毒时间成正比，并且家用洗涤剂溶液存放一段时间后对鱼类的急性毒性作用无明显降低，因此很多学者认为含有大量家用洗涤剂的生活污水排放到自然水体中后将对水生动物产生持续的有害影响。遭受污染的鱼类通过食物链进入人体，对人体内各种酶产生抑制作用，影响肝脏和消化系统，降低人体对疾病的抵抗能力。

　　针对表面活性剂如此大的危害，在设计对水生生物更安全的表面活性剂时，不仅要求设计出的表面活性剂性能要达到使用要求，还要满足在水中容易降解和对水生生物无毒的双重要求。为了增大生物降解性能，就要向分子结构中引入可生物降解的基团，以便表面活性剂在完成使用功能后，不会在自然界中保持很长时间，能快速被周围生物降解，并且降解产物对水生生物无毒害作用。

　　迄今为止，对水生生物更加安全的表面活性剂设计的发展在历史上出现了两次转变，第一次是在全球范围内兴起从支链烷基苯磺酸盐到直链烷基苯磺酸盐的转变；第二次是在欧洲兴起的用酯季铵盐取代双长链的季铵盐表面活性剂。

　　从 20 世纪 40 年代开始，人们就用四丙基苯磺酸盐（TPBS）表面活性剂代替肥皂作为日用洗衣粉中的表面活性剂。TPBS 可由烷基部分与苯通过一步傅克烷基化反应，然后再磺化制得，是一种洗涤更有效、成本更低的化学品，所以 TPBS 被广泛使用，并被大量排入水体。使用这类化学品后，立即引发了一系列的环境问题，环境中没有微生物可以降解 TPBS 分子结构中的带支链的烷基链，因此水体中 TPBS 的浓度越积越高，以致对水生生物和人类都造成极大的危害。在不降低洗涤效果的前提下，科学家们制备出了直链烷基磺酸盐来代替TPBS。因为自然界中很多细菌都有降解直链烷基的能力，因此直链烷基磺酸盐在环境中很快就能降解，在水体中的浓度不会太高，对水生生物基本没有影响。

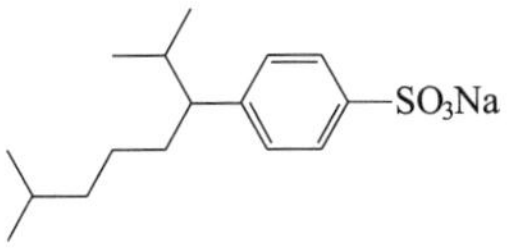

TPBS 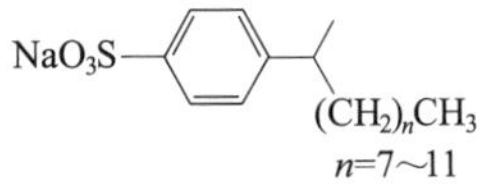　　　　　　　　　　　　TPBS替代物

综上所述，我们在设计化学品时可使其相对分子质量<200且$\lg P<2$，或者$\lg P>8$而不管其相对分子质量，就可获得对水生生物无毒的化学品。要降低$\lg P$，可在分子中引入极性基团如羧基、醇羟基或其他水溶性基团；另外，也可通过引入亲脂性（疏水性 hydrophobic）基团如卤素、芳环、烷基等以增大$\lg P$。

50多年前，科学家发现在简单的季铵化合物（quaternary ammonium compounds, QACs）上引入长链烷基后，即阳离子表面活性剂，其对生物的危害性大为降低，自此，QACs类表面活性剂受到高度重视。目前QACs类杀虫剂和织物柔软剂使用最多，另外，QACs还用于工业，如纺织品加工过程中的印染、铺路、油井勘探、矿物浮选等。据统计，市场上用的QACs有一半以上由三类季铵盐表面活性剂组成，每一类均由二烷基季铵盐化合物组成，即带有一个亲水季铵盐头基和两条长长的疏水烷基尾链（通常含10~20个碳）。这三类季铵盐表面活性剂结构式如下所示。

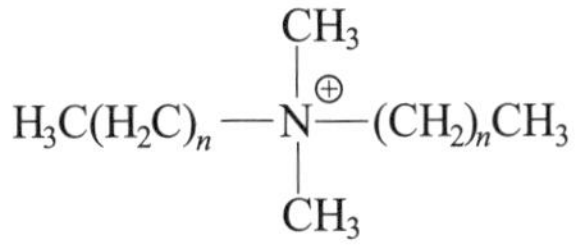

二烷基二甲铵盐

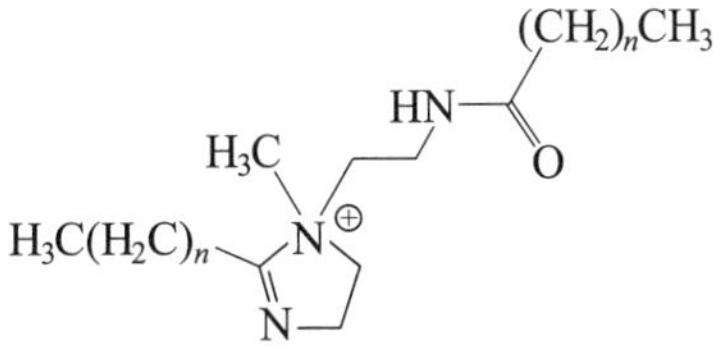

咪唑季铵盐

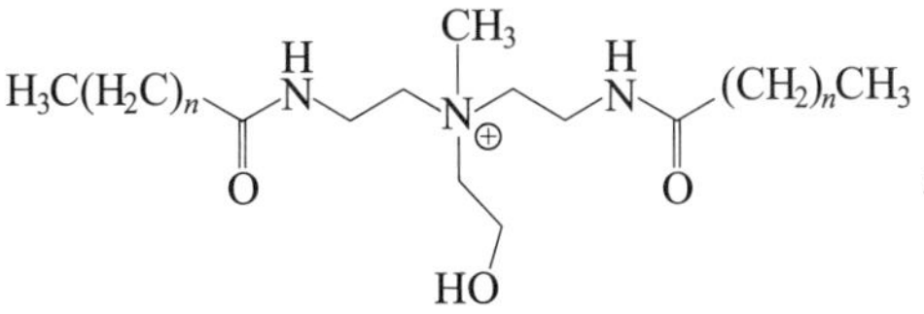

羟乙基乙铵鎓季铵盐

QACs使用后大都要排向市政排污处理系统。直到最近，市场上销售的织物柔软剂主要还是二烷基二甲铵盐类QACs化合物。二烷基二甲铵盐类QACs化合物由于在水环境中降解速率很慢，又有较大生态毒性，其使用受到限制。目前新型环境友好型QACs如咪唑季铵盐和羟乙基乙胺鎓季铵盐开始取代前面的二烷基二甲铵盐类产品。研究发现，新型QACs用作柔软剂后，不仅从废水中去除它的费用会降低，而且新化合物中由于引入了新的化学键类型，形成了可水解的酰胺键，因而生物降解速率更快。由此可以看出，通过改变分子结构

进行合理的分子设计，可以获得更加安全的表面活性剂。此外，在上述羟乙基乙铵鎓季铵盐的基础上，将酰胺键改为酯键，则可得到另一种更易降解的化合物，用于织物整理剂，效果良好，并且生物降解性更好，对水生生物毒性十分小，其结构式如下所示：

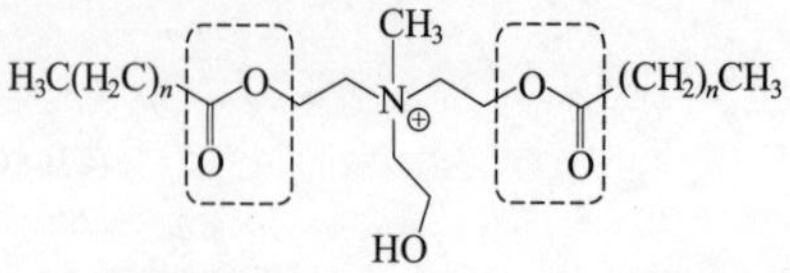

$$H_3C(H_2C)_n—C(=O)—O—CH_2CH_2—N^+(CH_3)(CH_2CH_2OH)—CH_2CH_2—O—C(=O)—(CH_2)_nCH_3 \qquad n=10\sim16$$

第五节　绿色化学产品的例子

生产环境友好的绿色产品是清洁生产大环境的重要组成内容。绿色化学产品就是根据绿色化学的新观念、新技术和新方法，采用环境友好的生态材料，研究开发无公害的传统化学用品的替代品，合成更安全的化学品，实现人类和自然环境的和谐与协调。精细化学品的绿色化早已是人们追求的目标，从有机氯杀虫剂到有机磷杀虫剂、有机氮杀虫剂，直至生物源杀虫剂，农药更新换代的发展史就是一个典型例子。此外，绿色涂料、绿色表面活性剂、绿色活性染料、绿色可降解聚合物及绿色助剂等也正在发展。

一、绿色农药

绿色农药是指对病菌、害虫高效，而对人畜、害虫天敌、农作物安全，并在环境中易分解，在农作物中低残留或无残留的农药。

（一）超高效低毒化学农药

所谓超高效低毒化学农药，就是指新开发的农药对靶标的生物活性高（施用量仅 $10\sim100g/hm^2$），且对人畜基本上无毒，对害虫天敌和益虫无害，易在自然界中降解，无残留或低残留的化学农药。化学农药的毒性及其对环境的污染，早在 20 世纪 70 年代就引起了世界特别是发达国家的重视，如美国在 1972 年就停止生产和使用 DDT 等毒性大、残留高的化学农药；我国则在 1983 年才开始禁止生产和使用有机氯农药；此后，"十五"计划中又做出彻底减小甲胺磷等高毒有机磷杀虫剂产量的决定。但是，由于化学农药具有见效快、能耗低及容易大规模生产等特点，至今仍是防治病虫害的主要手段。据专家预测，21 世纪 50 年代以前，化学合成农药仍将是农药的主体，所以，超高效、低毒害、无污染的农药就成为目前绿色农药的主攻方向之一。在化学农药的发展中，杂环化合物已是新农药发展的主流，从世界农药的专利来看，大约有 90% 的农药为杂环化合物，其重要的原因是杂环化合物中的超高效农药很多。有些超高效的农药用量仅为 $10\sim100g/hm^2$，使用这样的农药，不但成本低，而且更重要的是对环境的影响会降低到很小的程度。此外，杂环化合物还具有另一个特点，即大多数的杂环化合物新农药对温血动物的毒性小，对鱼类的毒性也很低。

杂环化合物中不但出现了超高效的除草剂、杀菌剂，而且还出现了杀虫剂，这给农药的发展带来了极其广阔的发展前景。例如，Rohm＆Haas 公司开发的杀虫剂 Confirm TM，能有效和有选择性地控制农业上主要的鳞翅目害虫，而不会对使用者、消费者和生态环境产生明显的有害影响。又如，Dow 化学公司发展了大环内酯类化合物 spinosad（多杀菌素）这种高选择性、对环境友好的杀虫剂，它是两种分子的混合物（A 和 D），两者的区别仅在于一个甲基基团。已经证实它对控制多种害虫有效，而且不影响益虫和马蜂，对哺乳动物和鸟类具有低毒性，在环境中不积累、不挥发，已经被美国环保局作为减小危害的农药来推广。再如，白蚁对于许多家庭和建筑物来说是一大危害，美国每年约有 150 万个家庭要遭受白蚁群的侵扰，处置白蚁的费用高达 15 亿美元。传统的方法是喷洒大量的杀虫剂，这既危害人体健康，又难以奏效。Dow 农业科学公司与 Florida 大学的 Su 博士合作开发出了一种苯甲酰脲类白蚁杀虫剂 hexaflumuron（除虫脲），它能抑制白蚁外壳甲壳质的合成，使白蚁蜕皮时不能生成新的外壳骨架而死去。hexaflumuron 对人畜安全，是 EPA 注册的第一个无公害的杀虫剂，在美国已有 30 多万座建筑物采用这种杀虫剂。

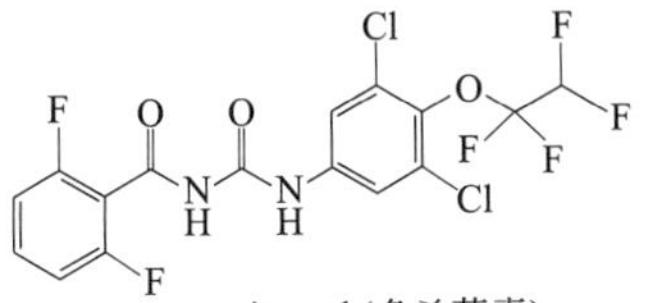

spinosad (多杀菌素)

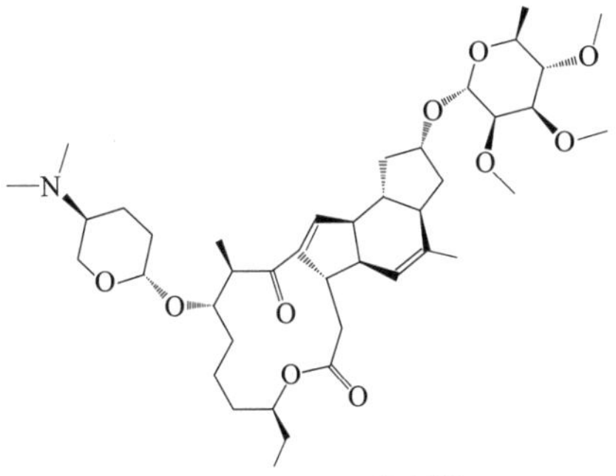

hexaflumuron (除虫脲)

（二） 生物源农药

生物源农药是指来源于生物，对特定的病虫草害具有控制特效，而对公众安全性极高的天然农药。生物源农药在自然生态环境中广泛存在，资源丰富，绝大多数无毒副作用，不破坏生态环境，残留少，选择性强，不杀伤害虫天敌。据统计，到 1995 年，生物防治产品被列于参考清单上的已超过 500 种，其中 170 种以上具有生物活性，约 45 个生物农药被美国环保局注册。根据生物源农药的来源其大致可分为植物农药、微生物农药和抗生素等。中国是生物源农药生产和使用大国，据统计，到 2012 年底，我国正式生产生物源农药的品种达 70 多种，生产企业 200 多家，制剂产量接近 20 万吨，使用面积约 4 亿亩。然而，到目前为止，尽管生物农药在某些作物害虫的防治上已取得了成功（如以苏云金杆菌为主体的害虫防治产品），但还没有成为农药市场上的主角，仅成功地应用于专业市场、小范围农业和园艺等方面。例如，2011 年世界农药市场销售额近 470 亿美元，而生物农药（不包括转基因作物）只有 13 亿美元，仅占 2.7％。但人们已逐渐认识到生物农药是保护作物器官的重要绿色农药，随着使用生物农药所积累的知识、经验与筛选和开发新产品相结合，生物农药将越来越重要。例如，Messenger 是 EDEN 生物科学公司开发出的一种农用化学品，一种无毒的天然蛋白质。它在一种以水为基础的发酵体系中产生，不用有毒的试剂和溶剂，只需要温和的能量输入，不产生任何有害的化学废物。当它用于农作物时，能激活植物的生长系统，促进光合作用和营养成分的吸收，不改变植物的 DNA，使作物的产量提高，质量更好。同时，它能引发植物的天然保护体系抵御病虫害，已由 40 多种作物试验表明它可以使作物有效地抵御众多的病毒、霉菌和细菌的侵害，而对哺乳动物、鸟、蜜蜂、水中生物则没有不利的影响。Messenger 同大多数蛋白质一样，可由 UV 和微生物快速降解，不会生物聚集或污染地表水和地下水源。Messenger 在 2000 年 4 月经美国环保局（EPA）批准正式使用。使用这种新农用化学品，使种植者们可以不依赖传统的农用化学品而得到高产优质的农作物。

二、绿色涂料

大部分合成涂料一般都含有大量有机溶剂和有一定毒性的颜料、填料及分子助剂，在生产与使用中产生"三废"，造成环境污染，影响人类健康。因此，为减少污染、提高涂料性能，绿色涂料的应用和开发研究就成为当前涂料工业的主要课题。涂料对大气的污染主要是指涂料在生产或使用过程中所产生的挥发性物质造成的污染即 VOC（volatile organic compound），这些物质是大气的主要污染源之一，有机溶剂挥发到大气中所造成的污染称为一次污染；涂料中的 VOC 排入大气后，还可以与空气中的 NO_2 作用，产生光化学烟雾，形成大气的二次污染，对人体造成更大程度的损害。因此，控制 VOC 的排放越来越受到世界各国的重视。美国于 1960 年最早实施了限制涂料溶剂用量的"66 法规"。自此以后，国外对涂料中溶剂用量的限定也越来越严格，近 10 多年来，低 VOC 的涂料品种都得到了发展，所占比例日益增加。这些绿色涂料包括水性涂料、高固体份涂料、粉末涂料和液体无溶剂涂料等。

（一）水性涂料

水稀释性涂料是指后乳化乳液为成膜物配制的涂料。使溶剂型树脂溶在有机溶剂中，然后在乳化剂的帮助下靠强烈的机械搅拌使树脂分散在水中形成乳液，该乳液称为后乳化乳液，制成的涂料在施工中可用水来稀释。水性涂料包括水溶型、水分散型、乳胶型等。近二十年来，水性涂料在一般工业涂装领域的应用已扩大，已经替代了不少常用的溶剂型涂料，预计水性涂料可用作金属防腐涂料、装饰性涂料、木器涂料。目前，世界上绝大多数的涂料企业在从事水性涂料的研究、开发和生产水性无机富锌涂料、水性聚氨酯涂料。

（二）高固体份涂料

高固体份涂料简称 HSC（high solid coat）。随着环境保护法的进一步强化和涂料制造技术的提高，高固体份涂料（HSC）应运而生。一般固体份在 $65\%\sim85\%$ 的涂料均可称为 HSC。HSC 发展到极点就是无溶剂涂料（无溶剂涂料又称活性溶剂涂料），如近几年迅速崛起的聚脲弹性体涂料就是此类涂料的代表。与固体份涂料（$45\%\sim55\%$，以质量比计）的传统涂料相比，高固体份涂料的固体分不小于 65%，这种涂料固体份高，涂膜丰富，可减少 VOC，并且利用现有设备即可制造和施工，储存和运输也很方便。工业上用的高固体份涂料品种主要有环氧、不饱和聚酯双组分聚氨酯、氨基醇酸系列等，主要应用于钢制家具、家用电器、机械、汽车零件等。

（三）粉末涂料

粉末涂料是一种不含溶剂、100％固体粉末状涂料。与其他传统涂料相比，有以下优点：①不含有机溶剂，为100％成膜物，其能耗较水性涂料和高固体份涂料都低；②可回收利用用过的喷涂粉末，提高了涂料的利用率；③可一次涂膜较厚（底面合一或厚涂），减少了工序，具有更优异的防腐、耐候、抗冲击性能。粉末涂料以年均增长率高于10％的速度飞速发展，它可分为热塑性粉末涂料（PE）、热固性粉末涂料、建筑粉末涂料3种。目前工业上广泛使用的热固性粉末涂料主要有环氧、环氧/聚酯、聚酯/聚氨酯、丙烯酸、聚酯/TGIC等，适用于管道铸件、装饰、金属构件、家用电器、汽车面漆等方面。

（四）液体无溶剂涂料

不含有机溶剂的液体无溶剂涂料有双液型（双包装）、能量束固化型等。双液型涂料以涂装前低黏度树脂和硬化剂混合，涂装后固化的类型为代表，其中低黏度树脂可为含羟基的聚酯树脂、丙烯酸酯树脂等，固化剂通常为异氰酸酯。能量束固化型涂料的树脂中含有双键等反应性基团，在紫外线等的辐射下，可在短时间内固化成膜，常用的树脂包括聚酯丙烯酸酯体系、环氧丙烯酸酯体系、聚氨酯丙烯酸酯体系等。液体无溶剂涂料的最新研究动向是：开发单液（单包装）型，且可用于普通刷涂、喷涂工艺的液体无溶剂涂料（薄涂型）。

三、绿色表面活性剂

表面活性剂作为精细化工领域的支柱产业，在国民经济中具有重要的作用，并且其发展水平已被视为各国高新化工技术产业的重要标志，并成为当今世界化学工业激烈竞争的焦点。但表面活性剂在生产和使用的过程中对人体及环境生态系统造成了严重的危害。为了满足人们日益增强的保健需求，确保人类生存环境的可持续发展，开发对人体尽可能无毒无害及对生态环境无污染的绿色表面活性剂势在必行。

绿色表面活性剂是指由天然或再生资源加工的，对人体刺激性小和易于生物降解的表面活性剂。目前对其研究主要表现在以下两个方面。

首先，高分子表面活性剂的研究。其研究对象主要包括聚葡萄糖、聚烷基葡萄糖、聚甘油、不饱和羧酸、不饱和酰胺合成的高分子表面活性剂。而对缔合性聚合物、膜性聚合物的进一步研究，将有可能制备出性能更加优良的高分子表面活性剂。同时，随之出现的新的乳液类型，如悬浮性乳液、胶态基质乳液等，其应用范围不断深化和扩大，如消毒剂在各行业的应用越来越广泛，对消毒剂的性能要求也越来越高，许多危害较大的消毒剂将退出市场，从而被毒性低、性能温和、比较安全、与环境相容性好、具有较强抗菌性的表面活性剂组成的消毒剂所取代。

其次，生物表面活性剂的研究。生物表面活性剂是微生物在一定条件下培养时，在其代谢过程中分泌出的具有一定表面活性的代谢产物，如糖脂、多糖脂、脂肽或中性类脂衍生物等。目前常见的生物表面活性剂有纤维二糖脂、鼠李糖脂、槐糖脂、海藻糖二脂、海藻糖四脂、表面活性蛋白等。随着社会的进步、科学的发展，人们对各种表面活性剂的要求越来越高，不仅要求其具有优良的化学性质，而且还要求其对人体、牲畜尽可能无毒无害，对人类赖以生存的环境无污染，其排放物能很快被生物降解等。而生物表面活性剂便可以满足这些要求，同时生物表面活性剂的生产过程也可以是一个环境净化、废物利用、变废为宝的过程。但开发生物表面活性剂不仅要考虑其生产技术的可行性，同时还要考虑市场价格这个重要因素，因此在功能特性和经济方面，生物表面活性剂与化学合成的表面活性剂将会产生激烈的竞争。例如，在要求产品具有较高表面活性的同时，还要求合成产品的原料生物降解性好、低毒、无刺激，并能采用再生资源进行清洁生产，这是 20 世纪 80 年代以来化工界追求的目标，其中最典型的产品如烷基葡萄糖酰胺（MEGA），其分子式如下所示。

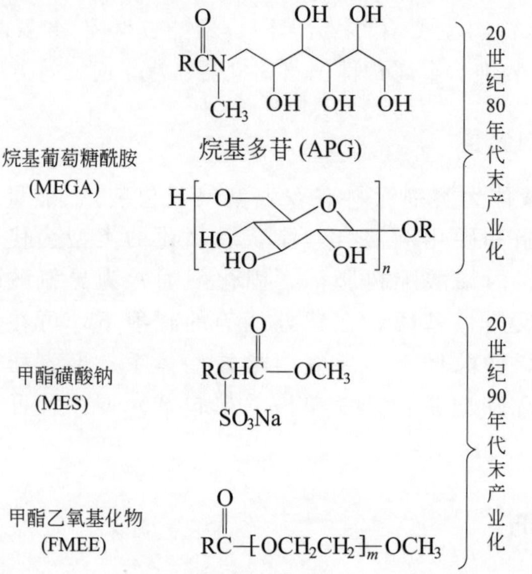

烷基葡萄糖酰胺
(MEGA)

烷基多苷 (APG)

20 世纪 80 年代末产业化

甲酯磺酸钠
(MES)

$RCHC-OCH_3$

SO_3Na

甲酯乙氧基化物
(FMEE)

$RC-[OCH_2CH_2]_m-OCH_3$

20 世纪 90 年代末产业化

四、 绿色活性染料

　　活性染料是 ICI 在 20 世纪 50 年代中期发现并商业化用于棉织品的染色剂。其分子特征是提供颜色的生色团连在一个活性基团上，后者是亲电的，可与纤维素反应，从而使生色团与纤维素以共价键连接。这种染料溶于水，在水中使染料和纤维素形成共价键。在棉织品染色时通常需加盐使染料固着在纤维上，加碱引发纤维素亲核部分与染料亲电部分的反应。随着水中 pH 值升高，染料亲电试剂会发生水解，产生的染料不能连接在底物上，而排放到废液中，从而造成环境问题。目前商业用的活性染料都不能避免水解问题，但由于其易于使用，不褪色，具有光泽及宽范围的色调，活性染料在纤维素市场大量使用。1995 年 Dystar UK 公司提出了发展新型活性染料的计划，1999 年开发出来新的活性染料即普施安 XL$^+$ 染料并将其商业化。它的优越性表现在首先使整个染色过程缩短，将洗净和染色合为一个步骤，整个染色过程所需时间还不到过去的一半，使染色的生产率成倍提高。此外，这一体系的染色持久，其重现性接近 100%，排除了重新染色所造成的对环境不利的因素。传统的棉织品染成深红色或酒红色需要偶氮染料，这一过程涉及了在棉纤维中需合成偶氮染料生色团，而这一过程效率极低，且对环境不利。普施安 XL$^+$ 染料不需偶氮染料就可得到深红色，它将逐步取代传统的偶氮染料。它对钙离子和镁离子表现出强的耐受水平，因而过程中不需要螯合剂，后者最终也会排放到废液中。它达到了所有的染料安全标准，减少了对环境的一些可见与不可见的影响，使环境受益。这一工作获得了 2000 年英国绿色化学奖。

五、 绿色制冷剂

氟里昂制冷剂是人工合成化合物，由溴、氟、氯等元素取代烃中氢原子，形成稳定结构，如甲烷的卤族衍生物 R_{11}（CFC-11）即 $CFCl_3$，R_{12}（CFC-12）即 $CFCl_2$。当制冷系统破裂、渗漏或更换、清洗时有可能造成制冷剂外漏，使 CFCs 物质进入大气，在紫外线照射及高温条件下，分解为溴、氟、氯、碳等自由基，破坏臭氧层，使紫外线直接照射到地球的量大幅度增长，对人体健康及生态环境造成破坏。为此，世界各国制定了多种方案以淘汰破坏臭氧层的物质。目前对氟里昂制冷剂替代品的研究不断深入，发展了一些替代物。CFCs 的主要替代品为氢碳氟化物（HFCs）和氯碳氟化物（HCFCs）。比如，HFC-134a（CF_3CFH_2）是在家庭制冷设备和空调设备中使用的 CFC-12（CF_2Cl_2）的一种替代品；HCFC-22（CHF_2Cl）在工业制冷装置中用来替代 CFC-12；HCFC-141b（$CFCl_2CH_3$）在发泡工艺中代替 CFC-11。HCFs 与 HCFCs 均易挥发，不溶于水，随着它们被释放到周围环境中，这些化合物将滞留在大气中，并被氧化成各种可降解产物。具有商业价值的，HFCs 和 HCFCs 的大气化学行为已经得到证实，HFCs 是臭氧友好物质，而 HCFCs 存在不容忽视的臭氧减少可能性。二者引起的全球热效应的可能性比它们所替代的 CFCs 所造成的全球热效应大约要小一个数量级。HCFs 和 HCFCs 的大气降解作用所产生的各种产物都是无毒的，这些产物在大气中的浓度都非常低。目前认为这些浓度极低的化合物不会对环境产生不良影响，所有产物的最终消除过程是渗入雨、海、云的水中并发生水解，对环境是友好的。另外，恢复采用天然制冷剂的呼声日渐增高，这些天然制冷剂包括水、空气、氨、氩气、碳氧化合物等。

六、 绿色可降解聚合物

可降解塑料是一类具有降解功能的新材料，主要包括光降解塑料、生物降解塑料以及光-生物联合降解塑料。全世界石化工业每年生产的塑料多达数千万吨，其中部分用作低值易耗的各种包装材料。就我国而言，每年消耗的化工基塑料在 2000 万吨以上，其中包装用塑料达 500 万吨，仅一次性快餐盒（碗）消费量达 200 亿只以上。这些包装材料不仅难以循环再利用，在自然界中降解也十分缓慢，需要 200～400 年才能完全降解，这不仅消耗了大量的石油，也造成了严重的污染，对生态环境和人类未来生存环境构成很大的潜在危害。解决这一问题的有效措施之一就是利用生物质生产可降解的绿色塑料。

用生物质发酵生产的聚羟基烷酸酯（PHAs）除具有高分子化合物的基本性能外，还具有生物可降解性和生物可相容性，如果用它制作各种材料，可大大减少废物对环境的污染。而在这方面被认为最具工业化前景的是聚羟基丁酸酯（PHB）和聚羟基戊酸酯（PHV），这两者还可以合成共聚物（PHBV）——合成聚酯，值得注意的是两者在合成聚酯中的比例不同，其合成的聚酯的性能也不同。因此，在合成过程中可以通过对这个比例进行调控，让其性能满足不同的要求。所以 PHBV 具有更优异的性能和更广阔的应用领域。

在意大利、加拿大等国，PE 光降解膜已用于地膜、食品袋，PP 光降解膜已用作甜食包装等。中国科学院上海有机化学研究所研制了长链烷基二茂铁衍生物、胺烷基二茂铁衍生物两个系列光敏剂，超薄光解地膜已试生产。

我国对可降解塑料的研究十分重视，在国家和地方"九五"重点科技攻关及"863 计划"中，就将可完全降解塑料羟基丁酸酯和羟基戊酸酯共聚物（PHBV）、聚羟基烷酸酯（PHAs）、聚乳酸（PLA）、聚己内酯（PCL）等的研究开发项目列入其中，且已取得了可喜的成果。据悉，中国科学院微生物所研究开发的淀粉糖加丙酸发酵生产羟基丁酸酯与羟基戊酸酯共聚物获得成功，标志着我国在生物降解塑料领域的研究达到了国际先进水平。

◆ 参考文献 ◆

[1] 刘永杰，沈晋良，马海芹. 酰基肼类杀虫剂毒理机制与抗药性研究进展 [J]. 山东农业大学学报(自然科学版)，2004，35(4)：629-632.

[2] 陈建明，左景行，俞晓平，等. 新型微生物杀虫剂-Spinosad(多杀菌素) 的毒理学研究进展 [J]. 浙江农业学报，2006，18(5)：401-406.

[3] 米娜，王唤，范志金，等. 苯甲酰脲类杀虫剂研究进展 [J]. 世界农药(增刊)，2009，31：24-26.

[4] 王以燕，袁善奎，吴厚斌，等. 我国生物源及矿物源农药应用发展现状 [J]. 农学，2012，5：313-322.

[5] 刘雪琴，周鸿燕. 绿色农药研究进展 [J]. 长江大学学报(自然科学报)，2013，10(35)：4-7，15.

[6] 武丽辉. 2011年全球农药销售额增长14% [J]. 农药科学与管理，2012，7：28.

[7] 李明强，崔丹. 绿色表面活性剂现状及研究进展 [J]. 科技创新导报，2008，18：1-3.

[8] 房菲，房存金. 浅谈绿色表面活性剂及其应用 [J]. 科技资讯，2009，7：19-21.

[9] 刘俊莉，马建中，鲍艳. 绿色表面活性剂的研究进展 [J]. 皮革科学与工程，2010，20(3)：34-38.

[10] 邰玲. 绿色化学应用及发展 [M]. 北京：国防工业出版社，2011.

[11] 杨德红，杨本勇，李慧，等. 绿色化学 [M]. 郑州：黄河水利出版社，2008.

[12] 贡长生，张龙主. 绿色化学 [M]. 武汉：华中科技大学出版社，2008.

[13] 胡常伟，李贤君. 绿色化学原理与应用 [M]. 北京：中国石油工业出版社，2006.

[14] 沈玉龙，曹文华. 绿色化学：第二版 [M]. 北京：中国环境科学出版社，2009.

[15] 吴辉禄. 绿色化学 [M]. 成都：西南交通大学出版社，2010.

[16] 李福. 刺糖菌素产生菌的菌种选育及发酵条件优化研究 [D]. 杭州：浙江工业大学，2004.

[17] 曹阳，齐朝富，李光涛，等. 2.5%菜喜悬浮剂(spinosad) 对三种储粮害虫的毒力测定 [C]//第十届全国杀虫微生物学术研讨会会议论文，2006.

[18] 孙益，姚瑜. 大环内酯类抗生素的菌种选育发酵和生物合成 [J]. 国外医药：抗生素分册，1997，18(2)：99-113.

[19] 吴红宇，彭友良，郑应华. 新型杀虫剂Spinosad产生菌株的诱变选育 [J]. 农药，2003，42(7)：11-12.

[20] 梅苑. 设计更安全的化学品 [J]. 自然与科技，2011，31(5)：29-32.

[21] 李运彩，张松林，白芳铭，等. 氯代苯和烷基酚类化合物斑马鱼毒性的定量构效关系分析 [J]. 南方水产，2010，6(3)：19-23.

[22] 贡长生，张克立. 绿色化学化工实用技术 [M]. 北京：化学工业出版社，2002.

[23] 陈利秋. 世界环境科技发展与实力分析 [M]. 北京：中国环境科学出版社，1998.

[24] 梁朝林，谢影，黎广贞. 绿色化工与绿色环保 [M]. 北京：中国石化出版社，2002.

[25] 关伯仁. 环境科学基础教程 [M]. 北京：中国环境科学出版社，1995.

[26] 延军平，黄春长，陈瑛. 跨世纪全球环境问题及行为对策 [M]. 北京：科学出版社，1999.

[27] 魏刚，周庆，熊蓉春，等. 水处理中的绿色化学与绿色技术 [J]. 现代化工，2002，22(12)：43-46.

[28] 陆柱. 绿色化学及其技术在水处理的应用 [J]. 精细化工，2000，17(9)：515-518.

[29] 许禄，吴亚平. 硝基苯类化合物的结构/毒性定量构效关系研究 [J]. 环境科学学报，2000，20(4)：456-460.

第五章 绿色有机合成方法和技术

绿色化学的目标就是在化学品的设计、制造和使用过程中，尽量减少或消除危险物质的使用和产生。绿色化学的产生与生态环境的恶化有着一定联系，生态环境的破坏主要是由于人工合成物质的污染扩散和在生产这些物质的过程中所产生的污染，所以研究对环境友好的、温和的、直接无污染的合成方法是绿色化学的主要任务。化学科技工作者希望化学过程以清洁、友好的方式运行，因此，研究对环境友好的反应过程及清洁合成技术已成为化学工业发展的前沿课题。

第一节 组合化学

组合化学（combinatorial chemistry）又称多重合成法（simultaneous multiple synthesis），是近二十几年逐渐发展并成熟起来的一个学科。组合化学是一门将化学合成、组合理论、计算机辅助设计及机械手结合一体，并在短时间内将不同构建模块用巧妙构思，根据组合原理，系统反复连接，从而产生大批的分子多样性群体，形成化合物库（compound library），再运用组合原理，以巧妙的手段对库成分进行筛选优化，得到可能的有目标性能的化合物结构的科学。

组合化学最早起源于固相多肽合成，是在 Merrifield 固相合成的基础上发展而来的。经过数十年的发展，固相合成技术已得到了很大进步，特别是在多肽合成中更是日渐成熟，几乎能高收率地合成各种多肽分子。在 20 世纪 80 年代，一些科研小组意识到，由于反应条件相似而且可靠，可以在同一个容器内使用相同的反应条件同时制备出多种多肽，这样可以提高制备速度。Geysen 用 96 孔板在高分子链上首次成功合成多肽，标志着组合合成的开始。Houghten 于 1985 年提出茶叶袋（tea bags）合成法，并应用于多肽的合成。而 Furka 1991 年提出的混-分合成法（mix and split）标志着组合化学的研究进入成熟阶段。1994 年，美国化学文摘（CA）设立组合化学主题，1998 年，《Science》把它列为科学研究领域的九大突破之一。在美国化学会组织的一次研讨会上，化学家们称之为"21 世纪的化学合成"。目前，组合化学已被广泛应用于有机合成、药物合成及筛选、新材料和新催化剂的研究中。

一、 组合化学原理

组合化学是根据组合论的思想将各种化学构建单元（building block）以系统平行的方式进行反应，可以在极短的时间内迅速获得大量的化合物。

组合合成方法和通常的合成方法有着很大的差异。一般来说，一步反应只得到一个化合物，而利用组合化学合成法，可以同时用一组含 M 个变量与另一组含 N 个变量反应得到 $M \times N$ 个化合物，而使用的反应器个数仅为 $M + N$ 个，且随着反应步骤的增加，所得到的化合物成指数递增。组合化学与传统化学的关系如图 5-1 所示。

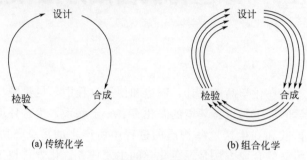

图 5-1　组合化学与传统化学的比较

二、 组合化学的基本要求

组合化学的原理虽然很简单，但并不是任何一个合成反应都可以用组合化学方法来实现。一般的组合化学合成要满足以下 8 个基本要求：

① 构建模块中的反应物间能顺序成键；

② 构建模块必须是多样性的且是可得到的，这样才能获得一系列可供研究的化合物库；

③ 模块中各反应的反应速率要接近，且反应的转化率和选择性要高；

④ 产物的结构和性质有高的多样性以供研究，可从中找出最佳结构；

⑤ 反应的条件能够调整，操作过程能够实现自动化；

⑥ 目标产物的相对分子质量以≤850 为好，且至少含有 1 个芳香环，1 个可解离的基团，具有符合需要的极性；

⑦ 所用的试剂只具有 1 个合成反应的基团，应不含干扰合成反应的组分或杂质，以保证合成反应的单一性。必须注意，每一步合成反应中副反应的出现将导致众多产物（包括中间体和最终产物）的纯化难以实现；

⑧ 组合合成的产物品种数量可达数百种之多，因此需要有防止彼此混淆的识别措施，这些措施应不影响组合合成的整个过程。

三、 组合化学的研究方法

所有的组合合成均包括化合物库的制备、库成分的检测及目标化合物的筛选三个步骤。由某一类先导化合物经组合合成技术制备出来的数目庞大的"化合物群"称为化合物库。如何构建分子多样性的化合物库是组合化学研究需要解决的核心问题。

（一） 组合合成步骤

组合合成包括化合物库的制备、库成分的检测及目标化合物的筛选三个步骤。库的构建方法，常见的有混-分法、平行溶液合成法（parallel solution method）及正交法等，其中以混-分法最具代表性。

库的构建与筛选是相互联系的，对于不同类型的库，要选用不同的筛选方法。如平行溶液合成法合成的库要采用位置扫描法（positional scanning method），即对每个孔中的产物的活性进行扫描，对于由混-分法构建成的库，一般采用解缠绕法（iterative deconvolution method）。除了以上两种检测与筛选方法外，编码法（encoding method）也是常用的方法，此方法是在构建化合物库时，给每一个构建单元加一个标记物，库合成完毕后，只需鉴别标记物即已知产物的历史，从而得到新产物的结构。

（二）组合合成方法

组合合成方法主要包括：固相组合化学、液相组合化学、动态组合化学，固相和液相结合的组合合成、微波组合化学和催化组合化学。

1. 固相组合化学

早期的组合化学主要是在固相多肽合成基础上发展起来的固相组合化学。固相合成技术是先把反应物连接到带有活性官能团的高分子材料载体上，然后在非均相的条件下进行有机反应，再用有机溶剂除去过量的试剂、杂质，且不影响载体上的目标化合物，最后采用合适的化学和物理方法将目标化合物解离。常见的固相合成有混合裂分法和平行合成法。

① 混合裂分法。混合裂分法是利用线性有机反应的特点，将一系列固相反应物分组平行反应，所得产物混合到分组后再进行下一步的平行反应。这种方法既适用于混合物的合成，也可用于一系列单分子的平行合成，是混合物合成中最常用的一种方法。

② 平行合成法。平行单分子合成是指同时合成一系列的单个分子，每个反应是独立进行的。这种方法接近于经典的有机合成，因此，很容易被有机化学家接受，已成为目前最常用的组合化学合成方法。

（1）固相合成技术中的载体 应用于固相合成中的高聚物载体必须满足以下两个条件：一是该材料在合成条件下必须是化学惰性的、交联的且不溶解于有机溶剂中；二是连有能与反应物反应的活性反应基团，在反应后，目标产物能从其上面解离出来。

目前，应用最广泛的载体是各种经过官能团修饰的交联聚苯乙烯及聚酰胺树脂。但是，这两类高聚物都缺乏结构上的刚性，在多种溶剂及反应物中都有一定的溶解度。为了适应各种反应的需要，科研工作者又研究开发出一系列新型固相载体，如可控孔度的玻璃、接有聚乙二醇的交联聚苯乙烯树脂、纸等。随着斑点技术和位置扫描技术的发展，近年来出现了应用于层状高聚物上的合成技术，其使用的高聚物载体为化学惰性的聚偏氟乙烯膜、聚丙烯膜等。这些新载体的出现拓宽了组合合成方法，并且有效地解决了使用载体引起的化学环境变化问题。

（2）固相合成反应 能运用到固相合成技术的反应主要有以下三类。

① 偶联反应。这是一类在固相合成中很重要的反应，在该类反应中一般使用金属钯作催化剂。如运用 Pd（OAc）$_2$ 作为催化剂催化 4-碘代苯甲酸与烯烃的 Heck 偶联反应。

② 环加成反应。固相合成已成功用于 Diels-Alder 反应及偶极环加成反应中，如利用 Diels-Alder 环加成反应制备 2,3-二氢-4-吡啶酮，产率高于 61%，纯度高于 70%。目前，有关偶极环加成反应仅见于甲亚胺叶立德及腈氧化合物反应。

③ 杂环反应。由于药物分子中一般都含有杂环结构，随着固相合成技术的发展及对小分子合成的关注，固相合成杂环类也取得了很大的成功，例如苯并二氮杂卓酮及喹诺酮类的合成等。

2. 液相组合化学

相对于固相组合化学，液相组合合成的研究起步相对较晚，Ugi 多组分缩合反应可以说是它的萌芽。近年来，人们对液相组合的研究兴趣日益高涨，到 1996 年发表的化合物库中的液相合成，占整个发展阶段的比例就接近了 50%。液相合成虽不如固相合成操作简单明了，但通过液相合成与传统的有机合成接轨，使其合成路线与工艺及合成方法较为成熟，应用范围也很广泛。液相合成混合物库，能提高合成速度，没有树脂负载量的影响，其成本较低，反应过程中能进行产物跟踪分析等。因此，液相合成更适合于步骤少，结构多样性的小分子化合物库的合成。反应产物的分离提纯是液相合成的关键。目前，液相组合合成中的分离纯化方法主要有：固相载体协助分离纯化法、通过相萃取分离纯化法、色谱分离纯化法。

（1）寡聚物类化合物库的合成　1995 年 Janda 等用可溶性聚乙二醇单甲酯（MeO-PEG）作载体，用 N,N'-二环己基碳二亚胺/N,N-二甲基氨基吡啶偶联法将氨基酸连接到 MeO-PEG 上进行五肽化合物库的合成。BOC 保护的氨基酸的 N 端在反应完成后用碘代三甲基硅烷脱掉保护基得到产物。1999 年 Dreef-Tromp 报道用聚乙二醇作载体在液相中平行合成了 7 个类黄酰类肝素寡聚物。

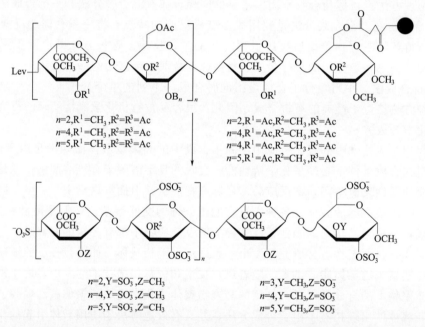

$n=2,R^1=CH_3,R^2=R^3=Ac$
$n=4,R^1=CH_3,R^2=R^3=Ac$
$n=5,R^1=CH_3,R^2=R^3=Ac$

$n=2,R^1=Ac,R^2=CH_3,R^3=Ac$
$n=4,R^1=Ac,R^2=CH_3,R^3=Ac$
$n=4,R^1=Ac,R^2=CH_3,R^3=Ac$
$n=5,R^1=Ac,R^2=CH_3,R^3=Ac$

$n=2,Y=SO_3^-,Z=CH_3$
$n=4,Y=SO_3^-,Z=CH_3$
$n=5,Y=SO_3^-,Z=CH_3$

$n=3,Y=CH_3,Z=SO_3^-$
$n=4,Y=CH_3,Z=SO_3^-$
$n=5,Y=CH_3,Z=SO_3^-$

（2）小分子化合物的合成　近年来，组合化学的研究从最初的寡聚物逐渐转向有机小分子化合物的合成研究。用液相进行有机小分子化合物的组合合成也得到迅速发展。如在药物中一直占据重要地位的许多含氮杂环化合物已成功应用液相组合化学方法实现了合成。Xie 等人采用平行法在液相中用自动化合成仪完成对哌嗪和哌啶化合物的合成。他们用 1mol/L 卤代烃的甲苯溶液，使哌嗪和哌啶类化合物在甲苯或甲苯/DMF 溶液中烷基化，产物用 TLC、GC、GC-MS 进行分析鉴定。用这种方法分别合成了 712 个哌嗪衍生物[见式(5-1)]和 543 个哌啶衍生物[见式(5-2)]两个化合物库。他们还将单烷基取代的哌嗪和哌啶进行酰化反应得到另外两个化合物库[见式(5-3)和式(5-4)]。

$$R^1{-}N\!\!\bigcirc\!\!NH + R^2X \xrightarrow{\text{1,1,3,3-四甲基胍}} R^1{-}N\!\!\bigcirc\!\!N{-}R^2 \tag{5-1}$$

$$R^4\text{环}NH + R^2X \xrightarrow{1,1,3,3\text{-四甲基胍}} R^4\text{环}N\text{—}R^2 \tag{5-2}$$

$$R^1\text{—}N\text{环}NH + \underset{Cl}{\overset{O}{R^2\text{—}C}} \xrightarrow{1,1,3,3\text{-四甲基胍}} R^1\text{—}N\text{环}N\text{—}\overset{O}{\underset{}{C}}\text{—}R^2 \tag{5-3}$$

$$R^4\text{环}NH + \underset{Cl}{\overset{O}{R^2\text{—}C}} \xrightarrow{1,1,3,3\text{-四甲基胍}} R^4\text{环}N\text{—}\overset{O}{\underset{}{C}}\text{—}R^2 \tag{5-4}$$

Hulme 等也利用 Ugi 多组分缩合反应通过分子内亲核成环在液相中完成了对哌嗪二酮化合物库的合成。

$$Boc\text{—}N\overset{R^5}{\underset{R^4}{}}\text{—}COOH + R^3\text{—}NC + R^1\text{—}CHO + R^2\text{—}NH_2 \xrightarrow[\text{R.T}]{\text{①MeOH}} \xrightarrow[\text{③加热}]{\text{②H}^+} \tag{5-5}$$

An 与 Cook 在温和的条件下，通过选择性去保护的环化反应合成了 3 种不对称吡啶多氮环烷烃骨架，并结合 SPSAF（液相多基团同时加入法）和 Fix-lasted（末端固定法）两种方法进行液相化合物库的合成，得到 16 个化合物库，共 1600 个化合物。

R^1=CH_2C_6H_5   R^2=CH_2C_6H_4Me-m
R^3=CH_2C_6H_4F-m   R^4=CH_2C_6H_4CN-m
R^5=CH_2CH=CHPh   R^6=CH_2C_6H_4NO_2-m
R^7=CH_2C_6H_4Cl-m   R^8=CH_2C_6H_4CO_2Me-m
R^9=CH_2C_6H_4CF_3-m   R^{10}=CH_2C_6H_4Br-m
R^{11}=CH_2COCMe   R^{12}=CH_2CN
R^{13}=CH_2CONH_2   R^{14}=CH_2CON(Me)OMe

相对于含氮杂环化合物，有关含氧、硫原子的杂环化合物的液相组合合成的事例相对较少。1996 年 Bailey 等用液相组合合成法通过 α-溴代酮与硫脲缩合合成了 2-氨基取代的噻唑化合物库。

$$\underset{R^2}{\overset{R^1}{N}}\text{—}C\overset{S}{\underset{}{}}\text{—}NH_2 + \underset{R^4}{\overset{Br}{}}\overset{O}{\underset{R^3}{}} \xrightarrow{70\text{℃}} \tag{5-6}$$

（3）带载体的液相组合化学合成法　固相反应的突出优点是采用简单的过滤手段就有可能达到理想的纯化效果。然而有些反应，如一些小分子杂环化合物的合成更适合在液相中进行，但是存在产物不易纯化的缺点。随着液相合成手段的不断成熟，液相合成中产物不易纯化的缺点得到了极大的改善。为充分发展液相合成的优点而克服其弱点，液相合成中载体技术的应用是一种极为重要的手段。

① 含氟载体。将含氟载体应用于有机合成中是一种新颖的合成策略，它能提高产物分离效率，在组合化学的微量合成中尤为重要。如用含氟有机锡载体进行 Stille 偶联的液相组合合成：

$$Ar^1-Sn(CH_2CH_2C_6F_{13})_3+R_2-X \xrightarrow[\text{DMF/THF (1:1)，LiCl，80℃}]{2\%（摩尔分数）1PdCl_2(PPh_3)_2}$$

$$Ar^1-R^2+Ar^1-Ar^1+Cl-Sn(CH_2CH_2C_6F_{13})_3 \tag{5-7}$$

1997 年 Studer 在含氟载体上完成了 Ugi 缩合反应〔见式（5-8）〕，库容量为 10。含氟载体作为淬灭剂，用液-液萃取方法提纯产物，提高了纯化效率。另外，Studer 等应用含氟载体对环加成和 Biginelli 缩合等有机反应进行了研究，取得了令人满意的结果。

$$(C_{10}F_{21}H_2CH_2)_3 \text{——}\overset{O}{\underset{OH}{\text{——}}} + R^1NH_2 + R^2CHO + R^3NC \xrightarrow[\text{③ TBAF,THF,25℃}\ \text{④ 液-液萃取}]{\text{① TFE,48h,90℃}\ \text{② 液-液萃取}} \tag{5-8}$$

② 可溶性聚合物载体。可溶性聚合物是另一大类应用于组合化学的载体，它虽然受到在溶液中的可溶性和其负载量的限制，但它易得而又能提供合适的连接基团的优点使其在组合化学中得到了很好的应用。1997 年 Gravert 等报道了它们在有机合成中的应用。这一类载体中，聚乙二醇类应用最广泛，早在这以前 Han 等就用聚乙二醇单甲酯进行了肽、磺酰胺库的组合合成。

总之，液相组合化学在药物开发领域已取得了显著进展，平行单个化合物库合成策略与高通量筛选技术已可以实现自动化过程，并在优化先导化合物方面卓有成效，作为液相组合化学的关键步骤之一的库化合物的分离纯化也取得了重要进展，发展了包括固相辅助、液相萃取及氟溶剂萃取等多种有效方法，并且不断有新的方法和应用产生。目前，液相组合合成的自动化程度还落后于固相方法，这可能成为液相组合化学今后发展的重点。

3. 动态组合化学

动态组合化学（DCC）融合了组合化学和分子自组装过程的两个特点，开辟了使用相对较小的库组装很多的物质的途径，而不必单独合成每一个物质。其与传统意义上的组合化学最主要的区别在于动态组合化学，库中连接构建单元的化学键为可逆共价键，各构建单元利用可逆共价反应相互转换，这就导致化合物与化合物间处于一种动态平衡中，在热力学控制条件下，化合物库中各化合物所占的比例由它们的稳定性决定。运用动态组合化学方法主要有 3 步：①选择合适的构件，这些构件间必须能发生可逆的相互作用；②确定化合物库产生的条件，在此条件下，构建组合形成各种化合物，而各化合物处于动态平衡，且可以相互转化；③模板介入到库中，模板对库中的成分进行识别。动态组合化学有很强的识别、检测、筛选、放大的功能，但是动态组合化学要求化合物库合成的平衡的过程必须可逆，并能较快达到平衡。由于受到动力学的限制，很多合成过程不可能在短时间内达到平衡，这限制了能够参与动态库制备的化学反应的种类。因此，动态组合化学要有更大更好的发展，需要动态组合化学的研究者发现更多的可逆过程，扩大动态组合库中分子的多样性。

动态组合化学合成方法最有潜力的应用是基于靶标分子的新药开发。使用一个酶的活性位点作为靶标，就可能筛选出该酶的抑制剂，例如对位取代的苯磺酰胺是碳酸酐酶Ⅱ（CAⅡ）的良好抑制剂。Lehn 等采用胺和与对位取代的苯磺酰胺结构相类似的醛类反应作为可逆过程，制备了一个含有 3 个醛、4 个胺的化合物库。采用羰基和胺在正常的生理条件下建立可逆反应，很快达到平衡。（图 5-2）该反应是在 CA 酶的水相溶液中进行的，控制 pH 为 6（20mmol/L 的磷酸盐缓冲溶液）。平行进行两个反应，一个含有酶，一个未含酶。在有酶的反应中用 $NaBH_3CN$ 作为还原剂，亚胺在 $NaBH_3CN$ 存在的条件下会被不可逆地还原，把平衡产物不可逆地转移出来。通过 HPLC 对照两个反应后的溶液可以判定对 CA 酶有抑制作用的分子，该分子的结构和 CA 酶抑制剂对苯磺酰胺苯甲酸苄酰胺（$K_d = 1.1nmol/L$）的结构很相似。

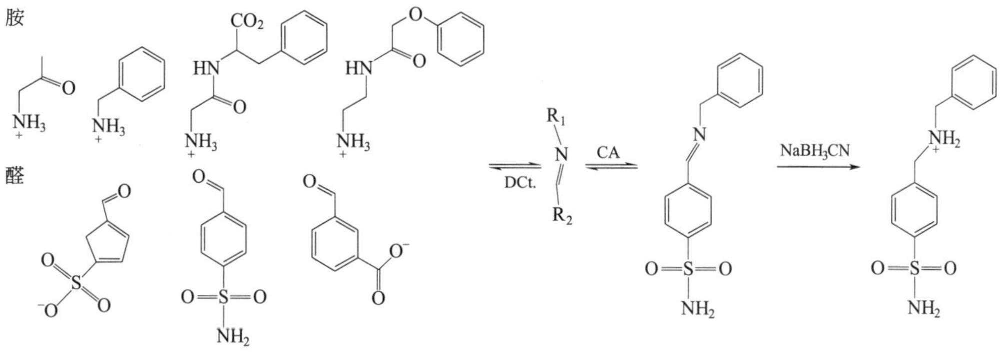

图 5-2 制备碳酸酐酶Ⅱ（CAⅡ）抑制剂路线图

用于筛选神经氨酸苷酶（neuraminidase）的抑制剂——神经氨酸苷酶是针对流感病毒药物设计的主要靶标酶，它的作用是切除连接到糖酯类和糖蛋白的硅酸残基，Mol.3 是目前已经商品化的药剂。

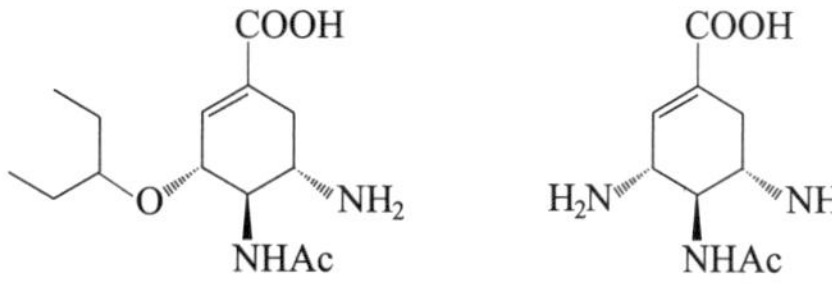

4. 固相和液相结合的组合合成方法

固相合成和液相合成都有各自的优缺点，把二者巧妙地结合常常可以得到很好的效果。在合成过程中把适合固相合成的步骤用固相合成，然后再将其切割到溶液中，进行适合于液相的步骤，最终得到目标化合物库。Teague 等用该法合成了双取代哌嗪衍生物库，他们首先用固相法合成了单取代哌嗪，然后切割到含有亲电试剂的 96 孔版中进行液相反应得到目标分子库。Nicolaou 等成功地将该法应用于天然产物 muscone 衍生物库合成中，合成过程如图 5-3 所示，分子骨架的合成在固相载体上进行，基团的修饰在液相中完成。他们还用类似的方法合成了天然产物 epothilone A 和 B 的衍生物库。

5. 微波组合化学

许多合成反应的反应速率成了组合化学的瓶颈之一，此时，微波组合化学应运而生。它是将组合化学技术和微波辐射技术结合起来，实现药物合成的自动化的方法。

（1）微波辅助固相组合合成 1992 年，Yu 等发现微波能提高固相肽偶联的效率。1996

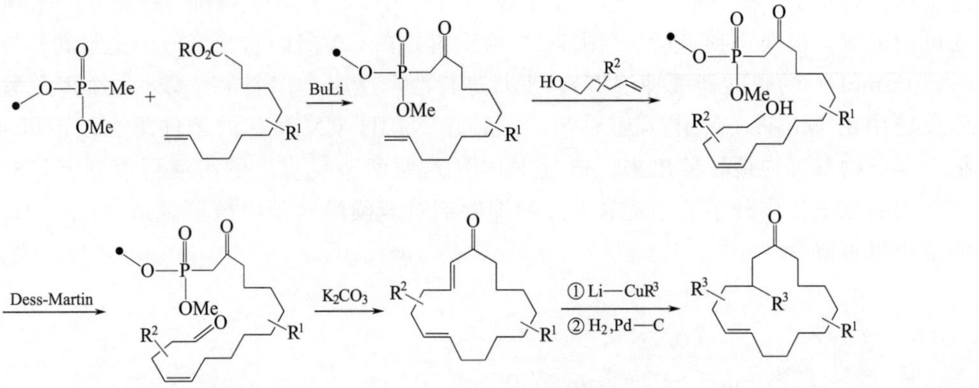

图 5-3 天然产物 muscone 衍生物的合成路线

年，Larhed 等报道了微波辅助固相 Suzuki 偶联和 Stille 偶联反应。此后，许多微波辅助固相有机小分子组合合成的论文相继发表。Comes 采用微波辐射技术完成了杂环 *N*-芳基化反应，快速建立了具有潜在生物活性的 *N*-芳基杂环组合库。Ley 等报道了一个固相硫化试剂，在微波辐射下其作用与 Lawesson 试剂相同，但没有任何臭味，若加少量离子液体于甲苯溶液中，反应速率和产率可以得到进一步的提高。Yu 和 Nielson 等都成功地将微波技术应用于固相 Ugi 四组分偶联反应。Berteina-Raboin 等报道了微波辅助多步固相反应，合成了 5-氨甲酰基-*N*-酰基色胺衍生物，传统方法 5 步总收率为 63%，而微波方法的总收率为 85%，而且反应时间缩短为原来的几十分之一倍。Suzuki 偶联和 Stille 偶联的成功例子说明微波技术在多组分偶联反应组合化学库建立中具有很大的应用潜力。

（2）微波辅助液相组合合成　相对于固相，微波技术在液相中的应用就相对较少些。Schotten 等首先报道了在水相中微波辅助 PEG 作为载体的液相合成，其产率比无 PEG 作载体的钯催化 Suzuki 偶合反应有明显提高。Sun 等报道了第一例微波辅助多步骤液相组合化学库的合成，通过 4 步反应，高产率、高纯度地建立了苯并咪唑的衍生物库，而且每步反应都在几分钟内完成，后处理也非常简单。

由上可见，微波技术应用于组合化学合成反应具有许多优点，最突出的是缩短了组合化学合成的反应时间，极大地增加了合成的高通量输出。此外，由于微波技术适用的有机反应广泛，使得组合化学化合物库的建立具有多样性，而简单的反应操作和一致的反应条件使组合化学的自动化程序简化和有效，同时，微波技术具有提高产率，减少副产物的特点，使组合化学合成反应产物的纯化变得容易。因此，微波技术和组合化学的结合为快速建立多样性的化合物库，提供了一个崭新又诱人的合成方法。

6. 催化组合化学

催化组合化学技术就是将组合化学方法应用于催化研究领域，成为催化剂的设计、制备、评价、筛选和表征等方面的一门综合集成技术。在采用计算机辅助分子设计、先进的仪器分析手段和高速筛选技术的基础上，设计出组合催化剂库与高效的评价体系，可以重新评价现有的催化剂体系或用于研究开发具有应用前景的新型催化体系。组合催化技术不仅能极大地节省催化剂研发成本和快速评价催化剂体系，而且还可以对催化反应过程的操作参数实行优化，避免因不同的制备与工艺条件等人为干扰因素造成的误差或错误，使实验结果和重现性良好，因此近年来组合催化技术的研究十分活跃，并取得了可喜的成果。如 Holzwath 等用溶胶法构建了 1 组 37 个无定形微孔二元无机催化剂库，用于己炔加氢和异辛烷催化氧化反应的筛选。Senkan 等以含 Pt/Pd/In3 种金属的离子溶液为原液，构建了含 66 个不同组成的三元金属催化剂库，用于环己烷催化脱氢反应的筛选。Cong 等用射频溅射法将不同金属沉积于石英片基上，制备了含 120 个多元金属的催化剂库，联合质谱技术进行 CO 催化氧化研究。

组合化学技术也可采用在不对称合成催化领域中。Jacobsen 等使用分割集控及平行技术，筛选确定了合成反-β-甲基苯乙烯（TBMS）的新型催化剂体系，构建了由 30 个不同金属离子与 192 种配体组合而成的含 5760 个元素的催化剂库，确定了具有最佳活性的催化剂——$FeCl_2$。

此外，在烯烃聚合催化反应研究中，用平行合成法建立了含有 96 种以 Ni（Ⅱ）和 Pd（Ⅱ）为中心的负载于聚苯乙烯上的催化剂库，进行有效筛选后取得了理想的结果。2003 年，Serra 等用组合化学催化技术探索碱性沸石用于甲苯甲醇侧链烷基化合成苯乙烯的可能性。

组合化学从一诞生便显示出了强大的生命力，三十年来，在有机化学（包括药物化学）领域得到了蓬勃发展。21 世纪的化学将更多地向生命、材料领域渗透，对于这个领域内的合成化学家来说，组合化学无疑为他们提供了一条新的化学合成思路。虽然目前还面临着诸如缺乏系统有效的平行检测手段等困难，但我们有理由相信，随着电脑技术和自动化水平的提高及新型检测仪器的研制，这些困难将逐步被解决，组合化学发展前景将会是一片光明。

第二节 手性技术

一、 手性和手性分子

手性、手征性，来自希腊文的"手"，如同双手，只能对映（图 5-4），无法重叠（图 5-5）。实物和镜像不能重合的现象称为手性。不能与其镜像叠合的分子称为手性分子，手性分子有旋光性。

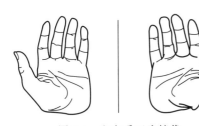

图 5-4 左右手互为镜像

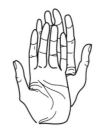

图 5-5 左右手不能重叠

化学物质的手性对于生命的产生与发展具有极其重要的作用，手性化合物存在两种互为镜像的对映异构体。具有生理活性的手性分子，在光学活性的环境下，构型不同的对映体往往呈现出截然不同的生理活性作用，常常是左旋的具有特定的生理活性，而其对映体无活性或具有相反作用。手性药物的不良异构体的毒副作用见表 5-1。

表 5-1 手性药物的不良异构体的毒副作用

药品名称	有效异构体	不良异构体
多巴(dopa)	(S)-异构体,治疗帕金森症	(R)-异构体,严重副作用
氯胺酮(ketamina)	(S)-异构体,麻醉剂	(R)-异构体,致幻剂
青霉素胺(pexicillamine)	(S)-异构体,治疗关节炎	(R)-异构体,突变剂
心得安(propanol)	(S)-异构体,治疗心脏病	(R)-异构体,致性欲下降
乙胺丁醇(ethambutol)	(S,S)-异构体,治疗结核病	(R,R)-异构体,致盲

典型例子是 20 世纪 60 年代在欧洲出现的药物反应停事件,造成了大量的畸形儿出生,震惊了世界,该药物现已禁止使用。光学活性物质的制造与性质对于有机合成化学、生命科学、药理学、药物化学、天然有机化合物化学等学科的发展有极其深远的意义。手性化合物(超高效、低能量)的使用,有效地减少了环境污染,取得了环保的社会效益以及巨大的经济效益。手性药物发展极快,在理论与应用上都取得了重大成果。由于在催化手性/不对称合成领域所取得的杰出成就,美国化学家威廉•诺尔斯(Williams Knowles)博士、巴厘•沙普利斯(K. Barry Sharpless)及日本化学家野依良治教授获得了 2001 年度的诺贝尔化学奖。他们的成就已成功应用于许多药物比如抗生素、心脏病药以及治疗帕金森综合症的药物的工业合成。此外,此项技术也用于生产调味剂、甜味剂、杀虫剂以及其他生物活性物质。

二、 不对称催化合成

手性科学的研究不仅为手性医药和农药的开发提供了科学基础和技术支撑,而且在包括材料科学和信息科学等在内的其他相关科学领域也显示出重要应用前景,如手性液晶显示、手性传感、手性分离等。更为重要的是,手性科学研究有助于人类进一步认识自然界中的若干基本问题,如生命过程中手性的起源、手性的传递与放大及手性分子相互作用的规律等。

一般化学方法生产的手性化合物都是两种对映体等量组成的外消旋体,需要进行光学拆分,而在这一过程中,会有 50％的资源丢失掉。所以在手性化合物的合成方法中,最有效、最具有应用开发价值的是不对称催化合成,又称手性配位催化,即用具有不对称结构的配位化合物作为催化剂,由结构对称的原料直接合成结构不对称的手性产物。不对称催化合成是当前有机合成科学和催化科学的一个前沿研究领域,所涉及的反应包括氢化、环氧化、氢甲酰化、羰基化、氢氰化、环丙烷化、双烯加成、烯烃外构化、氢硅烷化等。不对称催化反应可分为均相不对称催化和多相不对称催化。均相不对称催化利用手性配体与金属相互作用,形成可溶于反应体系的金属配合物和配位不饱和中间体,成为不对称催化的活性中心,催化剂作为模板控制反应物的对映面,将手性大量增殖到产物中,从而实现手性化合物的合成。下面列举一些重要的手性合成例子。

(一) 甲基多巴(L-DOPA) 的合成

甲基多巴(L-DOPA)是用于治疗帕金森综合症的药物。在 20 世纪 60 年代中期对甲基多巴的合成是从外消旋体中选择性的结晶出 L-对映体,而无效的 D-对映体则通过消旋化循环再利用,此工作在当年曾显赫一时,以至于到 80 年代末仍奉为里程碑式的合成。后来,美国科学家诺尔斯发展了氨基酸 L-DOPA 的工业合成方法。在合成 L-DOPA 的关键步骤中,在催化剂 $[Rh(R,R)DiPAlMPCOD]^+BF_4^-$ 存在下烯胺经氢化还原得到对映体过量率高达 95％的基团保护的氨基酸，再经过简单的酸催化水解便得到 L-DOPA。

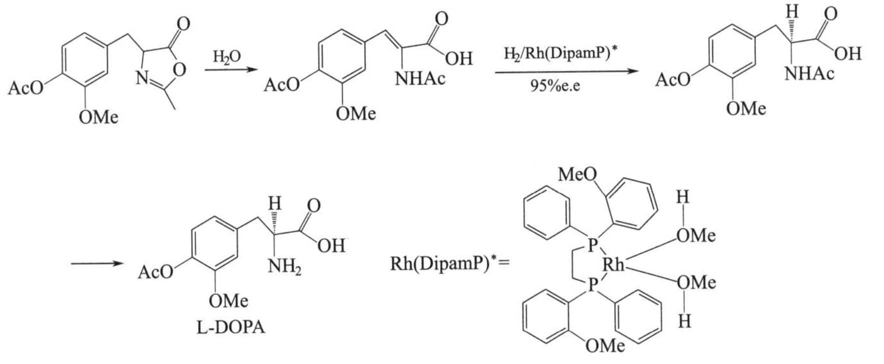

（二）心得安（S-propanol）的合成

1989 年，K. B. Sharpless 通过不对称催化环氧化反应使烯丙醇环氧化生产的手性缩水甘油，反应的立体选择性很好，年产量约为 10t。这种手性缩水甘油可转化为治疗心脏病和高血压的 β-肾上腺素受体阻滞剂心得安（S-propanol），而它的 R-对映体则具有避孕效果，Arco 开发了工业生产工艺。

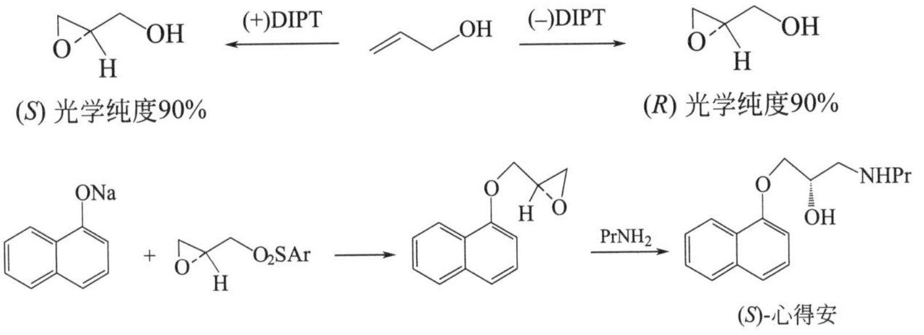

（三）（S）-萘普生（naproxen）的合成

20 世纪 80 年代，孟山都公司开发了一种非甾体高效消炎解热镇痛药（S）-萘普生，其关键步骤也是不对称催化氢化反应。

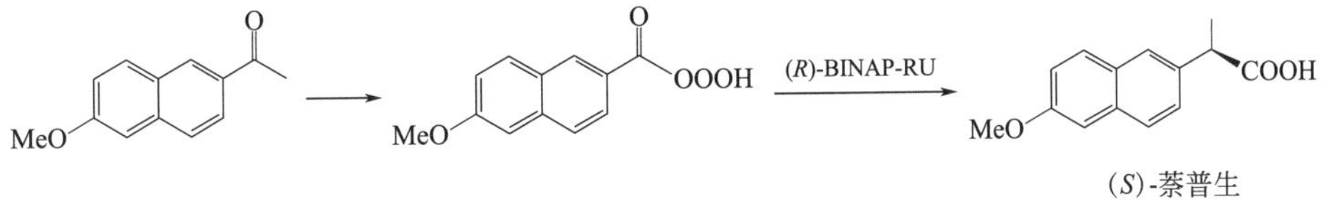

（四）食品甜味剂 aspartame 的合成

Anic S. P. A 公司及埃尼化学公司（Enichem）运用 Rh 手性双胺膦催化氢化生产苯丙氨酸，再与天冬氨酸反应制天冬氨酰苯丙氨酸甲酯，即阿斯巴甜 aspartame。

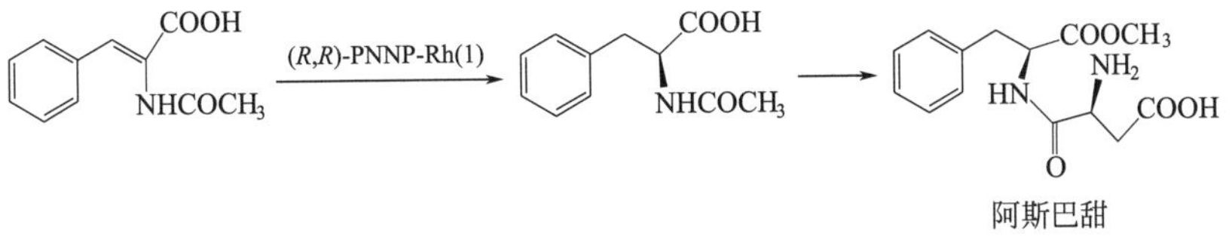

第三节 无溶剂反应

在传统的有机化合物合成过程中，有机溶剂是最常用的介质，可以使反应物分散到同一相中，降低体系黏度等，但是其难回收并且对环境有不利影响。Dupont 公司的 Carberry 说，“最好的溶剂就是根本不用溶剂”。无溶剂是指反应本身，而不论反应之后的处理中是否使用溶剂。近年来，随着绿色合成技术的发展，产生了许多取代传统有机溶剂的绿色化学方法，如以水和二氧化碳作为超临界流体溶剂及以室温离子液体为溶剂的方法，而最佳的方法是完全不用溶剂的无溶剂有机反应。无溶剂有机反应最初被称为固态有机反应，主要是通过研磨、光、热、微波以及超声等方法，在不加溶剂或加入微量溶剂并且固体物直接接触的条件下进行化学反应。实验结果表明，无溶剂有机反应，具有更高效的反应选择性。因此，90 年代初人们明确提出“无溶剂有机合成”，它既包括经典的固-固反应，又包括气-固反应和液-固反应。传统的观点是化合物要在液态或溶液中才能发生反应，因此运用高分子试剂的固相合成（solid synthesis）不属于此范围。

早在 19 世纪化学家就已了解到无溶剂反应，芳香磺酸与碱相溶制造醇类就是典型的例子，到 20 世纪 80 年代后无溶剂合成又重新受到重视，直到微波炉、超声波反应器出现之后，无溶剂反应才变得更容易实现。常见的无溶剂合成方法技术有固态研磨法、微波辐射法及光促反应。

1. 固态研磨法

固态研磨法最早被用于制备混合晶体，从而得到不同光学性质的光学材料。现在这种方法已被广泛应用于很多有机反应。例如，Baylis-Hillman 反应是一个原子经济性反应，由一分子缺电子烯烃和一分子芳香醛在三级胺（DABCO 或 DBU）催化下反应。该反应在溶液中进行需要 7d，而产率仅为 70%～87%。若采用机械震荡研磨方法，并采用间隔反应防止升温过快，产率可高达 98%以上，整个反应仅需 0.5h，且产物为多官能化。反应式如下所示：

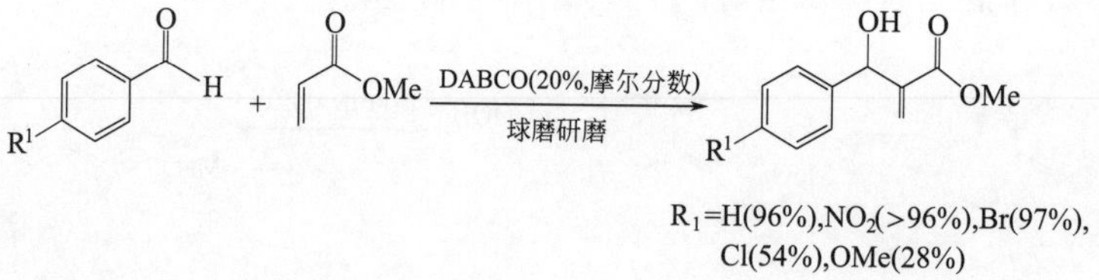

O
H
R1
+
O
OMe
DABCO(20%,摩尔分数)
球磨研磨
OH
O
OMe
R1
R1=H(96%),NO2(>96%),Br(97%),
Cl(54%),OMe(28%)

(5-9)

此外还有 Michael、Wittig、Suzuki、Heck 等反应，都比有溶剂状态下大大提高了产物产率、缩短了反应时间，同时减少了副反应的发生。

2. 微波辐射法

无溶剂微波反应是将反应物分散负载在氧化铝或蒙脱土上，这些无机载体不吸收微波，可以使负载在其上的有机分子充分吸收微波能量、激活分子，从而大大加快反应速率。

1996 年，Boruah 等利用 α，β-不饱和酮分别与硝基烷烃、丙二酸二乙酯、乙腈和乙酰丙酮发生 Michael 反应，使用家用微波炉，在碱性氧化铝作载体、无溶剂条件下反应，高产率地得到所要的产物，反应式如下所示：

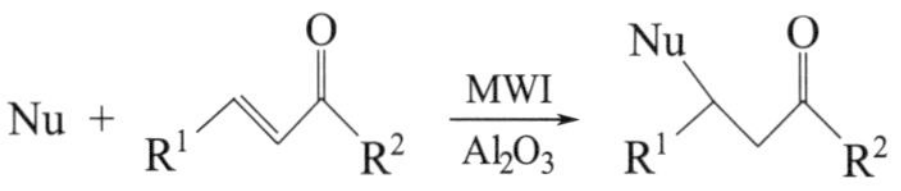

$$Nu + \quad \xrightarrow[\text{Al}_2\text{O}_3]{\text{MWI}} \quad \tag{5-10}$$

3. 光促反应

光促反应是在一定波长的汞灯或阳光激发下电子流激发稀有气体，气体把能量传递给汞原子将其激发，汞原子由激发态回到基态并放出光子，激发有机分子来促使反应发生。

2016 年，Thorsten Bach 等利用可见光催化分子内 [2+2] 立体选择性环加成反应，获得了很好的目标物收率和立体选择性。

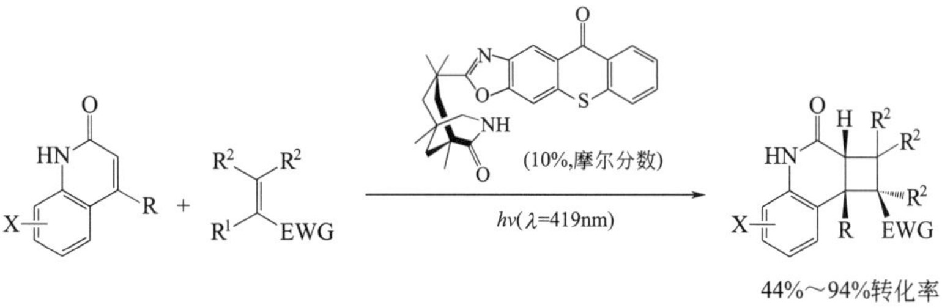

$$\tag{5-11}$$

44%～94%转化率

第四节 微波辐射技术

微波技术是二战期间用于雷达探测而发展起来的一种技术。二战以后，微波作为一种传输介质和加热方式被广泛用于各个学科领域。微波化学作为化学领域中一门新兴的边缘学科，近年来已获得蓬勃发展。最早将微波技术应用于化学合成的是美国科学家 Vanderhoff，他在 1969 年利用家用微波炉进行丙烯酸酯、丙烯酸和 α-甲基丙烯酸的乳液聚合，意外地发现与常规加热相比，微波加热使聚合速度明显加快，但由于各种原因这并未引起人们的重视。1986 年 Gedye 等在微波中进行的酯化反应是现代微波有机合成化学开始的标志。1992 年 9 月在荷兰召开了第一次世界微波化学会议，正式采用"微波化学"这个术语。微波辐射不同于传统的加热方式，它是直接加热反应的溶剂和反应物，而不是通过反应容器传热。微波辐射是更有效的能量利用和加热方式，加热速率比传统的加热方式快很多。在微波辐射条件下，很多反应可以在无溶剂条件下进行，产率高，副反应少，还可以避免使用各种昂贵或有毒的试剂，节省时间，节约能源等，符合当今方兴未艾的绿色化学的要求，有着巨大的应用前景。

一、微波作用机理

微波是频率范围为 $0.3\sim300\text{GHz}$ 的电磁波，真空中其波长为 $1\times10^{-4}\sim1\text{m}$。由于微波的频率很高，所以也叫超高频电磁波。工业上主要使用的微波频率为 915MHz 或 2450MHz。微波作用到物质上，可能产生电子极化、原子极化、界面极化、偶极转向极化，其中偶极转向极化对物质的加热起主要作用。微波对被照物有很强的穿透力，对反应物起深层加热作用。对于凝聚态物质，微波主要通过极化和传导机制进行加热。一般来说，离子化合物中离子传导机制占主导，共价化合物则是极化机制占优势。反应物对微波能量的吸收与分子的极性有关。极性分子由于分子内部电荷分布不均匀，在微波辐射下吸收能量，通过分子的偶极作用产生热效应，称为介质损耗；非极性分子内部电荷分布均匀，在微波辐射下不易产生极化，所以微波对此类物质加热作用较小。在常见物质中，金属导体反射微波能，所以可用金属屏蔽微波辐射，以减少对人体的危害；玻璃、陶瓷等能透过微波，本身产生的热效应极小，可用作反应器材料；大多数有机化合物、极性无机盐及含水物质能很好地吸收微波，这为微波介入化学反应提供了可能性。

微波不仅可以改变化学反应的速率，还可以改变化学反应的途径。对于微波的作用机理，有两种不同的观点，一种认为微波诱导有机合成反应速率或产率的提高在于微波的致热作用和过热作用，即微波热效应（thermal effects）；另一种观点则认为在微波作用下存在着其独特的非致热效应——微波非热效应（nonthermal effects）。微波热效应得到了众多学者的认可，微波加热机理也很清楚，而微波非热效应则一直处于争论之中。微波的致热效应观点认为微波是一种内加热，加热速率快，只需外加热 $1/100 \sim 1/10$ 的时间即可完成；受热体系温度均匀，无滞后效应，热效率高。除了微波效应以外，还有电磁场对反应物分子间行为的直接作用，改变了反应的动力学，降低了反应的活化能。同时，微波对化学反应体系不产生污染，微波化学技术属于清洁技术。总之，传统加热方式是通过辐射、对流、传导由表及里进行加热，而微波加热是物质在电磁场中因本身介质损耗而引起的体积加热，可实现分子水平的搅拌，加热均匀、温度梯度小；物质吸收微波能的能力取决于自身的介电特性，因此可对混合物料中的各个组分进行选择性加热，以提高反应的选择性。微波加热除具有以上特点之外，还可引起化学反应动力学的改变，具有加快反应的催化效应等。

二、 微波在化学合成上的应用

微波加热能够显著改变化学反应速率。与传统加热方式比较，微波加热的优势是：①微波能量可远距离输入，不用能量源与化学品相接触；②能量的输入可快速地开始或停止；③加热速率高于传统加热方式。因此，国内外从有机合成到无机合成，从液相反应到干反应，从室温合成到高温高压合成，从聚合反应到解聚反应等均有研究报道，微波合成化学设备产业化已初步形成。

（一） 微波在有机化学中的应用

微波在化学中的最主要的应用是有机化学，在有机合成中的应用发展极为迅速。从1986 年至今，微波有机合成技术从最初的密闭合成、常压合成、干法合成发展到现在的连续合成。由于微波作用下有机反应的速率是传统加热方式的几倍至几千倍，并且具有操作方便、产率高、产品易纯化等优点，所以微波有机合成发展非常迅速。目前已研究过的微波有机合成反应有：酯化、Diels-Alder、重排、Knoevenagel、Perkin、苯偶姻缩合、Reformatsky、Deckman、缩醛（酮）、Witting、羟醛缩合、开环、烷基化、水解、烯烃加成、消除、取代、立体选择性、成环、环反转、酯交换、酯胺化、催化氢化、脱羧、偶联等反应。微波有机合成的绝大部分反应还处于实验室研究阶段，主要用于优化一些已知的反应。但微波的特点是能在极短的时间内迅速加热反应物，可使一些在常规加热条件下因不能被活化而无法进行或难以进行的反应得以发生，这为微波促进有机化学研究提供了广阔的应用前景。

1. 纯反应物的反应

液相有机合成存在溶剂易挥发、易燃易爆、污染环境等问题，在纯反应物状态下进行无溶剂反应能有效解决这一问题。

在无溶剂条件下，微波辐射可使纯反应物羧酸的酰胺化反应顺利进行。反应式如下。

$$(5\text{-}12)$$

反丁烯二酸二乙酯与蒽的 Diels-Alder 加成反应，在无溶剂条件下，通过微波照射 35min（900W），收率可达 92%。反应式如下。

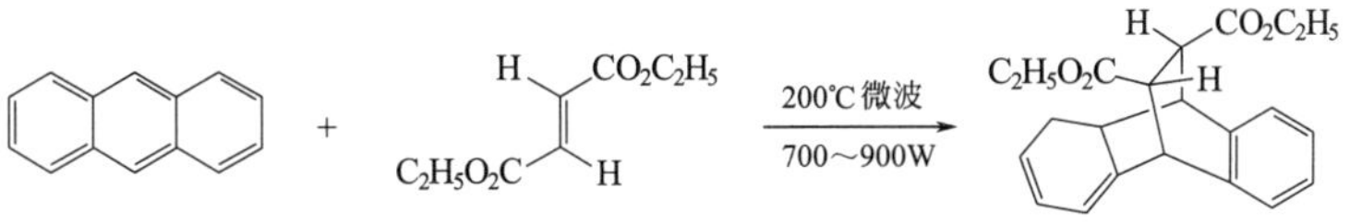

$$(5\text{-}13)$$

2. 相转移催化反应

固液相无溶剂相转移催化反应是一种特殊的阴离子反应，如丁子香酚的异构化反应。

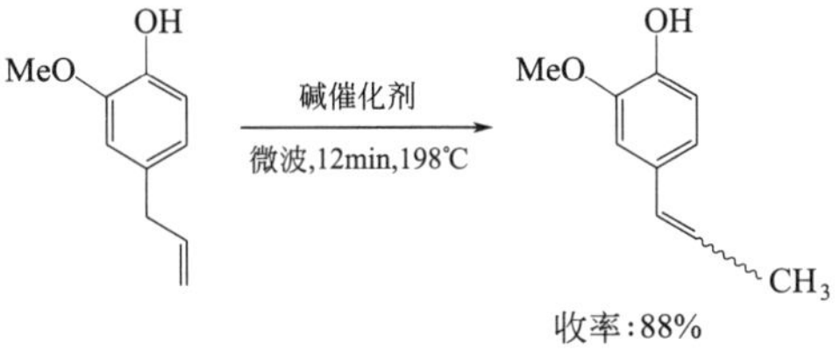

$$(5\text{-}14)$$

在无溶剂但有固液相转移催化剂存在的条件下，酯类可用微波加热法快速有效地皂化，如苯甲酸酯的水解反应。

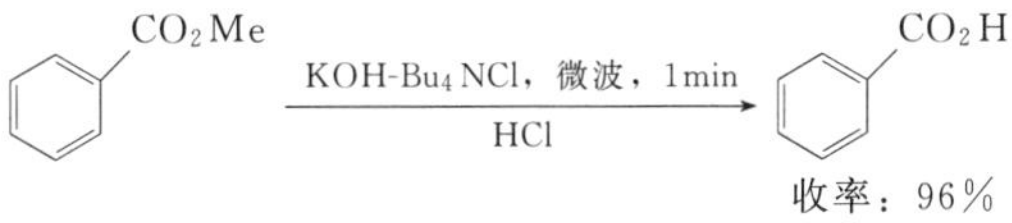

$$(5\text{-}15)$$

利用微波辐射相转移催化方法，有机物的有些烷基化相转移反应甚至可以在干态下进行，反应速率可提高至原来的 200 倍，微波辐射下的 O-烷基化反应已有报道，C-烷基化和 N-烷基化反应近来也已经实现。

$$CH_3COCH_2COOC_2H_5 + RX \xrightarrow[\text{微波，PTC}]{KOH\text{-}K_2CO_3} CH_3COCHCOOC_2H_5 \qquad (5\text{-}16)$$
$$\underset{\displaystyle R}{\big|}$$

乙酰乙酸乙酯在微波作用下进行 C-烷基化，产物很容易得到，整个反应只需 3～4.5min，产率可达 59%～87%。

3. 干媒介反应 (dry media reactions)

干媒介反应是有机反应物被吸附在酸性或碱性载体（如氧化铝、硅土、蒙脱土、沸石等）上，进行微波辐射。

$$\text{（5-17）}$$

收率：74%

$$\text{（5-18）}$$

收率：100%

4. 高温水相反应

因为水的介电常数较小，其在高温下的行为有些像有机溶剂，可以溶解有机化合物，但是在环境温度下只能极少溶解。利用这个特性，采用微波可进行一些高温合成反应。反应是在间歇微波反应器（MBR）中进行的。反应器如图 5-6 所示，反应器容量为 25～200mL，操作温度最高可达 260℃，压力最高可达 10MPa。

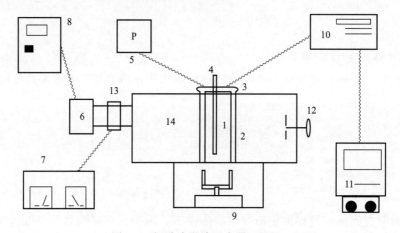

图 5-6　间歇式微波反应器（MBR）

1—反应容器；2—保留缸；3—法兰盘；4—冷却器；5—压力表；6—电磁管；7—微波功率表；
8—可变电源；9—搅拌器；10—温度仪；11—计算机；12—负载分配器；13—波导管；14—微波腔

高温水相反应举例如下。

① 香叶醇在 220℃的重排反应，反应式如下所示。

$$\text{（5-19）}$$

18%　　16%　　10%　　11%

其他单萜

② β-紫罗酮的环化、香芹酮的异构化均可发生高温水相反应，反应式如下所示。

β-紫罗酮

$$\text{（5-20）}$$

30%

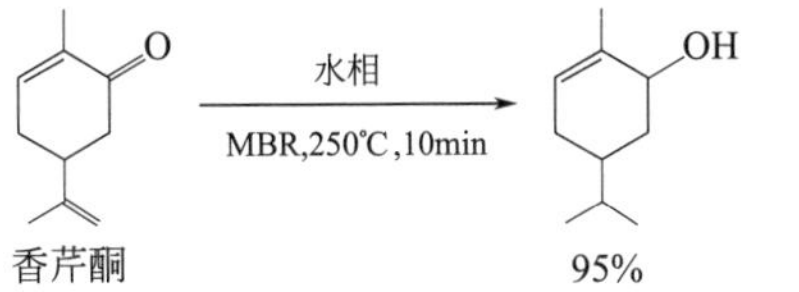

$$香芹酮 \xrightarrow[\text{MBR,250℃,10min}]{\text{水相}} 95\% \tag{5-21}$$

③ 2,3-二甲基吲哚的合成和吲哚-2-羧酸的脱羧反应均可发生高温水相反应，反应式如下所示。

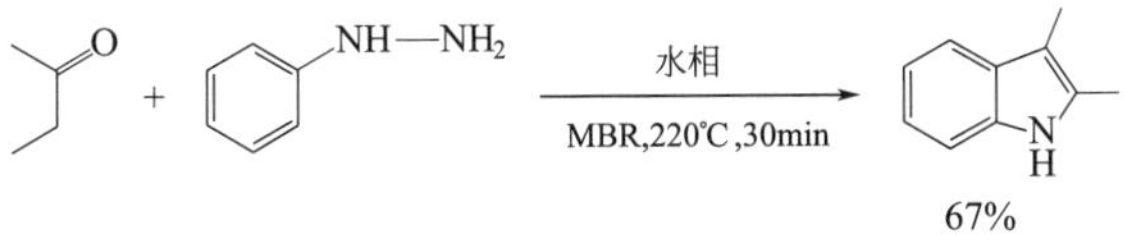

$$+ \quad \text{NH—NH}_2 \xrightarrow[\text{MBR,220℃,30min}]{\text{水相}} 67\% \tag{5-22}$$

$$\text{COOH} \xrightarrow[\text{MBR,255℃,20min}]{\text{水相}} 100\% \tag{5-23}$$

5. 在酸碱水溶液中的反应

用微波炉进行酯化反应，与传统回流方法相比，速率一般可提高至原来的 2.3～181 倍，而且反应速率的提高与所用溶剂（一般为醇）的沸点有关，醇的沸点越高，则提高的幅度越小。

微波催化酯化反应的一个重要应用是尼泊金酯类化合物的合成。在微波催化下只需 30min 即完成，而常规加热则需要 5h，速度是原来的 10 倍，且为该类防腐剂的生产开辟了节能的新途径。

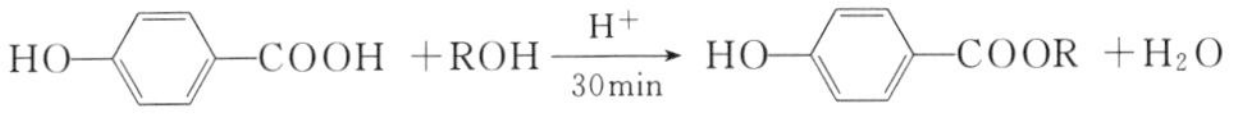

$$\text{HO——COOH} + \text{ROH} \xrightarrow[\text{30min}]{\text{H}^+} \text{HO——COOR} + \text{H}_2\text{O} \tag{5-24}$$

沉香醇（linalool）与羧酸酐发生的酯化反应，使用微波催化时，收率均大于 85%。

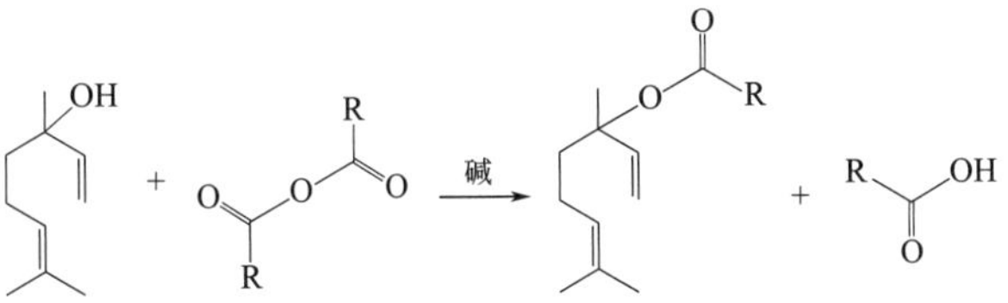

$$\tag{5-25}$$

3-甲基环戊烯-2-酮的制备可在强碱水溶液中进行，反应温度为 200℃：

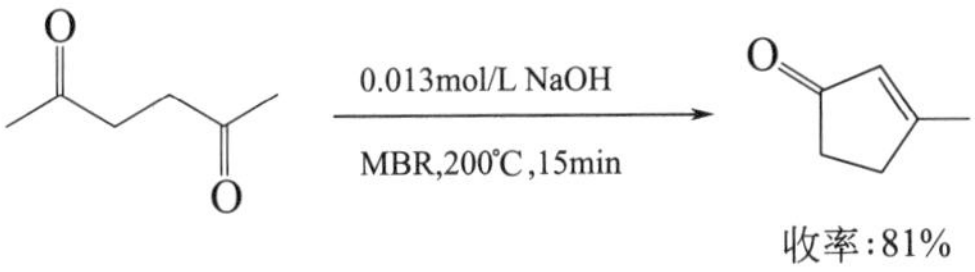

$$\xrightarrow[\text{MBR,200℃,15min}]{\text{0.013mol/L NaOH}} \quad 收率:81\% \tag{5-26}$$

（二）微波在无机化学中的应用

在无机合成方面，微波主要用于烧结、燃烧合成和水热合成。所谓微波烧结或微波燃烧合成是指用微波辐射固体原料，原料吸收微波能而迅速升温，达到一定温度后，引发燃烧合成反应或完成烧结过程。微波烧结有加热均匀、升温速率快、燃烧可控制等优点，这一方法主要用于合成陶瓷材料，其中包括陶瓷氧化物、金属硼化物、Si_3N_4、金属碳化物、压电陶瓷等。微波水热合成可用于制备氧化物粉体、氮化物粉体、沸石分子筛等。用微波辐射 $FeCl_3$ 水解时，由于能使盐溶液在很短的时间内被均匀地加热，从而消除了温度梯度的影响，同时可使沉淀相在瞬间萌发成核，由此制备的粉体粒径更小、更均匀，且可实现定量沉淀，因而提高了产率。同样也可用微波辐射金属硝酸盐、硫酸盐或氯化物溶液，使其直接分解制备各种氧化物超细粉体，或用微波辐射金属-有机化合物溶液来制备超细氧化物粉末。由于微波可将反应体系在短时间内均匀加热，因此可促进晶核的萌发、加速晶化速率，从而实现分子筛的合成。现已有不少有关分子筛合成的报道，合成的分子筛包括 Y 型沸石、ZSM-5 等。

第五节　超声化学

超声化学（sonochemistry）是声学与化学相互交叉渗透而发展起来的一门新兴边缘学科。1986 年 4 月第一届国际声化学学术讨论会在英国 Warwick 大学召开，它标志着这门新兴学科的诞生。1998 年出版了第一部声化学应用于有机合成方面的专著《Synthetic organic sonochemistry》。超声化学是利用超声波加速化学反应、提高化学产率的一门学科。利用超声波可以加速和控制化学反应、提高反应产率、改变反应历程、改善反应条件和引发新的化学反应等。

一、　超声波的作用机理

超声波被定义为人耳能听到的声音频率之外的声音，一般认为频率在 20kHz～500MHz。它是由一系列疏密相间的纵波构成的，并通过媒质向四周传播。人耳能听到的声音频率通常在 16Hz～18kHz，年轻人能听到频率为 20kHz 的声音。传统提供能量的超声波的频率通常在 20～100kHz，声化学的研究范围在 20kHz～2MHz，诊断超声的频率范围在 5～10MHz。超声波作为一种能量形式，当强度超过一定值时，就可以通过它与传声媒介的相互作用，去影响、改变甚至破坏后者的状态、性质和结构。当超声波能量足够高时，就会产生"超声空化"现象。超声化学主要研究超声空化——液体中空腔的形成、振荡、生长收缩及崩溃引发的物理和化学变化。

液体超声空化是集中声场能量并迅速释放的过程。空化泡崩溃时，在极短时间和空化泡的极小空间内，产生 5000K 以上的高温和大约 $5.05 \times 10^8 Pa$ 的高压，速度变化率高达 1010K/s，并伴随产生强烈的冲击波和时速高达 400km 的微射流，从而引发许多力学、热学、化学、生物等效应。这就为在一般条件下难以实现或不能实现的化学反应提供了一种新的非常特殊的物理环境，开启了新的化学反应通道。其现象包括两个方面，即强超声波在液体中产生气泡和气泡在强超声波作用下的特殊运动。

二、　超声化学的主要应用领域

目前，超声波的研究已涉及化学、化工的各个领域，如有机合成、电化学、光化学、分析化学、无机化学、高分子材料、环境保护、生物化学等。近年来，超声化学在物质合成、催化反应、水处理、废物降解、纳米材料等方面的研究已成为其重要的应用研究领域。声能具有独特的优点，无二次污染、设备简单、应用面广，所以受到人们越来越多的关注，超声化学已成为一个蓬勃发展的应用研究领域。

（一）超声波在有机合成中的应用

1938 年首次报道了应用超声波促进有机化学反应的例子。20 世纪 80 年代以来，随着声化学的发展，超声波在有机合成中的应用研究呈蓬勃发展之势，已被广泛应用于氧化反应、还原反应、加成反应、取代反应、缩合反应、水解反应等，几乎涉及有机化学的各个领域。

1. 均相反应

超声波对均相离子反应没有影响或没有明显的影响，如蔗糖在酸性条件下水解。但是超声波能提高很多反应的速率，如 2-氯-2-甲基丙烷在乙醇水溶液中的分解反应，超声波能提高其反应速率，尤其在低温时更加明显：在 $10\,℃$，没有超声波辅助时速率系数为 0.86×10^{-5}，使用超声波辅助时速率系数为 17.2×10^{-5}，是原来的 20 倍。反应过程如下所示：

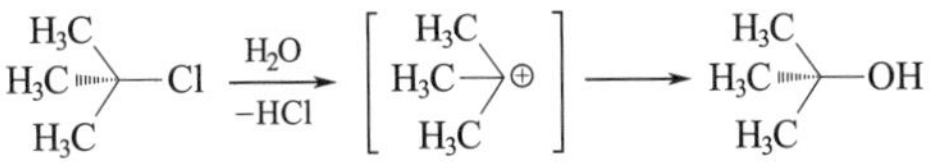

普通搅拌和超声波条件对苯乙烯与四乙酸铅的反应的影响：在普通搅拌条件下反应不能进行，而超声波条件下反应叫进行：

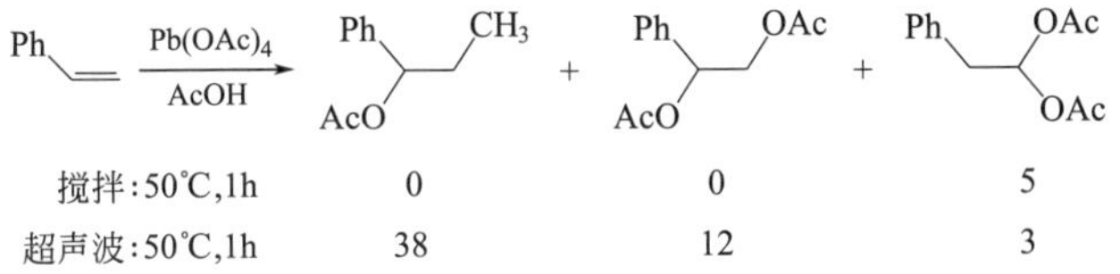

$$(5-27)$$

搅拌:50℃,1h	0	0	5
超声波:50℃,1h	38	12	3

超声波条件下，醋酸锰能明显地促进分子间碳-碳键的形成。

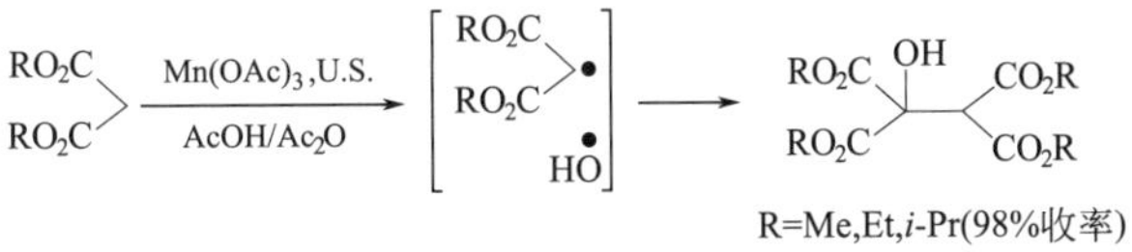

R=Me,Et,i-Pr(98%收率)

超声波条件下，杂-Diels-Alder 环加成（Hetero-Diels-Alder cycloaddition）反应具有好的收率：

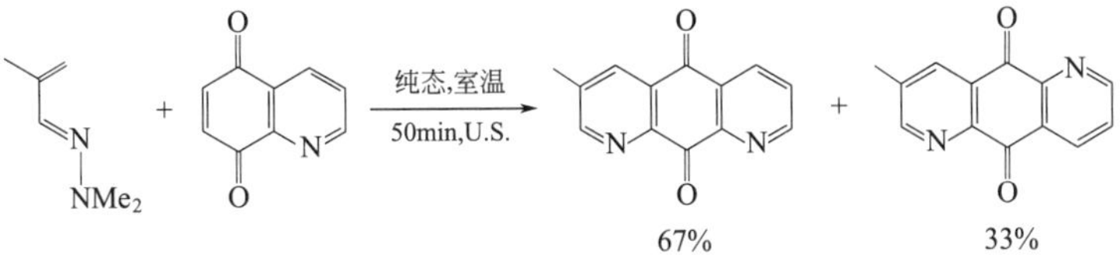

$$(5-28)$$

β-内脂的合成在超声照射下，其收率大大提高：

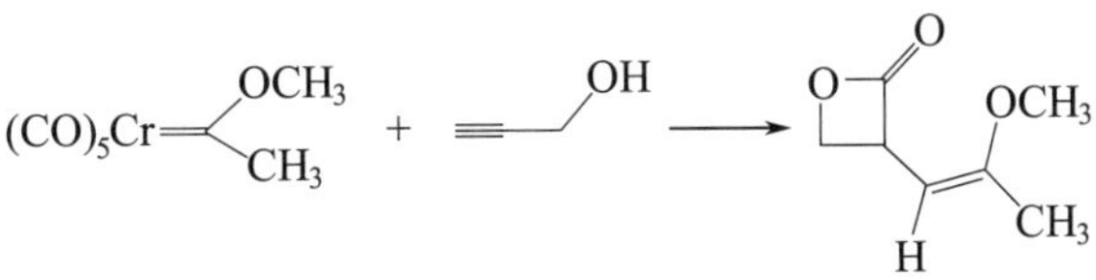

$$(5-29)$$

2. 多相离子反应

对于多相离子反应，包括液-液、液-固多相，超声波均能增强反应的速率和收率。超声波对液-液多相的影响，主要是空化作用在两相界面体现的宏观效果，类似于超声相转移催化剂的作用。例如糖的酸催化缩醛反应，在超声波条件下收率提高，反应时间大大缩短，反应时间由 5h 缩短为 1h。

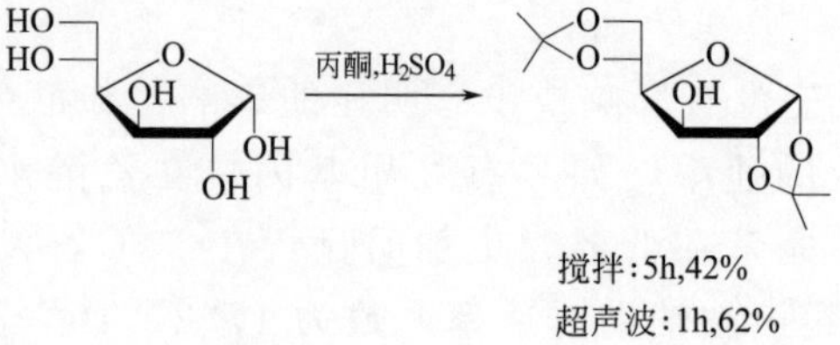

$$(5-30)$$

搅拌：5h，42%
超声波：1h，62%

又如环戊酮的自缩合反应，在传统的制备方法中收率只有 14%，而在超声波条件下，相同的反应温度和时间，收率增加到 70%：

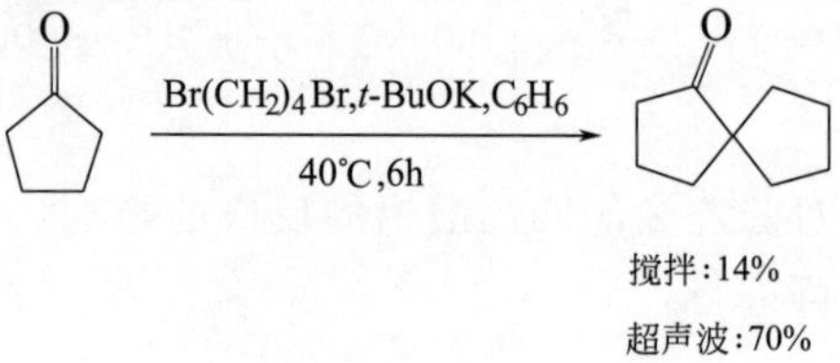

$$(5-31)$$

搅拌：14%
超声波：70%

3. 多相自由基反应

一些涉及金属元素的多相自由基反应在超声波条件下进行，可得到较好的结果，如 Barbier 反应：

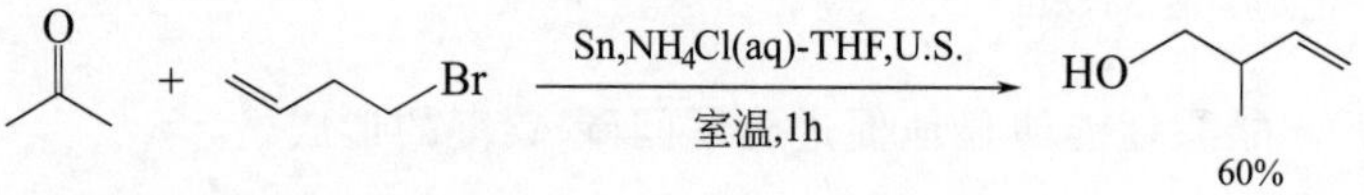

$$(5-32)$$

60%

另一类多相超声反应的例子是涉及无机固体的多相反应。如在甲苯中苄基溴与氰化钾、氧化铝的反应，反应温度为 50℃，传统的制备方法得到的产物是对苄基甲苯或邻苄基甲苯，收率为 75%；而在超声波条件下，相同的反应混合物得到的产物却是苄基氰，收率为 71%。

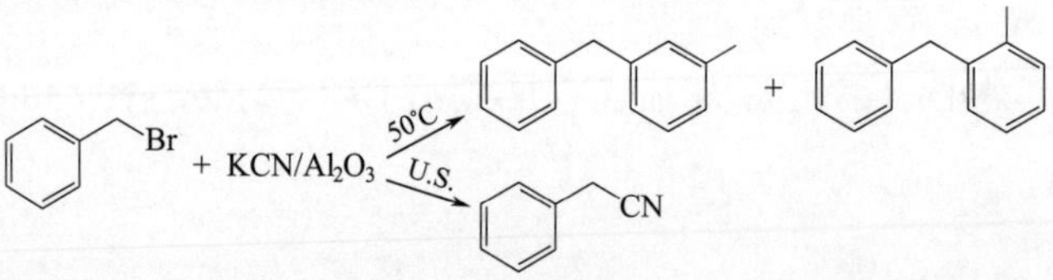

以氢氧化钡为催化剂的 Wittig-Homer 成烯反应，表现出明显的超声化学效应。超声波能分解水分子（在反应物中占少量），提供羟基自由基，羟基自由基与膦酸酯自由基阴离子在氢氧化钡表面上形成催化循环。这可能是利用水超声分解产生的少量自由基引发高收率合成的方法的第一例。

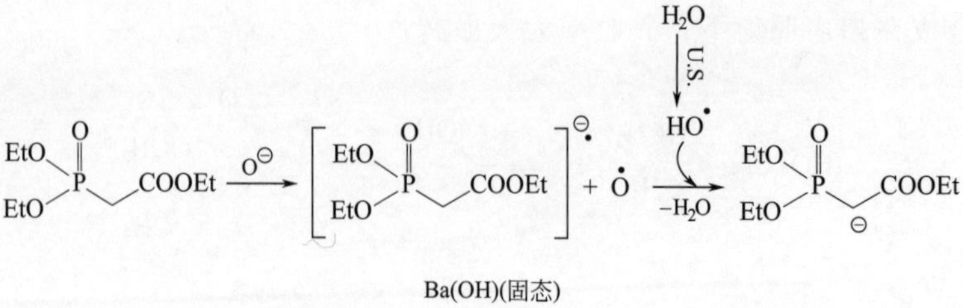

Ba(OH)(固态)

（二）超声波在催化化学研究中的应用

催化反应包括均相催化反应和多相催化反应。在反应中，如何使催化剂活化以及长时间地保持催化剂的活性，一直是一个亟待解决的难题。利用超声波的空化作用以及在溶液中形成的冲击波和微射流，可提高许多化学反应的反应速率，改善目标产物的选择性和催化剂的表面形态，大幅度地提高其活化反应性及催化活性组分在载体上的分散性等。研究表明，超声催化能在低温下保持基质的热敏性并增加选择性，得到在光解和普通热解情况下不易得到的高能物种并实现微观水平上的高温高压条件。超声波对催化反应的作用主要是：①高温高压条件有利于反应物裂解成自由基和二价碳，形成更为活泼的反应物种；②冲击波和微射流对固体表面（如催化剂）有解吸和清洗作用，可清除表面反应产物或中间物及催化剂表面钝化层；③冲击波可能破坏反应物结构；④冲击波分散反应物系；⑤超声空蚀金属表面，冲击波导致金属晶格的变形和内部应变区的形成，从而提高金属的化学反应活性；⑥促使溶剂深入到固体内部，产生所谓的夹杂反应；⑦改善催化剂分散性。

在超声均相催化反应中，研究较多的是金属羰基化合物作为催化剂的烯烃异构化反应。著名的声化学家 Suclick 等详细研究了超声波条件下用 $Fe(CO)_5$ 催化的 1-戊烯异构化生成 2-戊烯的反应，发现超声波条件下的反应速率是没有超声时的 105 倍。Suclik 等分析认为，超声空化气泡崩溃时产生的高温高压以及周围环境的快速冷却有利于 $Fe(CO)_5$ 解离，从而形成更高活性物种 $Fe_3(CO)_{12}$。在研究超声波对多相催化过程的影响中发现，超声波能使单程转化率提高近 10 倍，其原因是增加了催化剂的分散度。在 Reformatsky 反应中，使用低强度超声（$<10W/cm^2$）作用，反应 30min，反应收率可达 90% 以上。当在声强为 $50W/cm^2$ 条件下反应时，结果发现在 25℃时该混合物超声 5min 后，产率可达 95% 以上，同时发现辅助催化剂在该反应中对产率和反应时间并无影响。在镍粉作为催化剂的加氢反应中，发现在超声波作用下其反应活性提高了 5 个数量级。

另外，超声波在催化剂的活化、再生和制备中也显示出独特的优势。美国伊利诺伊大学研制成功一种超声波洗涤浴，可用于除去镍粉表面的氧化膜，使镍催化剂活化。

（三）超声波在降解方面的应用

超声波降解作用主要指对有机聚合物的降解作用及在水污染物处理过程中的应用。影响声解效率的因素主要有三个：①超声波系统因素，包括频率和声强；②化学因素，包括溶剂、溶液中饱和气体的种类、有机物的种类和浓度、自由基清除剂及 pH 值等；③与反应器有关的因素，包括反应器的构造、反应器内是否建立起混响场和外部是否施加压力。

超声处理可以降解大分子，尤其是处理高分子量聚合物的降解效果更显著。纤维素、明胶、橡胶和蛋白质等经超声处理后都可得到很好的降解效果。目前一般认为超声降解的原因是由于受到力的作用以及空化泡爆裂时的高压影响，另外部分降解可能是来自热的作用。例如，在超声波作用下水中微量亚甲基蓝可有效降解，降解动力学符合一级反应，亚甲基蓝超声降解速率随初始浓度的升高而降低，随介质温度的下降而升高。亚甲基蓝在酸性和碱性条件下的降解速率高于在中性条件下的降解速率，能促进·OH 等自由基形成的自由基促进剂 Fe^{2+} 和 I^- 等能有效加速亚甲基蓝的超声降解。

超声波技术应用于水污染物中的难降解有毒有机污染物时，主要是当超声波照射水体环境时，其高能量的输出将产生涡旋气泡，而气泡内部的高温高压状态，可将水分子分解生成强氧化性的氢氧自由基。这些自由基对于各种有机物都有很高的反应速率，可将其氧化分解成其他较简单的分子，最终生成 CO_2 和 H_2O。大量的事实表明，超声化学处理方法在治理废水中难生物降解的有毒有机污染物方面卓有成效。对于有机相水相的多相反应体系，利用超声波照射时，被乳化的液体通过交错的接触面积，快速进行反应，甚至在没有催化剂的条件下也能发生反应。有机物经超声处理后的分解产物与高温焚烧处理类似。

（四） 超声波在超临界流体化学反应中的应用

新型化学反应技术和超声场强化相结合是超声化学领域中极具发展潜力的方向之一。超临界流体具有类似于液体的密度、黏度和扩散系数，这使得其溶解能力与液体相当，传质能力与气体相当。利用超临界流体良好的溶解性能和扩散性能，可以很好地改善非均相催化剂的失活问题，但如能加以超声场进行强化，则效果更好。超声空化产生的冲击波和微射流不但可以极大地增强超临界流体溶解某些导致催化剂失活的物质，还能起到解吸和清洗的作用，使催化剂长时间保持活性，而且还有搅拌的作用，能分散反应物系，令超临界流体化学反应传质速率更上一层楼。另外，超声空化形成的局部点高温高压有利于反应物裂解成自由基，大大加快反应速率。目前对超临界流体化学反应的研究较多，但对利用超声场强化此类反应的研究较少。

另外，超声波在其他许多领域都得到了广泛应用，例如超声强化萃取和超声强化结晶。超声强化萃取分为固-液萃取和液-液萃取。超声强化固-液萃取可应用于从中药中提取生产水杨酸、氯化黄连素、岩白菜宁等药物成分。而对于一般受传质速率控制的液-液萃取体系来说，超声波的作用十分显著，特别在有色冶金工业中金属的液-液萃取过程中使用合适的超声频率和功率作用时，可以大大加快其分解速率和萃取速率。此外，超声化学技术在粮油食品的分析测试、包装、清洗、干燥、乳化、陈化、结晶、分离、萃取、澄清、化学合成、杀菌、酶研究等方面也有广泛应用前景。

第六节 电化学合成

有机合成在整个化学工业中占有相当大的比重，但有机合成反应往往副反应较多，环境污染严重。因此，有机合成化学面临着以"原子经济性"为目标的绿色化学的挑战。要使有机合成反应具有"原子经济性"，对于传统的合成催化剂和合成媒介（试剂）是很难达到这种要求的。有机电合成把电子作为试剂（世界上最清洁的试剂），通过电子的得失来实现有机化合物合成。从本质上说，有机电合成将有可能消除传统有机合成产生污染的根源，故可以把有机电合成看作绿色化学的分支学科。有机电合成符合绿色化学的目标：①直接进行氧化和还原的清洁合成；②替代了化学计量试剂（氧化剂和还原剂）；③可使用新的溶剂和反应媒介，如固体聚合物、离子液体、超临界流体等；④水相过程和产品；⑤替代了危险的试剂，溶液相氧化剂及还原剂在原位产生；⑥可使用超声波等对过程强化；⑦通过试剂（电子）的原位产生和材料的循环使用，使废物最小化或降低；⑧提高了原子利用率。

有机电合成是一门涉及电化学、有机合成及化学工程的交叉学科，被称为"古老的方法，崭新的技术"。现代有机电合成的发展始于 20 世纪 60 年代，1965 年美国孟山都公司 15 万吨己二腈装置的建成投产，标志着有机电合成进入了工业化时代。我国于 20 世纪 80 年代初建立了第一套工业化生产 L-半胱氨酸盐水合物的装置，90 年代国内多家化工厂成功地使用草酸电解还原法生产乙醛酸。

一、 有机电合成的原理

有机电合成是基于电化学方法来合成有机化合物。电解反应必须从电极上获得电子来完成，因此有机电合成必须具备以下三个基本条件：①持续稳定供电的电源（直流）；②满足电子转移的电极；③可完成电子转移的介质。为了满足各种工艺条件，往往还需要增加一些辅助设备，如隔膜、断电器等。

有机电合成通常有两种分类方法。

① 按电极表面发生的有机反应的类别，可分为：阳极氧化过程和阴极还原过程。阳极氧化过程包括电化学环氧化反应、电化学卤化反应、苯环及苯环上侧链基团的阳极氧化反应、杂环化合物的阳极氧化反应、含氮硫化物的阳极氧化反应。阴极还原过程包括阴极二聚和交联反应、有机卤化物的电还原反应、羰基化合物的电还原反应、硝基化合物的电还原反应、腈基化合物的电还原反应。

② 按电极反应在整个有机合成过程中的地位和作用，可分为两大类：直接有机电合成反应和间接有机电合成反应。直接有机电合成反应可直接在电极表面完成；间接有机电合成反应为采用传统化学方法进行有机物的氧化（还原）反应，但氧化剂（还原剂）反应后，以电化学方法再生以后循环使用。间接电合成法可以两种方式操作：槽内式和槽外式。槽内式间接有机电合成反应是在同一装置中进行化学合成反应和电解反应，因此这一装置既是反应器也是电解槽。槽外式间接有机电合成反应是在电解槽中进行媒质的电解，电解好的媒质从电解槽转移到反应器中，在此处进行有机反应物的化学合成反应。

有机电合成相对于传统的有机合成具有显著的优点：①洁净，以电子的得失完成了氧化还原反应，不需要外加氧化剂和还原剂；②选择性很高，副反应少，其产品纯度和收率均较高，产品的分离和提纯简单；③反应条件温和，一般在常温常压或低压下进行，尤其对合成不稳定的复杂分子结构的有机物特别有利；④工艺流程简单，容易控制，操作安全，可以通过调节电流来控制反应速率，易于实现自动化连续操作；⑤节约能源，一是体现在综合能耗上；二是由于电极间电压低（2～5V），可接近热力学的要求值；⑥规模效应小，对精细化工产品的生产尤为有利。

有机电合成在化学工业生产中有广泛的应用，主要表现在以下几个方面：

① L-半胱氨酸、α-氨基酸、环氧化合物、染料中间体等有机化合物的合成；

② 新型能源（生物电池、光化学电池、高能电池等方面）的应用；

③ 仿生合成；

④ 电合成特殊性能的高分子材料；

⑤ 生物活性物质；

⑥ 其他行业，如农药、医药、食品添加剂等精细化工产品。

二、 有机电合成的新方法

近二三十年来，有机电合成的研究进展十分迅速，在直接电解、间接电解、界面修饰电极、反应性电极等领域发展速度很快,尤其是间接电合成,因不受电极的局限,并且氧化媒介及支持电解质可以循环使用,理论上讲没有三废排放,因此备受关注,其应用前景很好。除此之外,在成对电合成、固体聚合物电解质(SPE)电合成、电化学聚合(ECP)、超声电合成和电化学不对称合成等领域也取得了很大进展。

① 金属有机物合成研究。电合成金属有机化合物具有选择性高、产品纯度高、环境污染少等优点,因而其优势十分明显。Kharisov 等以 Cu、Ni、Co、Pd、Zn 为金属阳极,合成了相应的金属有机化合物,这些金属有机化合物具有特殊的功能,可用作烯烃立体选择性聚合的催化剂、聚合材料的稳定剂和防霉剂等。

② SPE 在电化学中的应用。固体聚合物电解质是一种高分子离子交换膜,因其具有较好的化学和机械稳定性、优良的导电性等优点,目前逐渐在氯碱工业、电解水工业以及航空航天用燃料电池、核潜艇用氧气发生器等领域得到了应用,并使得这些领域的技术水平取得了革命性的进步。

③ 碳载 Sb-Pb-Pt 电催化纳米材料。电极材料一直是电化学研究的重点,因此寻找和研制高选择性、高活性的新型电催化剂材料具有十分重要的意义。纳米材料同传统材料相比,具有十分独特的性能和一系列新的效应(小尺寸效应、界面效应、量子效应等)。实验表明,碳载 Sb-Pb-Pt 电催化纳米材料的催化活性和稳定性远高于常用的 Sb 和 Pb 等金属电极,具有非常好的应用前景。

④ 超声波在有机电合成中的应用。超声波电化学已广泛应用于有机电合成中,具有潜在的广泛应用前景。超声波对电化学体系的影响主要有 3 个方面:加快传质速率;持续清洁电极表面,维持其电化学活性;改变电极表面微观结构,增大比表面积。

自 1965 年 Bard 等首次用电流分析法研究了超声水浴对传质的影响后,几十年来,超声波对电化学过程的作用一直是电化学研究的前沿,超声波的应用为解决电化学中的许多问题,特别是最佳的电化学反应条件提供了途径。

三、 有机电合成的应用

目前世界上有 100 多家工厂采用有机电合成生产约 80 多种产品,还有很多已通过了工业化实验。我国有机电合成方面的研究起步较晚,但是发展迅速,下面介绍几个我国有机电合成的工业化实例。

1. L-半胱氨酸的直接电合成

L-半胱氨酸是中国最早实现工业化的有机电合成产品,它的工业生产是从毛发等畜类产品中提取胱氨酸,通过电解还原在阴极直接电合成为 L-半胱氨酸:

$$\underset{\overset{|}{NH_2}}{HOOCCHCH_2}S-SCH_2\underset{\overset{|}{NH_2}}{CHCOOH} +2H^+ +2e^- \longrightarrow 2\ L-HSCH_2\underset{\overset{|}{NH_2}}{CHCOOH} \tag{5-33}$$

这一有机电合成技术在中国的许多地方得到推广,成为生产 L-半胱氨酸的主要方法。

2. 间接电氧化生成对氟苯甲醛

对氟苯甲醛是一种非常重要的化工原料,是合成许多重要化学产品的中间体,用途极其广泛。目前国内采用芳烃为原料,经氟化再用浓硫酸水解而制得。由于氟化过程易产生异构体,因而影响产品纯度,并且产生大量的有机废液。因此以锰盐为媒质间接电氧化对氟甲苯制对氟苯甲醛是一种较理想的办法。

电氧化法合成的工艺过程主要反应分两步：

氧化反应 $\qquad$ $Mn^{2+} = Mn^{3+} + e$ $\qquad$ (5-34)

合成反应 $\quad p\text{-}FC_6H_4CH_3 + 4Mn^{3+} + H_2O = p\text{-}FC_6H_4CHO + 4Mn^{2+} + 4H^+$ (5-35)

反应后的母液经过净化处理回到电解槽中循环使用，对环境不造成污染。采用此工艺电氧化法合成对氟苯甲醛，产品纯度高，基本无三废排放，而且工艺简单、投资少，用一套设备一种工艺不仅可以生产对氟苯甲醛，而且可以生产邻氟苯甲醛、间氟苯甲醛等多种氟代芳烃醛，所以用电化学法研制氟代芳烃醛有着广阔的应用前景。

3. 间接电氧化合成维生素 K_3

传统的方法以 β-甲基萘、铬酐为原料，采用相转移合成 2-甲基-1，4 萘醌（维生素 K_3），该工艺过程中要产生大量的铬废液 $[w(Cr^{6+}) = 4\% \sim 5\%]$，合理处理这部分铬废液对该合成工艺至关重要，如果作为废物排掉，无论从经济角度还是环保角度都是不合适的。

经过大量研究发现，采用槽外式间接电合成维生素 K_3 工艺可使 Cr^{3+} 氧化为 Cr^{6+}，从而实现铬液的循环利用。其工艺过程主要反应：

氧化反应 $\qquad$ $2Cr^{3+} + 7H_2O = Cr_2O_7^{2-} + 14H^+ + 6e$ $\qquad$ (5-36)

合成反应 $C_{11}H_{10} + H_2Cr_2O_7 + 3H_2SO_4 = C_{11}H_8O_2 + Cr_2(SO_4)_3 + 5H_2O$ (5-37)

该工艺经郑州大学化工学院开发成功后已经实现工业化，并且已取得了很好的经济效益。

4. 成对电解合成乙醛酸和丁二酸

在隔膜电解槽中成对电解合成乙醛酸和丁二酸是非常成功的例子，在阳极电解乙二醛和盐酸的混合液，电氧化合成乙醛酸收率超过 70%，阴极电解顺丁烯二酸酐和氯化钠水溶液，电还原合成丁二酸的收率可达 85%，总电流效率达到 175%。此实验在阳极利用 Cl_2/Cl^- 媒质的氧化作用实现了在同一电解槽同时获得两种高附加值的产品。其电极反应式如下：

阴极反应： $2Cl^- - 2e \longrightarrow Cl_2$ $\begin{matrix} CHO \\ | \\ CHO \end{matrix}$ $+ Cl_2 + H_2O \longrightarrow$ $\begin{matrix} CHO \\ | \\ COOH \end{matrix}$ $+ 2Cl^- + 2H^+$ (5-38)

阳极反应： $2H^+ + 2e \longrightarrow 2H$ $\begin{matrix} CH-COOH \\ \| \\ CH-COOH \end{matrix}$ $+ 2H \longrightarrow$ $\begin{matrix} CH_2-COOH \\ | \\ CH_2-COOH \end{matrix}$ (5-39)

第七节 光化学合成

光化学是研究物质因受到外来光的影响而产生化学效应的一门学科。从一般概念来说，对于光化学有效的是波长在 $150 \sim 800nm$ 的可见光和紫外光。因而光化学被理解为分子吸收 $150 \sim 800nm$ 的光，使分子达到电子激发态的化学。光化学反应就是只有在光的作用下才能进行的化学反应，其反应的活化能来源于光子的能量。该反应中分子吸收光能被激发到高能态，然后电子激发态分子进行化学反应。

光化学的研究是从有机化合物的光化学反应开始的。18 世纪末期 Hales 首次报道了植物的光合作用，开始研究光与物质相互作用所引起的一些物理变化和化学变化。1843 年 Draper 报道了 H_2 与 Cl_2 在气相中发生光化学反应的科研成果，并提出了光化学反应第一定律。1905 年 Einstein 又提出了能量量子化的概念，并且把量子产率应用于光化学中，这是系统研究光化学反应的新起点。到 20 世纪 60 年代上半叶，已经发现了大量的有机光化学反应。60 年代后期，随着量子化学在有机化学中的应用和物理测试手段的突破（主要是激光技术与电子技术），光化学开始飞速发展。但是，近年来人们对光化学的研究，更多地关注环境光化学和多相光催化，而对作为清洁技术的光化学合成的研究重视不够。

一、 光化学反应的基本原理

一个光子的能量 E（以焦耳计）可由普朗克公式给出：

$$E = h\nu = hc/\lambda \tag{5-40}$$

式中　h——普朗克常数，$6.6265 \times 10^{-34} \mathrm{J/s}$；

　　　ν——光辐射的频率，Hz；

　　　c——光速，$2.9979 \times 10^8 \mathrm{m/s}$；

　　　λ——光的波长，m。

1mol 的光子也被定义为一爱因斯坦。光化学反应的发生，通常要求分子吸收的光能要超过热化学反应所需要的活化能与化学键键能（表 5-2）。光化学与热化学的基础理论并无本质差别。用分子的电子分布与重新排布、空间立体效应与诱导效应解释化学变化和反应速率等对光化学与热化学都同样适用。

表 5-2　不同波长光子的能量与不同化学键断键所需能量

λ/nm	能量/(kJ/爱因斯坦)	单键	能量/(kJ/爱因斯坦)
200	598.2	HO—H	498
250	478.6	H—Cl	432
300	398.8	H—Br	366
350	341.8	Ph—Br	332
400	299.1	H—I	299
450	265.9	Cl—Cl	240
500	239.3	Me—I	235
550	217.5	HO—OH	213
600	199.4	Br—Br	193
650	184.1	$Me_2N—NMe_2$	180
700	170.9	I—I	151

当一个反应体系被光照射时，光可以透过、散射、反射或被吸收。光化学反应第一定律（Grotthus-Draper 定律）指出：只有被分子吸收的光子才能引起该分子发生光化学反应。但并不是每一个被分子吸收的光子都一定产生化学反应，其激发能可通过荧光、磷光或分子碰撞等方式失去。图 5-7 表明了分子激发与失活的主要过程。

二、 光化学反应的特点

由于光是电磁辐射，相较于热化学，其特点如下：①光作为一种非常特殊的生态学清洁"试剂"被使用，减少了其他试剂的使用；②光化学反应条件一般比热化学要温和，反应基本上在较低的温度下进行；③光化学能控制反应选择性。因此，光化学在合成化学中，特别

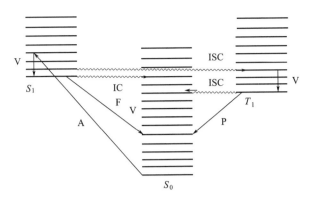

图 5-7　分子激发与失活的主要过程

A:吸收(约10^{-15}s)
F:荧光($10^{-9} \sim 10^{-5}$s)
P:磷光($10^{-9} \sim 10^{-3}$s)
V:振动阶式失活(约10^{-10}s)
IC:内部转换(约10^{-10}s)
ISC:系间窜越(约10^{-6}s)

是在天然产物、医药、香料等精细有机合成中具有特别重要的意义。

1. 减少了反应试剂的使用

光化学反应通过吸收光被引发，其反应的活化能来源于所吸收光子的能量。光子是非物质的，并且在反应过程中消失。因此，光子可被认为是理想的反应试剂，它们能活化反应，却不直接产生任何副产物。当一个用传统反应物进行的过程被光化学过程替代后，产生的废物将减少。尤其是当一次性反应试剂被消除后，光化学过程带来的益处是最大的，因为这样可有效地消除有毒或有害的副产物产生。光化学反应还避免了有害废物的回收和处置，降低了生产成本。

光源可以按要求接通或断开，而传统的反应试剂必须保持一定的储存量，有时这些反应试剂是危险的或易变质的。只要用光化学过程代替传统过程，反应试剂的库存就能减少。例如，在有机化合物卤化反应中使用的过氧化物引发剂是易爆物，需在冷却条件下保存，选择光作卤化引发剂，就可避免储存过氧化物。

如环己烷的光亚硝化反应：

$$\text{环己烷} + \text{NOCl} \xrightarrow[-\text{HCl}]{hv} \text{环己酮肟} \xrightarrow{\text{H}_2\text{SO}_4} \text{内酰胺} \tag{5-41}$$

又如碳酸二乙酯的溴化反应：

$$\text{(H}_3\text{CH}_2\text{C—O)}_2\text{CO} + \text{Br}_2 \xrightarrow[-\text{HBr}]{hv} \text{产物} + \text{HBr} \tag{5-42}$$

2. 较低的反应温度

在光化学反应中，活化能直接由光子供给。如果这个反应需要溶剂，应选择不吸收所用光源波长范围内光的溶剂。这样供给反应系统的能量将全部用于反应分子。光化学反应通常不用加热反应混合物和反应器就能进行，节约了能量，减少了产品的热分解。

3. 反应选择性的控制

众所周知，通过反应物的电子激发就能使某些合成反应完成。然而这些光化学反应产物，仅仅采用传统的热化学反应是不能得到的，这说明光化学反应是高选择性的。

例如，在 2p＋2p 环加成反应中，立方烷（cubane）的合成中变形环丁烷环的构建：

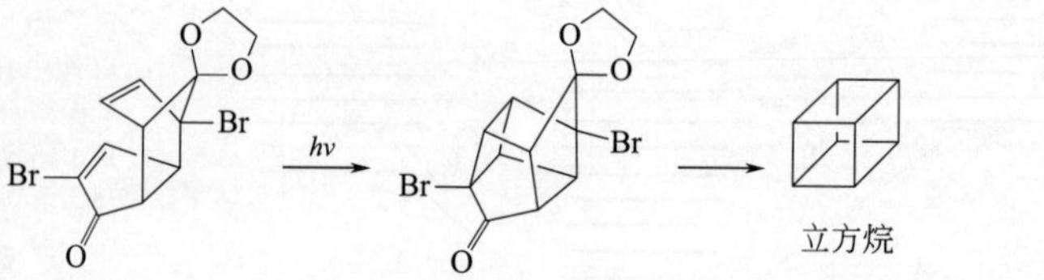

在维生素 D$_2$ 和 D$_3$ 的合成工艺中，维生素原 D（previtamin D）的光化学环的打开，也是这样一个选择性反应，该反应已实现工业化。

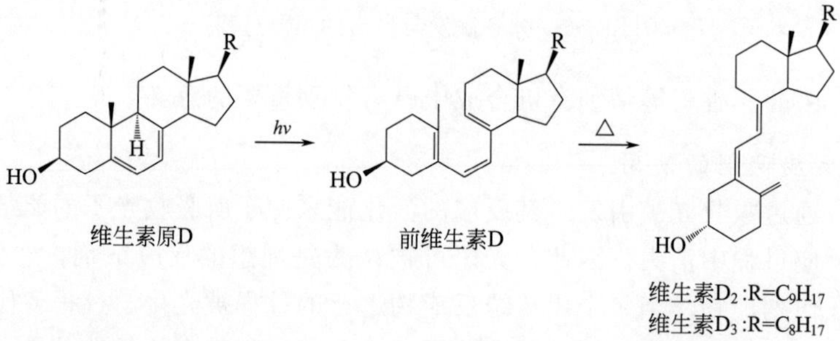

维生素原D　　　　　　　　前维生素D

维生素D$_2$: R=C$_9$H$_{17}$
维生素D$_3$: R=C$_8$H$_{17}$

反应的选择性也会受到光化学反应的温度的影响，如磺酰氯（SO$_2$Cl$_2$）与脂肪酸的反应。丙酸与磺酰氯的常规热反应，需要过氧化苯甲酰引发，温度高于 80℃，产物为 2-氯丙酸和 3-氯丙酸。而丙酸与磺酰氯的光化学反应，不需要过氧化物引发剂，温度在 0℃时就能进行，主产物为 3-氯磺化物，而不是 3-氯丙酸。当温度为 80～100℃时，产物为 2-氯丙酸和 3-氯丙酸：

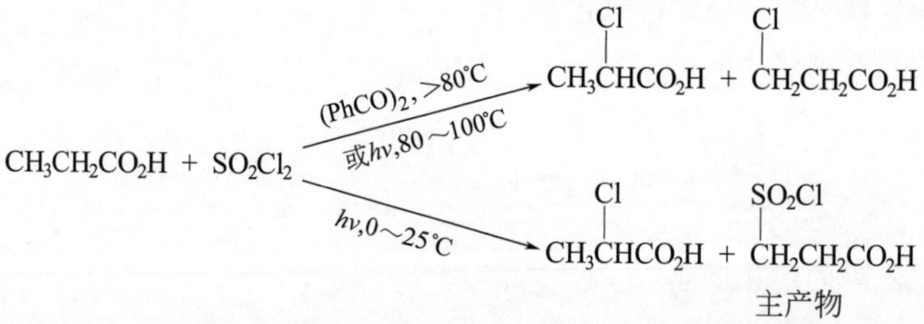

光化学反应也可在固体状态下发生。固态突破了传统液态的某些规律，往往得到与液态不同的反应结果；在复杂的反应体系中，固态又显示出极高的选择性和专一性。如吲哚同稠环化合物萘的混晶在光照射下发生了特殊光加成反应，而吲哚与菲，仅在混晶状态下发生这种加成反应，在液相中不发生反应，并且显示出极高的选择性和专一性。

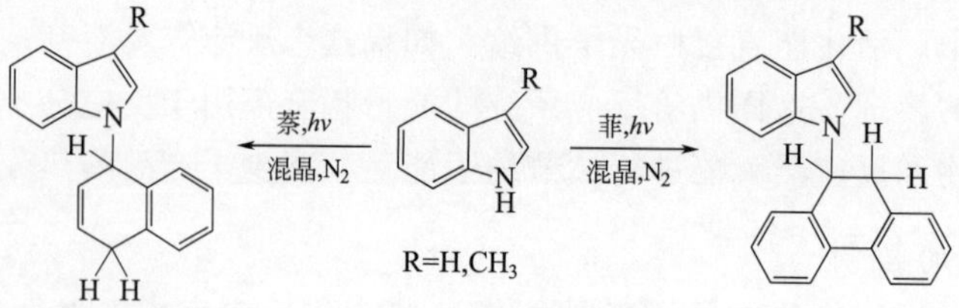

光化学在各种杂环的合成，扩/缩环反应，复杂天然物（萜类、生物碱、前列腺素等）

以及在高张力的笼状化合物等的合成中取得了巨大的成功，同时在精细有机合成方面具有很大潜力。很多这类合成工作都是热化学方法或其他催化方法所不能代替的。但是，真正在工业生产上获得成功的只有玫瑰醚、维生素 D_2 和 D_3 等有限的几个产品。随着科学技术的迅速发展，例如，新能源的开发及各种敏化过程的研究，将会大大促进光化学的发展。由于其独特的优越性和在某些反应中的不可替代性，光化学合成将越来越多地受到工业界的重视，在工业生产上将进一步取得突破性进展。

第八节　膜技术

膜技术是 20 世纪 60 年代后迅速崛起的一门分离技术，它是利用特殊制造的具有选择透过性能的薄膜，在外力推动下对混合物进行分离、提纯、浓缩的一种分离方法。目前，这种分离方法已经广泛地应用到诸多行业中，如水处理、电子工业、制药与生物工程、环境保护、食品、化工及纺织等。膜技术由于其高效、实用、可调、节能和工艺简便等优点，可产生极高的经济效益，在 21 世纪的工业技术改革中起战略作用，并被认为是最具发展前途的高新技术之一，成为世界各国科技工作者研究的热点。目前世界各国膜设备生产厂家及经营公司有 4500 多家，1999 年销售额约 50 亿美元，21 世纪初，年增长速率为 8%～15%，世界膜年销售额在 2004 年达到 100 亿美元，2012 年已超过 120 亿美元。

膜按化学组成可分为无机膜和有机高分子膜，按结构可分为对称膜（单层膜）和不对称膜（多层复合膜），按用途可分为分离膜和膜反应器。膜技术通常包括膜分离技术和膜催化技术。它们主要包括三个方面的内容：一是膜材料，二是制膜技术，三是组装膜构件。膜分离技术具有成本低、能耗少、效率高、无污染并可回收有用物质等特点。膜催化反应可以"超平衡"地进行，提高反应选择性和原料转化率，节省资源，减少污染。因此，膜技术主要用于石油化工、冶金、纺织、绿色电子、轻工、食品、医药、生物工程、环境保护等行业中，成为一个迅速崛起的新兴产业。

一、膜分离技术

将膜制成适合工业使用的构型，与驱动设备（如压力泵、电场、加热器、真空泵等）、阀门、仪表以及管道等连接，在一定工艺条件下可分离水溶液或混合气体，透过膜的组分被称为透过流分，这种分离技术被称为膜分离技术。

根据所使用膜材料的不同，分离膜有无机分离膜和有机高分子分离膜两大类型。无机分离膜是由无机材料如金属、金属氧化物、陶瓷、微孔玻璃、沸石、无机高分子材料等制成的，具有结构稳定、孔径均一、耐酸、耐碱、耐有机溶剂、抗微生物侵蚀力强、化学稳定性好、可在高温高压条件下操作等优点。它是近 10 年迅速发展的新型分离膜。有机高分子分离膜是以纤维素、聚酰亚胺类、聚砜类、聚烯烃类、硅氧烷聚合物、含氟高分子、聚电解质等合成有机高分子材料制成的分离膜，是目前工业上应用最多的技术较成熟的一类分离膜。目前膜材料研究开发的重点已经转移到对膜材料表面的修改，而不是替换现有的基本聚合物或无机底物。目前膜材料的分类见表 5-3。

表 5-3　膜材料的分类

类别	膜材料
有机材料	
纤维素类	二醋酸纤维素(CA)、三醋酸纤维素(CTA)、硝酸纤维素(CN)等
聚酰胺类	芳香聚酰胺(PA)、尼龙-66 等
芳香杂环类	聚酰亚胺(PI)等
聚砜类	聚砜(PS)、聚醚砜(PES)、磺化聚砜(PSF)等
聚烯烃类	聚乙烯(PE)、聚丙烯(PP)、聚丙烯腈(PAN)等
硅橡胶类	聚二甲基硅氧烷(PDMS)等
含氟高分子类	聚偏氟乙烯(PVDF)、聚四氟乙烯(PTFE)等
无机材料	
致密膜	钯、银、合金膜、氧化膜等
多孔膜	陶瓷、多孔玻璃等

（一）膜分离的工作原理

膜分离的工作原理：一是根据混合物的质量、体积和几何形态的不同，用过筛的方法将其分离；二是根据混合物的不同化学性质进行分离。物质通过分离膜的速度（溶解速度）取决于进入膜内的速度和由膜的一个表面扩散到另一表面的速度（扩散速度）。通过分离膜的速度愈大，透过膜所需的时间愈短，同时，混合物中各组分透过膜的速度相差愈大，则分离效率愈高。现在有许多膜技术如反渗透（RO）、超滤（UF）、微滤（MF）、纳滤（NF）、电渗析（ED）、渗透蒸发（PV）等在许多化工企业中得到利用，其他如双投膜（BPM）等也有技术开发上的突破。

（二）膜分离技术特点

膜分离过程不发生相变化，与有相变化的分离法和其他分离法相比，能耗较低。因此，膜分离技术又称节能技术。膜分离过程在常温下进行，因而特别适用于对热敏感的物质，如果汁、酶和药品等的分离、分级、浓缩与富集。膜分离技术不仅适用于有机物和无机物，而且还适用于许多特殊溶液体系的分离，如溶液中大分子与无机盐的分离。由于采用压力作为膜分离的推动力，因此分离装置简单，操作容易，易自控、维修。目前，单一膜技术主要有以下几种。

（1）反渗透（RO）膜技术　反渗透（又称高滤）过程是渗透过程的逆过程，推动力为压力差，即通过在待分离液一侧加上比渗透压高的压力，使原液中的溶剂被压到半透膜的另一侧。反渗透技术的特点是无相变，能耗低，膜选择性高，装置结构紧凑，操作简便，易维修和不污染环境等。目前，反渗透技术在大规模海水脱盐、苦盐水脱盐中已取得重大成就，已成为 21 世纪淡化领域的主导技术。在城市废水的深度处理中，利用反渗透技术以及纳滤技术对二级排放液进行最后的脱盐软化以及 COD、BOD 微量有机物重金属离子的最后脱除，已取得世界公认的效果。

（2）纳滤（NF）膜技术　纳滤技术是超低压具有纳米级孔径的反渗透技术。纳滤膜技术对单价离子或相对分子质量低于 200 的有机物截留较差，而对二价或多价离子及相对分子质量介于 200～1000 的有机物有较高脱除率。纳滤膜具有荷电，对不同的荷电溶质有选择性截留作用，同时它又是多孔膜，在低压下透水性高。纳滤膜可脱除污水中农药、表面活性剂及三氯甲烷前驱物，非常适用于污水处理。

（3）微滤（MF）膜技术　微滤膜是以静压差为推动力，利用筛网状过滤介质膜的筛分作用进行分离。微滤膜是均匀的多孔薄膜，其技术特点是膜孔径均一、过滤精度高、滤速快、吸附量少且无介质脱落等。该技术主要用于细菌、微粒的去除，广泛应用在食品饮料和制药行业中的药物产品的除菌和净化，半导体工业超纯水支配过程中颗粒的去除，生物技术领域发酵液中生物制品的浓缩与分离。

（4）超滤（UF）膜技术　超滤是以压差为驱动力，利用超滤膜的高精度截留性能进行固液分离或使不同相对分子质量物质分级的膜分离技术。其技术特点是能同时进行浓缩和分离大分子或胶体物质。与反渗透相比，其操作压力低，设备投资费用和运行费用低，无相变，低能耗，高选择性，在食品、医药、工业废水处理、超纯水制备及生物技术工业领域应用较广泛。在实际连续生产过程中，超滤膜会受有机物、微生物污染及浓差极化现象等影响而引起阻塞，因此研究改善膜的材料、结构、工艺及工作条件，是超滤膜技术发展的主要方向。

（5）电渗析（ED）膜技术　电渗析是一个电化学分离过程，是在直流电场作用下以电位差为驱动力，通过荷电膜将溶液中带电离子与不带电组分分离的过程。该分离过程是在离子交换膜中完成的，主要应用于海水淡化，苦咸水脱盐，海水浓缩制盐，乳精、糖、酒、饮料等的脱盐净化，锅炉给水、冷却循环水软化，废水中高价值物质回收与水的回用，废酸、废碱液净化与回收等。

（6）双极膜（BPM）技术　双极膜是由阴离子交换膜和阳离子交换膜叠压在一起形成的新型分离膜。阴阳膜的复合可以将不同电荷密度、厚度和性能的膜材料在不同的复合条件下制成不同性能和用途的双极膜。其主要应用于酸碱生产、烟道气脱硫、食盐电解等。双极膜在酸碱性工业废液的净化回收、含氟废液的处理以及稀溶液中染料的分离等方面的应用优势更为明显。

（7）渗透蒸发（PV）膜技术　渗透蒸发是一个压力驱动膜分离过程，它是利用液体中两种组分在膜中溶解度与扩散系数的差别，通过渗透与蒸发，达到分离目的的一个过程，其设备投资和运行费用较低。PV膜分离技术已在无水乙醇的生产中得到了成功的应用，它与传统的恒沸精馏制无水乙醇相比，可大大降低运行费用，且不受汽液平衡的限制。另外，在工业废水处理中，可去除废水中少量有毒有机物（如苯、酚及含氯化合物等），其设备投资和运行费用较低。近年来，对渗透蒸发技术的研究虽然进展很快，但它单独使用的经济性并不好。

二、　膜催化技术

膜催化技术是近十多年来在多相催化领域中出现的一种新技术。该技术是将催化材料制成膜反应器或将催化剂置于膜反应器中操作，反应物可选择性地穿透膜并发生反应，产物可选择性地穿过膜而离开反应区域，从而有效地调节某一反应物或产物在反应器中的区域浓度，打破化学反应在热力学上的平衡状态，实现反应的高选择性并提高原料的利用率。根据膜的作用和功能不同，膜反应器分为两种类型：一种是分离膜和催化剂分占不同位置，催化剂位于反应区内，邻近膜起选择性分离作用；另一种是分离膜同时作为催化剂，反应区在膜内，反应和分离同步进行。膜催化技术在化学工业中具有重要的应用（表5-4），例如可用于甲烷氧化偶联制烯烃、甲烷直接氧化制甲醇、甲醛及其下游精细化学品等。此外，NO_x的还原反应在膜反应器中进行，其转化率可达 100%，这对于汽车尾气中 NO_x 的处理及保护大气环境具有重要的现实意义。

表 5-4　膜催化技术在化学工业中的应用

反应类型	应用
催化加氢	不饱和烯烃加氢
	环多烯烃加氢
	芳烃加氢
	C_2、C_3 选择加氢
	精细化工合成中的加氢
催化脱氢	$C_2 \sim C_5$ 低级烷烃脱氢制烯烃
	长链烷烃(如庚烷)脱氢环化制芳烃
烃类催化氧化	丙烷脱氢环化二聚制芳烃
	C_3 中的甲烷氧化偶联制烯烃
	甲烷直接氧化制甲醛
	甲醇氧化制甲醛
	乙醇氧化制乙醛
	丙烯氧化制丙烯醛
	C_2、C_3 环烯烃氧化成环状氧化物

三、 膜化学反应器

膜化学反应器，即膜与化学反应过程相结合构成的反应设备或系统，旨在利用膜的特殊功能，实现产物的原位分离、反应物的控制输入、反应与反应的耦合、相间传递的强化、反应分离过程的集成等，达到提高反应转化率、改善反应选择性、提高反应速率、延长催化剂使用寿命和降低设备投资等目的。膜化学反应器种类非常繁多，目前尚无统一的分类方法。根据膜材料不同，可分为无机膜和有机膜化学反应器；按催化性能可分为催化膜反应器和惰性膜反应器；根据膜的渗透性能，可分为选择渗透性膜反应器和非选择渗透性膜反应器等。在膜分离过程中，膜的基本功能是选择透过性；在膜化学反应器中，膜的基本特征功能仍与其渗透性能相关，可以概括为选择分离、控制输入（或称为分布混合）、输入分离（或称为混合分离）和提供介观孔道反应环境，同时可兼具催化、载体和分隔等从属功能。因此，可将膜化学反应器分为膜反应分离器、膜混合反应器、膜混合反应分离器和膜介观孔道反应器。表 5-5 列出了膜反应器的种类和主要膜材料。

表 5-5　膜反应器的种类和主要膜材料

种类		代表性实例
无机膜	金属膜或合金膜	Pd 膜、Pd-Ag 膜、Ni-Rh 膜
	多孔陶瓷膜	Al_2O_3 膜、SiO_2-Al_2O_3 膜、ZrO_2 膜
	多孔玻璃膜	SiO_2 膜、多孔 Vycor 玻璃膜
高分子膜		聚酰亚胺、聚四氟乙烯、聚砜、聚苯乙烯、硅氧烷聚合物、等离子体处理聚合膜
生物膜		酶膜反应器
复合膜		Pd-多孔陶瓷、Pd-分子筛膜、多孔玻璃复合膜

我国在分离膜几乎所有的领域都开展了工作，全国从事分离膜研究的院所、大学近 100家，膜制品生产企业有 300 多家，工程公司近 1000 家，膜技术从以前掌握在少数企业的现

象发展到现在逐步"飞入寻常百姓家"。经过 50 多年的发展，中国膜产业逐渐走向成熟，膜产业总产值由 1993 年的 2 亿元人民币增长为 2012 年的 594 亿元人民币，2014 年中国膜行业产值突破 1000 亿元，提前一年实现"十二五"预期目标，预计"十三五"末中国膜产业产值将达 3000 亿元。可以说，中国的膜时代即将到来。市场分析指出，我国今后 10 年内膜法水处理工程将以 40％ 的年增长率高速发展，膜产品年增长率将达到 20％ 以上，大大高于国际平均水平。在中国节能减排巨大压力下而产生的商业机遇下，许多跨国公司已经开始加速布局中国膜产业市场。我国的膜行业的特点是发展快，需求量高，在新能源开发领域、环保领域和水务领域，膜技术将大显身手。

第九节　生物技术

生物技术作为高新技术领域之一，它与新材料技术和电子信息技术成为现代科学技术的三大支柱。生物技术的最大特点在于能充分利用各种自然资源，节省能源，减少污染，易于实现清洁生产，而且可以生产一般化工技术难以制备的产品。生物技术在化学工业中的应用简称为生物化工，它被认为是 21 世纪最具有发展潜力的产业之一。

一、　生物技术及其发展

生物技术是应用生物学、化学和工程学的基本原理，依靠生物催化剂的作用将物料进行加工，以生产有用物质或为社会服务的一门多学科综合性的科学技术。近 20 年来，随着分子生物学的发展，基因重组技术和细胞融合技术的突破，以及单克隆抗体技术、酶和细胞的固定技术、动物和植物细胞的大规模培养技术的开发，人们能开始定向地设计和组建具有特定性状的新的生物品种和物系，并能结合发酵工程和生物化学工程原理，对微生物以及动物和植物细胞进行培养和加工，逐步应用于医药、食品、能源、化工、生态农业等领域。生物技术在国民经济建设中发挥出越来越重要的作用。现代生物技术正以巨大的活力改变着传统的社会生产方式和产业结构，将成为解决人类所面临的食品、资源、能源、环境等问题的关键技术。

二、　生物技术的分类和应用

现代生物技术已成为当代生物科学研究和开发的主流，通常认为生物技术主要包括基因工程、细胞工程、酶工程和微生物发酵工程。它们彼此相互渗透，相互交融。基因工程是生物技术的主导技术；细胞工程是生物技术的基础；酶工程是生物技术的条件；微生物发酵工程和生物化学工程是生物技术实现工业化、获得最终产品、转化为生产力的关键。

（一）基因工程

基因工程也称为遗传工程，主要是基因重组技术，即按照人们的要求将目的脱氧核糖核酸（DNA）片段在离体条件下用工具酶剪切、组合和拼接，再将其引入宿主细胞复制和表达，达到改造生物特性的目的，生产出具有所需性状的产品的技术。基因工程有体外基因工程和体内基因工程两种，通常所说的基因工程多指体外基因工程。目前利用基因重组技术主要是生产活性多肽药物和疫苗等，用于防治肿瘤、心脑血管疾病以及遗传性、免疫性和内分泌方面的疑难疾病，药效持久，副作用小。例如，人工胰岛素可以说是第一个基因工程产品，1980 年，科学家成功地进行了将人工获得的胰岛素基因载入大肠杆菌中生产人胰岛素的实验，随后 Lilly 公司利用 DNA 重组技术生产出人胰岛素并投入市场。其生产过程为：首先从人胰脏细胞分离得到胰岛素基因（也可用化学合成法或反转录法获得），将此基因的 DNA 片段重组到载体（质粒）内，然后把重组质粒导入大肠杆菌内，得到能生产胰岛素的大肠杆菌（工程菌），进而用发酵法生产胰岛素。用基因工程生产胰岛素的过程采用的这种基因工程菌在发酵罐中生产，只需 200L 发酵液便可得到 10g 人胰岛素，而过去从猪、牛等动物胰脏提取，每 450kg 猪胰腺才能提取 10g 胰岛素，其产率很低，根本不能满足医用需求。如今人工胰岛素、生长激素、促细胞形成素、干扰素、释放控制素等活性肽药物均已商品化。

利用基因工程可以创造一些新的具有特殊代谢功能的微生物菌种，通过微生物发酵或酶工程生产出多种化学品。例如，英国 ICI 公司以甲醇为原料，采用经过基因工程改造的嗜甲醇菌生产单细胞蛋白（SCP），每年生产 5000～7000t 干菌体，产品中含粗蛋白达 72%，核酸为 14%～17%。莱比锡-哈雷环境中心以有机废物发酵产生的沼气为原料，经甲烷单胞菌新陈代谢，生产出细颗粒状的聚合多羟基丁酸，可作为生物医学材料。此外，以淀粉水解制得的葡萄糖为原料，经过基因工程改造的生物催化剂作用，可合成维生素 C、己二酸、邻苯二酚等多种化学品。

（二）细胞工程

细胞工程包括细胞融合及由此衍生出来的单克隆抗体技术、动植物细胞的大规模培养技术以及植物组织培养快速繁殖技术。细胞融合技术是指人为地将两种不同的生物细胞用生物、化学或物理方法使之直接融合，从而产生能够同时表达两组亲本有益性状的杂种细胞的技术。它可以在种间、属间甚至动物和植物之间进行。在细胞工程中，植物组织和细胞培养技术不仅具有重要的现实意义，而且具有广阔的应用前景。自然界众多的植物不仅为人类提供了粮食和油料，还提供了品种繁多的精细化学品，如有机酸、生物碱、萜类、香料、色素等，它们广泛应用于药物、食品添加剂、化妆品、表面活性剂中。由于自然界植物资源有限，难以满足各种需求，而采用植物组织和细胞的大规模培养方法已能解决这一问题。近 30 年来，已研究的植物组织和细胞培养有 200 多种，已分离出的次生代谢产物达 500 种以上，其中人参、紫草、黄连、三七、长春花、柴胡、海巴戟等 30 多种植物的培养物药用成分已经等于或超过原植物的含量，并且具有同样的生理活性。例如，日本宇都大学研究开发的紫草系，1984 年将"生物口红"商品投放市场，成为植物细胞培养的第一个商品，因其无毒、无副作用而深受欢迎。

（三）酶工程

酶工程包括酶源的开发、酶的提取和纯化、酶和细胞的固定化、酶分子的改造和化学修饰、酶分子的人工设计等。因此酶工程是生物化学的酶学原理与化工技术相结合的一种新技术。

酶是存在于生物体内具有催化功能的蛋白质。根据酶所催化的反应类型不同可将酶分为 6 类：氧化还原酶（包括氧化酶和脱氢酶）、转移酶、水解酶、异构酶、裂解酶和连接酶。

酶催化反应的特点如下。

① 催化效率高。酶的催化效率是历史最高水平的一般化学催化剂的 $10^6 \sim 10^{13}$ 倍。

② 反应选择性好。大多数酶具有高度的专一性（包括酶对反应的专一性和对底物的专一性），能迅速专一地催化某一基因或某一特定位置的反应，合成出用化学合成法很难制备的复杂结构化合物，特别是具有光学活性的手性化合物，如人工胰岛素、多肽化合物、抗菌素、干扰素、甾体激素类药物等。

③ 酶反应可在常温常压下进行，条件温和，容易控制，副反应少，环境污染小。

长期以来，酶反应都是在水溶液中进行，属于均相反应，但是，反应后的酶难以分离，无法重复使用，加之溶液酶很不稳定，容易变性或失活。因此，在 20 世纪 70 年代科学家提出了酶的固定化技术，就是将酶固定在载体上。

固定化酶和固定化细胞统称为固定化生物催化剂，它们在精细化学品的制备中具有极其重要的应用，如表 5-6 所示。

表 5-6 固定化生物催化剂在精细化工中的应用实例

原料	酶或细胞	载体	产物
N-酰化 DL-氨基酸	氨基酰化酶	DEAE 纤维素	L-氨基酸
葡萄糖	葡萄糖异构酶	DEAE 纤维素浆	果葡萄浆
青霉素 G	青霉素酰化酶	羧甲基纤维素 丙烯酸酯类大孔树脂	6-氨基青霉烷酸（6-APA）
青霉素 G	含青霉素酰化酶的大肠杆菌	三醋酸纤维素	6-APA
头孢菌素化合物	青霉素 G 酰化酶	硅藻土	7-氨基头孢烷酸（7-ACA）

（四）微生物发酵工程

微生物发酵工程包括菌种的选育、菌种的生产、代谢产物的发酵及微生物的利用等，也包括生物化学工程，即生化反应器的设计与放大、生产过程参数的检测与控制以及产物的分离和精制等。因此，现代微生物发酵工程是利用微生物的特定性状和现代化的工程技术进行工业生产的新技术体系，而且，只有通过微生物发酵工程和生化工程才能使基因工程、细胞工程和酶工程等技术转化为生产力。微生物发酵技术在我国源远流长。在距今 4000 多年的龙山文化时期，酿酒技术已相当精湛，这可以说是古老的生物技术。如今，微生物发酵技术仍然是生产精细化学品的重要手段之一。例如，目前绝大多数氨基酸都可以用发酵法生产；许多有机酸如柠檬酸、乳酸、苹果酸、葡萄糖酸、衣康酸等也可以用发酵法生产；大多数抗生素是用微生物发酵法合成的。特别是单细胞蛋白（SCP），它是微生物发酵法工业化生产蛋白质的重要产品，既可以用石蜡、甲醇等石油化工产品来生产，也可用淀粉、糖、纤维素等可再生资源生产，还可以利用工农业废物作原料生产。SCP 主要用于动物饲料，也可作为人类的蛋白食品，特别是随着世界人口的剧增，开发 SCP 作为人类的直接食品具有极其重要的现实意义和发展前景。

第十节 等离子体技术

大量的粒子在热激发、光激发、电激发下会产生电离，形成自由离子、电子、自由基及中性粒子组成的空间体系。当带电粒子密度达到其建立的空间电荷足以限制其自身的运动时，这种电离气体就成了等离子体。在化工生产中能实际应用的等离子体，主要指低温等离子体，所谓低温等离子体就是等离子气氛的总体温度较低，一般只有几百摄氏度，甚至几十摄氏度，但是其中的电子温度却高达 $10^3 \sim 10^4$ K。低温等离子体还有一个最大的特征，就是它处于非平衡态，适用于非平衡态热力学，研究处于激发态下的高能、高活性、高速离子、电子、原子、分子、中性粒子等组成的部分电离的气体直接或间接、部分或全部参加的化学反应的过程。等离子体由最清洁的高能粒子组成，不会造成环境污染，对生态系统无不良影响，而且等离子体反应速率快，反应完全，使原料的转化率大大提高，有可能实现原子经济性反应，因此，副反应很少，可实现零排放，做到清洁生产。同时，由于等离子体的高能量输入，使在常规条件下不能反应或反应速率极慢的体系也可以发生化学反应。低温等离子体由于具有一系列特殊的性质，因而其在材料表面改性、等离子体溅射和化学气相沉积薄膜、等离子体清洗、微电路干法刻蚀等方面有广泛的应用。四川大学对采用等离子体进行有色金属的绿色化冶炼开展了研究，得到了较好的清洁生产工艺。

目前得到广泛研究与应用的新型低温低气压辉光放电等离子体有电子回旋共振等离子体（electron cyclotron resonance，ECR）、射频感应耦合等离子体（inductively coupled plasma，ICP）、螺旋波等离子体（helicon wave plasma，HWP）。

一、 电子回旋共振等离子体

电子回旋共振（ECR）等离子体是指在磁场中受洛伦兹力作用作回旋运动的电子。在磁通密度为 875Gs（1Gs＝10^{-4} T）处它的回旋频率和沿磁场方向传播的右旋极化微波频率（2450MHz）相等。电子在微波电场中被不断同步加速而获得的能量大于离子获得的能量，使得即使在接近常温下，如果在两次碰撞之间电子共振吸收微波的能量大于气体粒子的电离能、分子离解能或某一状态的激发能，那么将产生碰撞电离、分子离解和粒子激活，从而实现等离子体放电和获得活性反应粒子，形成高密度的 ECR 低温等离子体。

ECR 等离子体具有如下优点：①等离子体密度高，约有 $10^{10} \sim 10^{12}$ cm^{-3}；②离子能量低，避免了离子轰击造成的材料表面损伤和缺陷的产生；③无内电极放电，无污染；④磁场约束，减少了等离子体与器壁的作用；⑤放电气压低，约为 $10^{-2} \sim 10^{-1}$ Pa；⑥能量转换率高，电离度高（>10%），对微波的吸收率高达 95% 以上；⑦低温下激发的高密度活性基有利于高温材料的低温合成。上述优点使得 ECR 等离子体在等离子体微细干法刻蚀、等离子体辅助化学气相沉积、材料表面处理等方面具有广泛的应用前景。

ECR 等离子体化学气相沉积（ECR-PECVD）采用 ECR 等离子体辅助。充分利用磁场对等离子体的定向输运和约束以及离子轰击能低、等离子体密度大的优点在样品台附近获得大量的等离子体活性自由基，实现需要高温生长条件薄膜的低温沉积，克服了薄膜在生长过程中因高温造成晶格热失配而产生的晶格缺陷和裂痕，保证了高质量薄膜的生长。这一工艺有效弥补了目前常用的基于直接加热分解技术的有机金属化学气相沉积（MOCVD）方法中生长薄膜温度高、工艺复杂、成本高的不足。如 S. L. Fu 等人采用 ECR-PECVD 工艺，在450℃低温下制备出了 GaN 薄膜。

二、 射频感应耦合等离子体

射频感应耦合（ICP）等离子体源的研究始于 20 世纪初 Thomson 和 Townsend 以及 Wood 等开创性的工作，但当时的工作气压高达几百帕，且等离子体产生尺度范围很窄，因而得不到广泛的应用。直到最近的 10 年，低压、高密度、大直径的 ICP 等离子体源才在生产中得到使用。

ICP 等离子体除了具有 ECR 等离子体的无内电极放电、无污染、等离子体密度高（约 $10^{10}\,cm^{-3}$）等特点外，成本低的优势使得其应用范围更广泛。ICP 等离子体增强气相沉积（ICPECVD）是化学气相沉积技术的一种。其基本原理是将射频放电的物理过程和化学气相沉积相结合，利用 ICP 等离子体裂解反应前驱物，如制备高硬度、耐高温、耐腐蚀的 Si_3N_4 薄膜。ICP 等离子体的另一个主要工业应用就是等离子体干法刻蚀，特别是反应离子刻蚀（RIE）。ICP 等离子体干法刻蚀能够克服湿法刻蚀严重的钻蚀效应及各向同性的缺点，具有选择性、各向异性等特点，广泛应用于高集成度的微电子学集成电路的设计当中。如采用 Cl_2 等离子体对 P-GaN 薄膜进行干法刻蚀。另外，ICP 等离子体还广泛应用于辅助磁控溅射、电子束蒸发工艺中，作为离子源来增强反应条件以及降低反应温度。

三、 螺旋波等离子体

螺旋波（helicon）是一种在与磁场平行的等离子体柱中传播的哨声波模式，利用一种环绕于玻璃或石英管外壁的天线与磁化等离子体中的右旋极化波的共振，可以非常有效地通过朗道吸收加热电子，产生高密度螺旋波（HWP）等离子体。这在 1960 年是由 Aigrain 最早提出来。20 世纪 70 年代初，Boswell 等人第一个在 0.2Pa、0.045T 约束磁场条件下，获得了等离子体高达 $10^{12}\,cm^{-3}$、中性原子完全电离的 HWP 等离子体。1985 年，F. F. Chen 对 HWP 等离子体的产生机制提出了理论解释，认为螺旋波是通过朗道阻尼的方式加热电子的，这一说法得到了 Shoji 和 Boswell 等人实验的验证，并得到人们的普遍认可。

与 ICP 等离子体相比，HWP 等离子体虽然同样采用射频源激励，但增加了一个外磁场，这个外磁场与 ECR 等离子体的磁场相比强度要小得多。与其他的等离子体相比，HWP 等离子体具有两大优点：①具有非常高的等离子体密度以及电离效率，在 10^{-1} Pa 量级放电气压下等离子体密度达到 $10^{13}\,cm^{-3}$，比 ECR 等离子体高一个数量级；②HWP 等离子体装置相对简单，但等离子体的稳定性、易操作性优良。作为一种新的低气压、高密度等离子体源，螺旋波等离子体在超大规模集成电路工艺、微机械加工、薄膜材料制备、材料表面改性以及气体激光器等方面有广泛的应用前景。日本、美国、澳大利亚等国都在这方面进行了长期的、大量的研究，而国内最近 15 年才开展这方面的研究。

微加工工艺、超大规模集成电路以及半导体薄膜器件日新月异的发展，对低温等离子体技术提出了更高的要求。ECR 等离子体、RF-ICP 等离子体、HWP 等离子体是目前受到广泛研究并具有巨大工业应用潜力的低温等离子体放电技术。这三种低温等离子体技术在工业应用方面的优势和魅力在于等离子体自加热条件下就能获得反应所需要的活性粒子。这是传统的直接加热方式的高温化学工艺手段所无法实现的，这种根本上的优势将会为微电子加工工业带来革命性的变化以及无限的商机。

◆ 参考文献 ◆

[1] 刘苏友，沈竞康，胡定宇. 组合化学 [J]. 上海化工，2002，3：24-26.

[2] 曾国平，陈建萍. 组合化学的研究进展 [J]. 化学教育，2009，30（2）：6-10.

[3] 肖远胜，万伯顺，梁鑫淼. 液相组合化学研究进展 [J]. 化学进展，2001，1313（4）：268-275.

[4] 刘春河，恽榴红. 组合库的设计与合成研究进展 [J]. 中国药物化学杂志，2002，12（1）：57-62.

[5] 何伟，余鹏伟，方正，等. 动态组合化学的研究进展 [J]. 药学学报，2013，48（6）：814-823.

[6] 陈玉岩，刘刚. 动态组合化学最新进展 [J]. 化学进展，2007，19（12）：1903-1908.

[7] 刘征骁，赵卫光，李正名. 动态组合化学研究进展及其在药物设计中的应用 [J]. 有机化学，2004，24（1）：1-6.

[8] 陈庆龄. 组合化学在催化领域中的应用 [J]. 石油学报，2005，12（3）：34-38.

[9] 谢冬，邵友东. 浅谈绿色化学中的无溶剂反应 [J]. 安徽农学通报，2009，15（10）：219-221.

[10] 马欣，范为正，李晓明，等. 无溶剂条件下的不对称催化反应 [J]. 化学进展，2010，22（7）：1310-1340.

[11] 吴辉禄. 绿色化学 [M]. 成都：西南交通大学出版社，2010.

[12] 杨德红，杨本勇，李慧，等. 绿色化学 [M]. 郑州：黄河水利出版社，2008.

[13] 王晓楠. 膜技术及其应用浅析 [J]. 科学咨询，2010，07.

[14] 赵檀，刘文勇，董春明. 膜技术的应用及分离方法 [C] //十届全国工业催化技术及应用年会论文集，2006，117-118.

[15] 赵宁，王启山，李思思. 膜技术研究进展 [J]. 科技资讯，2010，10.

[16] 王桂香，韩恩山，许寒. 膜技术在应用领域的进展 [J]. 山西化工，2008，28（1）：25-27.

[17] 王春安，闫俊虎. 新型低温等离子体技术及应用 [J]. 广东技术师范学院学报，2010，1：22-25.

[18] Fu S L, Chen J F, Zhong H B, et al. Characterizations of GaN film growth by ECR plasma chemical vapor deposition [J]. Journal of Crystal Growth, 2009, 311: 3325-3331.

[19] Fu S L, Chen J F, Li Y, et al. Optical emission spectroscopy of electron cyclotron resonance-plasma enchanted metalorganic chemical vapor deposition process for deposition of GaN film [J]. Plasma science & technology, 2008, 10(1): 70-73.

[20] Naho L, Yoko U, Nobuo I, et al. Production of low electron temperature ECR plasma for plasma processing [J]. Thin solid films, 2001, 390: 202-207.

第六章 绿色化工生产技术

《全球科学家对人类的警告》中指出："目前世界上大部分重要生态系统已处于崩溃状态，世界已进入一个危机四伏的新时期。"因此，改变传统的化工生产模式，实施绿色化工生产，从污染的源头防止污染的发生是从根本上解决环境污染的重要方法。用绿色的化工工艺取代传统的化工工艺；采用无毒、无害的原料；在无毒、无害的反应条件下进行；反应具有高选择性，最大限度地减少副产物的生成。要达到此目的，必须在化工行业推行清洁生产，实现零排放，把污染消灭在生产过程中。

第一节 清洁生产的概念和内容

一、清洁生产的概念

联合国环境规划署工业与环境活动中心（UNEP IE/PAC）将清洁生产定义为："清洁生产是指将综合预防的环境保护策略持续应用于生产过程和产品使用过程中，以期减少对人类和环境的风险。"

清洁生产的定义包含了两个全过程的控制：生产全过程和产品整个生命周期全过程。对生产过程而言是节约原材料、能源，尽可能不使用有毒的原材料，尽可能减少有害废物的排放和毒性；对产品而言是沿产品的整个生命周期也就是从原材料的提取一直到产品最终处置的整个过程都尽可能地减少对环境的影响。

清洁生产的思想与传统思路不同：传统的观念考虑对环境的影响时，把注意力集中在污染物产生之后如何处理，以减少对环境的危害；而清洁生产则是要求把污染消除在生产过程中和污染产生之前。

清洁生产理论基础的实质是最优化理论。在生产过程中，物料按平衡原理相互转换，生产过程排出的废物越多则投入的原材料消耗就越大。清洁生产是在特定的条件下，使物料消耗最少，产品的收率最高。

二、清洁生产的内容

清洁生产的内容包括清洁的生产过程、清洁的产品、清洁的能源三个方面。

① 清洁的生产过程是指在生产中尽量少用和不用有毒有害的原料；采用无毒无害的中间产品，采用少废、无废的新工艺和高效设备，改进常规的产品生产工艺；尽量减少生产过

程中的各种危险因素，如高温、高压、低温、低压、易燃、易爆、强噪声、强震动等；采用可靠、简单的生产操作和控制；完善生产管理；对物料进行内部循环使用，对少量必须排放的污染物采取有效的设施和装置进行处理和处置。

② 清洁的产品是指在产品的设计和生产过程中，应考虑节约原材料和能源，少用昂贵的和紧缺的原料；产品在使用过程中和使用后不会危害人体健康和成为破坏生态环境的因素，易于回收、循环利用和再生，产品的使用寿命和使用功能合理，包装适宜。

③ 清洁的能源是指常规能源的清洁利用；可再生能源的利用；新能源的开发；各种节能技术的推广以提高能源的利用率。

总之，清洁生产是以节约能量、降低原材料消耗、减少污染物的排放量为目标，以科学管理、技术进步为手段，以提高污染防治效果，降低防治费用，减少化学工业生产对人体健康和环境的影响为目的。因此，实现无废少废的清洁工艺不是单纯从技术、经济角度出发来改造生产活动，而是从生态经济的角度出发，根据合理利用资源、保护生态环境的原则考察化工产品从研究、设计到消费的全过程，以促进社会、经济和环境的和谐发展。它所着眼的不是消除污染引起的后果，而是消除造成污染的根源。

还应该指出，清洁生产只是一个相对概念，它的清洁工艺和清洁产品只是与现有的工艺和产品相比较而言的，因此推行清洁生产是一个不断完善的过程，随着经济的发展和科学技术的进步，还需要不断提出新目标，达到更高的水平。同时，清洁生产与末端治理两者并非不相容，并不是说推行清洁生产就不需末端治理。这是由于工业生产无法完全避免污染产生，再先进的生产工艺也不可避免地会有少量污染物产生，用过的产品也必须进行处理、处置，因此清洁生产和末端治理会永远长期共存。只有共同努力，实施生产过程和治污过程的双重控制，才能使社会、经济和环境一起和谐发展。

第二节　清洁生产的途径

绿色化工的任务就是在生产过程中实施清洁生产。清洁生产是化学工业发展的一种新模式，它贯穿于产品生产和消费的全过程中，要实现清洁生产，必须解决在生产、储运、使用和消费过程中存在的问题。

化工行业的特点是产品众多、生产工艺繁杂、每个生产工艺过程或多或少都会产生一定的污染。所以化工产品的清洁生产和污染预防是并存的，且在生产过程中污染产生的多少与许多因素有密切关系，如产品设计、原料的选择、合成的难易、工艺技术、机械设备、生产管理以及工人操作等诸多因素，每种因素的影响程度和预防机会都有所差异。如果从产品的研究开发、设计、生产、使用全过程而言，最重要、最经济的污染预防机会应是在产品的研究开发、设计阶段，当产品、原料路线和工艺过程确定后，在以后的阶段实施废物消减和物料的循环就很困难，而且费用较高，而从另一种方面看，领导决策、政策法规对推行清洁生产也极为重要。由此可见，实施清洁生产是一个系统工程，必须全方位动员才能完成。下面从化工行业产品的生产规模、原料的选择和利用、工艺过程的闭路循环、综合利用等方面，举例分析化工清洁生产的途径。

一、 产品的生产规模

在化工产品的生产中，合理的经济规模在投资、能源利用、管理、污染物产生与治理等方面有着明显的优越性。一般来说生产规模较小、管理方式落后、自动化程度差、物料的收率低，产品的物耗和能耗就高。我国生产合成氨的中小型厂的生产产量占整个合成氨产量的70%以上，而中小型合成氨厂的废水排放量是大型厂的10倍以上，氨、氮排放量是大型厂的8~13倍，能耗也比大型厂高出20%~80%。生产规模越大，原料、能耗及废水排放量越小。因此，近年来化工装置走向单系列、大型化、自动化方向是必然趋势。目前国外合成氨生产装置的规模已发展到80万吨/年以上。

二、 原料的选择

清洁生产的原则决定了在原料选择时，要考虑工艺过程中尽可能无废或少废排放，但必须将经济效益和环境效益同时考虑。20世纪60年代前，乙炔是有机合成工业的重要原料，如乙炔加氢制乙烯、乙炔与氯化氢合成氯乙烯、乙炔与醋酸合成醋酸乙烯等。当时工业上生产乙炔的方法是电石法，而且是唯一的方法，但此法属于典型的多废物、高能耗的工艺，每生产 1kg 乙炔需耗电 10kW·h 左右，生产过程中还产生大量的粉尘、废气和废渣。

由于上述原因，1960年后随着石油工业的兴起，以乙炔为原料的产品已逐步为乙烯所替代，也使乙烯成为基本有机合成的重要原料，它的产量已成为一个国家基本有机化工发展水平的标志。

选择了不同的起始原料，生产产品的工艺路线也相应地改变。以下是由乙炔和乙烯为原料生产氯乙烯和醋酸乙烯酯的不同工艺路线。

(1) $CaC_2 \xrightarrow{H_2O} HC\equiv CH \xrightarrow[HgCl_2]{HCl} H_2C=CHCl$

$HC\equiv CH \xrightarrow[OH^-]{CH_3COOH} H_2C=CHCOOCH_3$

(2) 石油裂解 $\longrightarrow H_2C=CH_2 \xrightarrow[\text{空气}]{Cl_2} H_2C=CHCl$

$H_2C=CH_2 \xrightarrow[O_2/Pd/Au]{CH_3COOH} H_2C=CHCOOCH_3$

由上述工艺路线可以看出由乙烯来生产氯乙烯和醋酸乙烯酯，生产过程中不再产生 $Ca(OH)_2$ 废渣，减轻了污染物的处理负担，同时能源的消耗成倍降低，使整个生产过程的经济效益和环境效益大为提高。这是改变原料路线，选择无废少废工艺的一个重要例证。

原料的选择，对生产过程中污染的产生至关重要，如果采用高污染的原料在生产产品的同时也产生大量的污染物，不仅对环境造成威胁，也为末端治理留下很重的负担。如硫酸生产，若采用含硫品位较低的硫铁矿，则硫的烧出率低、矿耗高。表6-1列出了硫铁矿品位与硫烧出率、矿耗和矿渣量的关系。

表 6-1 硫铁矿品位与硫的烧出率、矿耗及矿渣量的关系

硫铁矿含量/%	硫烧出率/%	矿耗/(kg/t 酸)	矿渣量/(kg/t 酸)
25	93.81	1390	1374
30	98.61	1150	936
35	98.88	987	772
42	99.12	820	606

由表 6-1 可以看出，将硫铁矿品位由 25% 提高到 42%，生产硫酸排出的烧渣量可减少 50%。另外，低品位矿中砷、氟含量往往较高，使净化系统的废水中砷、氟含量也高，增加了废水治理难度，而且砷和氟残渣会影响催化剂的寿命。

又如氯碱生产的原料，国外采用精制盐，盐泥的产生量为 15kg/t 碱，而我国直接采用海盐作原料，盐泥的产生量达 40～50kg/t 盐泥，一个 10 万吨/年的烧碱装置每年要多处理 2500～3500t 盐泥。由此可见，不注重原料选择，不仅会产生大量的废物和由此引起环境污染问题，而且还会造成较大的经济损失。

三、 原料的综合利用

无机化工的原料主要来源于自然矿物资源，属于不可再生资源，如磷灰石矿便是一种多组分矿石，其主要成分为磷灰石（氟磷钙土）、霞石、钛磁铁矿及榍石等。长期以来，对磷灰石的利用仅限于经选矿得磷灰石精矿，用于生产磷肥，而对共生的霞石、榍石及钛磁铁矿等则作为尾矿废弃。在磷肥生产中，每生产 1t 五氧化二磷同时产生 4～7t 磷石膏废料，因此原料的利用率很低，废料量极大。

20 世纪 80 年代中期，前苏联的希平矿联合企业在清洁生产思想的指导下，与不少科研院所协作，先后开发了整套矿石的加工工艺。通过选矿，将原矿分为磷灰石精矿和霞石精矿两大部分，同时将榍石精矿和钛磁铁矿也成功分离。

磷灰石精矿为 $Ca_3(PO_4)_2 \cdot CaF_2$，其中 CaO 占 55.5%、P_2O_5 占 42.3%、F 占 3.8%。将磷灰石精矿用硫酸分解，利用了约 90% 的磷和 50% 的氟；也可用硝酸或硝酸-硫酸分解，制取复合肥料。生产过程中产生的大量磷石膏经过脱水、燃烧后制得硫酸并联产水泥，硫酸返回磷石膏精矿的分解工段。尽管氟在原料中含量仅占 3.8%，但由于原料量很大，故磷灰石是氟的巨大来源。气态的氟经过吸收处理后得到四氟化硅，用来制取氟化氢、氟化铝、冰晶石和白炭黑。

霞石精矿的主要成分是霞石。霞石的化学式尚未得到一致的意见，其主要成分包括：44% 的 SiO_2、34% 的 Al_2O_3、21%～22% 的 Na_2O 和 K_2O（其中钾约占 1/3）。将霞石精矿和石灰石置于回转炉中，在 1250～1300℃ 下煅烧，得到的熔块主要成分是 $Na_2O \cdot Al_2O_3$、$K_2O \cdot Al_2O_3$、$CaO \cdot SiO_2$ 及 $Na_2O \cdot Fe_2O_3$。用水浸取后，碱金属铝酸盐进入溶液，$Na_2O \cdot Al_2O_3$ 水解生成 NaOH 和 $Al(OH)_3$，$CaO \cdot SiO_2$ 则与溶液作用生成霞石渣，经分离、洗涤后是生产硅酸盐水泥的上好原料。铝溶液进行脱盐处理，生成难溶的铝硅酸盐，过滤除去，净化后的溶液通入二氧化碳进行碳化，此时 NaOH 变成碳酸盐，氢氧化铝沉淀析出，分离洗涤后在 1200～1250℃ 下煅烧成氧化铝。碳酸盐溶液在蒸发过程中首先析出碳酸钠，继而结晶，剩余的母液返回流程中。整个过程实现了水的闭路循环。工艺过程如图 6-1 所示。

此工艺不仅使生产原料得到了综合利用，且生产过程中废水全部净化回用，每年由废物制得的产品超过 3 万吨，每年由于降低原材料消耗和能耗及由生产废物制得的产品取得了巨大的经济效益和社会效益。所以，该磷灰石-霞石矿综合利用生产系统已成为国际上合理使用资源的成功范例。

四、 清洁生产工艺的开发

原料确定之后，采用的工艺技术路线就成为决定污染物产生的重要因素。因此，开发清

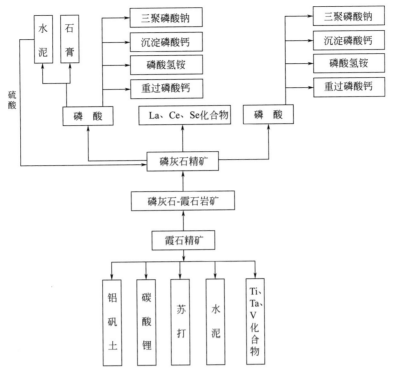

图 6-1　磷灰石-霞石矿综合利用示意图

洁生产工艺是防治化工污染的重要途径。清洁生产工艺的开发，必须从传统的生产工艺改革着手，考察工艺过程的各个环节实施闭路循环的可能性，力争废水、废气和废渣不排或少排，使之成为绿色的生产工艺。

（一）传统的生产工艺改革与创新

传统生产工艺对化工行业的发展进步发挥了重要作用，但造成的环境污染和资源浪费的副作用也逐渐显现，已成为威胁人类生存环境的主要因素。为改变这种状况，克服负面影响，实施清洁生产，重要任务是改造传统工艺。

环氧丙烷是一种重要的有机化工原料。它是丙烯四大衍生产品之一，用途广泛，市场需求量大。国外环氧丙烷的生产方法是氯醇法和共氧化法，目前氯醇法的生产能力占世界总生产能力的 51%，改良氯醇法在氯醇法中占主导地位。我国生产环氧丙烷的方法（包括引进的）是经典的氯醇法，是使氯和水、丙烯在一定条件下直接反应生成氯丙醇，然后用 $Ca(OH)_2$ 处理氯丙醇，生成环氧丙烷。这种生产方法中，氯气并未进入到产品中，而是最终转化为 $CaCl_2$，随废水排放，所以原料消耗大，污染严重，每生产 1t 环氧丙烷要消耗 1.74t 氯气和 1.1t CaO，排放含氯离子 1%～2% 的高盐废水 50～60t（含 1.5t 氯化钙），废水中还有大量的有机氯化物，是石油化工废水中难以生物降解的废水种类之一。因此，国外已逐步将传统的氯醇法改为无废或少废的共氧化法。

共氧化法是以乙苯或异丁烷的过氧化物为氧化剂，使丙烯环氧化。以异丁烷为原料的化学反应式如下所示：

$$CH_2\text{—}\underset{\underset{CH_3}{|}}{CH}\text{—}CH_3 + O_2 \longrightarrow (CH_3)_3\text{—}COOOH + (CH_3)_3\text{—}COH \qquad (6\text{-}1)$$

$$(CH_3)_3-COOH+CH_3-CH=CH_2 \longrightarrow CH_2-CH-CH_3 + (CH_3)_3-COH \qquad (6\text{-}2)$$

第一步反应无需催化剂，第二步反应需用含钼均相催化剂。

如以乙苯为原料，其化学反应式如下：

$$(6\text{-}3)$$

$$(6\text{-}4)$$

此法有副产物叔丁醇或苯乙醇生成，每生产 1t 环氧丙烷有 2.5t 叔丁醇或 1.8t 苯乙醇产生，它们都是重要的化工原料。此法无需依托氯碱厂，生产成本大大低于改良氯醇法，基本对设备无腐蚀，三废排放量很少，属清洁生产工艺，是近年来新建项目主要采取的生产方法。它约占世界总生产能力的 50%，并在不断发展。

同环氧丙烷相比，苯胺的需求虽不如前者，但它仍是一种产量较大的有机合成中间体，用于聚氨基甲酸酯树脂、染料、橡胶制品及药物等的生产。传统的生产工艺是以苯为原料，通过硝基苯-铁粉还原制得苯胺。即用混酸与苯进行硝化制取硝基苯，然后与硝基苯分离，产生的废酸用苯萃取其中夹带的硝基苯，返至硝化系统，得到的硝基苯用氨进行净化，以便除去其中溶解的酸及硝化时生成的少量硝基酚。由于用氨水进行净化后还需用水洗涤，故产生大量废水。制取 1t 硝基苯产生 0.9~1.0t 浓度为 73%~93% 的废酸液，其中含有硝酸（0.25%~0.50%）和有机物（硝基苯的含量为 1.5%~2.5%）等杂质，若将其排放会造成严重的环境污染。同时硝基苯在还原过程中产生的污染物更多，生产 1t 苯胺要产生 4t 废水（其中含有苯胺、盐酸、氯化铵等物质），还产生 2.5t 的氧化铁废渣。后来，改用硝基苯催化氢化制苯胺的新工艺，直接用氢气与硝基苯进行气相还原，使原材料的消耗和能耗有所下降，废渣、废水大大减少，且废水的组成单一，只含少量的苯胺，不含其他盐类。

尽管硝基苯还原工艺的改革取得显著效果，但仍然存在着苯硝化过程中会产生大量难降解的废水和废酸问题，要使工艺过程变为少废和无废的清洁生产工艺，靠局部改革是不行的，必须从原料和工艺技术路线着手改革。图 6-2 展示了以苯酚为原料，采用氨与苯酚进行反应生成苯胺的新工艺流程。

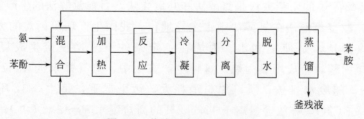

图 6-2　苯胺生产新工艺流程

由图 6-2 可知，新工艺基本上是闭路循环的，只排出少量釜残液及反应中生成的水。每生产 1t 苯胺仅产生 0.19m^3 废水，废水中除含有少量苯胺外不含其他污染物，经萃取后可进行生化处理。该工艺流程简单，均为一般设备，设备投资仅为原硝基苯还原装置的 25%，日产的质量明显提高，生产成本可降低 10%~15%，所以该工艺为清洁生产工艺。

由以上两个事例可知，清洁生产工艺的开发，是实现化工行业绿色化的关键。只有不断研究、开发新的生产工艺，改造传统的老工艺，才能真正实现清洁生产。

（二）生产过程的闭路循环

在化工生产过程中，尽管考虑了原子经济性等诸多因素，但生产过程中出现排放物不可避免。将生产系统排放物经过一定处理后重新返回生产系统，形成工艺过程的闭路循环，既消除了废物的排放污染，又充分利用了资源。举例如下：

1. 等离子体法制硝酸

制取硝酸的传统方法是采用氨在铂网上进行氧化反应，生成的 NO_2 用水吸收制得硝酸。硝酸生产的清洁工艺是利用等离子体的化学反应过程，直接利用空气中的氧和氮制取硝酸，通过闭路循环实现无废的清洁工艺，如图 6-3 所示。

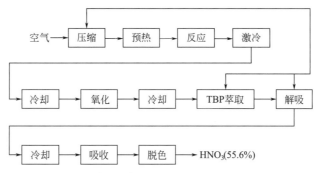

图 6-3　等离子体化学反应制硝酸工艺流程

生产硝酸的原料空气或富氧空气，经压缩到 1013 MPa、300℃，在进入等离子体化学反应器之前先把从反应器出来的反应产物预热到 2000℃。在反应器中温度达到 3000℃，空气中的部分氧和氮即反应生成 NO，氧化反应时间仅为 0.01s 左右。为了防止反应气中的 NO 分解，采用激冷过程。由于反应气中 NO 浓度很低，还要采用催化氧化，若使用的铁铬催化剂，氧化率可达 90%、吸收剂选用磷酸三丁酯（TDP），吸收在较低的温度下进行，吸收率可达 97% 而在较高的温度下则发生解吸。吸收尾气返回等离子体反应器回用，此时只需补充一定量的空气，即可实现工艺过程的闭路循环。经 TBP 吸收富集后，制得浓度为 55.6% 的硝酸。

此工艺采用先进的等离子体技术，无废气废水的排放，属清洁生产工艺。生产装置的基建投资仅为传统工艺的 $\frac{1}{2}$，在生产中可节约大量的燃料气。在电力比较充足和廉价地区生产成本低于传统的氨氧化法。

2. 联合法制纯碱

传统的氨碱法制纯碱时，碳化母液过滤后，在蒸氨过程中需要排放大量的废液和废渣。反应过程中氯化钠的利用率仅为 72%～75%，其中 100% 的氯未被利用，即生产 1t 碱的同时排放 1t $CaCl_2$、0.5t NaCl 和 0.2～0.3t 固渣。

当前开发制碱清洁工艺主要是围绕着氨碱法进行，从改变原料路线、产品结构出发改进工艺过程，使过滤母液无需蒸氨。联合制碱法的基本原理与氨碱法相同，把纯碱工业与合成氨工业联合起来，一方面可以制得纯碱，另一方面又可制得氯化铵。从原料、中间产物和产品间的反应关系可以看到典型的闭路循环过程，如图 6-4 所示。

联合制碱法，即将滤液蒸发，使未反应的 NH_4HCO_3 分解，蒸出 CO_2 和 NH_3，然后进一步蒸发浓缩（也可加入 NaCl 进行盐析），利用不同温度下 NH_4Cl 和 NaCl 溶解度的不同，使 NaCl 从溶液中析出，回用于流程，也可作为产品出厂，这样 NaCl 的利用率可接近 100%。分离 NaCl 后的溶液在真空条件下结晶析出 NH_4Cl 固体，作为氮肥，也可以使 NH_4Cl 转变成优质化肥硝酸铵或磷酸铵，还可将 NH_4Cl 与 MgO 一起在 350℃下煅烧，制取氨气。

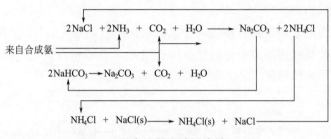

图 6-4　联合法制纯碱闭路循环过程

（三）　废物的资源化

在考虑清洁生产工艺的时候，如果产品生产过程中由于技术水平的限制，产生废物不可避免，就要考虑把产生的废物进行回收或综合利用，使之排出的废物最少，这也是清洁生产工艺的一个重要环节。化工生产中可综合利用的资源很多，包括水、热能等，甚至排出的废物很多都是有利用价值的。

废物的资源化可以贯穿于生产的每一过程。对苯二甲酸二甲酯（DMT）氧化反应是对二甲苯和对甲基苯甲酸在钴锰催化剂作用下，用空气进行液相氧化。反应过程中产生大量废气，经分析废气中主要组成为 N_2、O_2、CO_2 和对二甲苯等，其中对二甲苯的含量为 $85g/cm^3$。采用活性炭吸附法回收废气中的对二甲苯，既可净化空气防止大气污染，又可回收对二甲苯，以减少对二甲苯原料的消耗。此法工艺简单，效率较高，吸附后尾气中对二甲苯的含量可降为 $10\sim100mg/cm^3$。一个年产 9 万吨 DMT 的工厂废气排放量为 $26754m^3/h$，采用此工艺后每年可从废气中回收对二甲苯 2200t，经济效益近 400 万元，并减少了废气的排放量。

在某些化工企业尤其是无机化工企业的生产过程中，排出的废渣量大、难处理，在排出的这些废渣中，有很多成分可以转化为可再利用的资源。如硫酸生产企业中产生的硫铁矿渣、乙炔生产企业产生的电石渣等。

硫铁矿渣经分析除含铁 30% 外，还含有金、银、锌、铜、铝等元素，国外对此渣的再利用是将分选所得的精矿经过氯化焙烧得到团矿用于炼铁，氧化态的氯化物经吸收萃取后回收有色金属；尾矿用于建材生产。国内硫酸生产企业每年硫铁矿渣排放量为 300 万吨，大多废弃于自然环境中，只有少部分用于水泥的生产，少量用于硫酸亚铁和聚合硫酸铁的生产，渣中的有色金属没有得到应有的利用。

我国在氯乙烯生产中产生的电石渣每年达 100 万吨（干基）。其中主要成分为 50% 的 CaO、30% 的 $CaCO_3$，目前已开发利用的方法有：代替氧化钙生产氯酸钾；与盐酸反应制取氯化钙；利用氯气和电石渣生产次氯酸钙漂液，供造纸工业使用；制取水泥；与粉煤灰和炼钢渣混合作公路路基材料。

化工生产离不开水，因此，化工企业都是用水大户，同时也是排水和污染大户。由于水资源的短缺，节约水资源和水的回收利用也是急需解决的问题。目前采取的有效措施是节约用水、减少排污、净化处理、合理利用。从改革工艺来看，采用少用和不用水的技术或使废水回收有用物质后循环利用，推广并完善废水深度处理和水质稳定技术，提高循环水的浓缩倍数，建立水道系统，使大部分废水经处理后可以通过不同的途径回用，提高工业用水的利用率。我国中、小氮肥厂采用两水（冷却水和造气废水）闭路循环供水，可使吨氨用水量从300～500t 降至 32t。由此可见，通过改革工艺，采取行之有效的措施，实施废物的资源化，其经济效益和环境效益是非常显著的。

第三节　无机物清洁生产工艺

无机物系无机化工产品，主要是化肥、酸、碱、无机盐和金属及非金属氧化物等，它们的生产原料主要是自然界中存在的各种矿物，这些矿物中有用元素的含量很低，一般要经过燃烧、焙烧、烧结或熔融等加工转化，才能得到可实际应用的无机化工产品。在整个加工过程中，原料的消耗量大、能耗多、生产环境差，加工工艺简单且落后，对环境的污染严重。实施无机化工产品的清洁生产，就要改革传统的加工工艺，解决生产过程中排出的废物，将其加工处理成有用的化工产品，以达到资源充分利用、产品对环境友好、生产工艺清洁之目的。

一、磷肥的清洁生产工艺

现代农业的发展已离不开高效、低毒的化肥的开发和生产，现代化肥工业已经成为最大的无机化工产品之一。在化肥的生产中，磷肥、氮肥和氮磷复合肥占化肥总量的 80% 以上，而在复合肥的品种中，氮磷复合肥又占复合肥总量的 90% 以上，其中磷铵复合肥是复合肥中最重要、最受欢迎的品种。

传统的磷铵生产工艺主要是采用硫酸分解磷矿来制备磷酸，再用氨来中和得到。工艺中硫酸的消耗量大，产生大量的废水、废气和磷石膏废渣，对环境污染极大。在这种情况下，相继开发了磷肥的清洁生产工艺，其具体做法是：将磷矿粉的粉碎方法由干磨法改为湿磨法，以消除粉尘污染。湿磨水源采用冷却水，尽可能地保持了水的平衡。对生产过程中产生的废水，采用闭路循环；废气回收生产氟硅酸，废渣（硝石膏）制硫酸联产水泥，使物料、能源被充分利用。具体清洁生产工艺过程如下。

（一）含氟废气的处理

含氟废气是在硫酸与磷矿粉的萃取反应过程产生的，由于该萃取反应是放热反应，过程中会产生大量的热，导致水分蒸发产生大量的含氟废气。将含氟废气经水吸收，生成氟硅酸，氟硅酸再与硫酸钠反应生成氟硅酸钠和硫酸，硫酸可以返回磷酸萃取工序循环利用，基本反应如下：

$$2HF + SiF_4 \longrightarrow H_2SiF_6 \tag{6-5}$$

$$H_2SiF_6 + Na_2SO_4 \longrightarrow Na_2SiF_6 + H_2SO_4 \tag{6-6}$$

另外，在磷酸的浓缩过程中，磷酸溶液中氟硅酸将部分分解成 SiF_4 和 HF，并随蒸汽逸出浓缩体系，反应式如下：

$$H_2SiF_6 \longrightarrow SiF_4 + 2HF \tag{6-7}$$

随着磷酸浓度和组成的变化，逸出的氟化物也各不相同。浓缩物初始阶段及酸度低于 50% 的 P_2O_5 时，HF 和 SiF_4 的摩尔比将小于 $2:1$，气相中有过量的 SiF_4 存在，过量的 SiF_4 在吸收时遇水发生水解，析出白色硅胶。当酸度大于 56% 的 P_2O_5 后，HF 和 SiF_4 的摩尔比大于 $2:1$，气相中有过量的 HF 存在。当然，稀磷酸中活性 SiO_2 也会影响气相中 HF 和 SiF_4 的摩尔比。

为了尽量减少氟硅酸溶液中 P_2O_5 的含量，在浓缩磷酸废气吸收前，首先通过防沫器，然后在串联的第一、第二氟吸收塔内进行喷淋洗涤，废气中的氟化物以氟硅酸溶液形式回收。每塔都有泵循环洗涤回路。通过第一氟吸收塔水蒸气的部分冷凝保持适当的氟硅酸浓度。废气吸收工艺流程如图 6-5 所示。

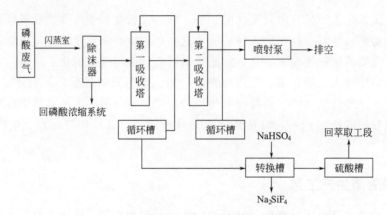

图 6-5　磷酸生产废气吸收工艺流程

该工艺过程中，由于氟吸收塔气体流速较低，再加上"热冷凝"原理的应用，得到了氟硅酸盐产品，变废为宝，大大减少了含氟废气的排放和由此产生的环境污染。

（二）含磷酸性废水的处理

在磷铵生产过程中产生的酸性废水，主要来自分解磷矿工段和尾气吸收塔，另外还有冲盘及地坪水。这些废水中主要含有氟化氢、氟硅酸钾、铁铝镁硫酸盐、残余的硫酸、磷酸及较多的悬浮物。传统工艺有废弃法和石灰中和法，这些方法工艺简单，但设备投资高，占地面积大，有用的物质如 P_2O_5 没能回收利用。不符合清洁生产的要求，对环境和生态系统造成严重的污染和破坏。而目前的清洁生产工艺是磷酸汽水封闭循环处理法。该方法运用固液分离基本原理和技术，通过旋流分离、絮凝沉淀等步骤构成一个封闭循环体系。具体操作过程是：将废水经旋流分离器，除去大部分悬浮物，溢流液由含固量 $2\% \sim 10\%$ 降低至 $0.3\% \sim 2\%$，加入絮凝剂（聚丙烯酰胺），再经重力分离，使清液固含量降至 $210mg/L$ 以下，然后与氟吸收塔废水混合送去冲盘和地坪，分离出固含量为 3% 左右的稠浆，经增稠并加热后再送入盘式过滤机过滤。这样，形成了一个两级分离的封闭循环系统，使污水处理系统成为磷酸生产过程的一个工段，实现了废水的"零排放"。工艺简单、生产流程短，物料消耗低、占地少，在治理废水的同时还能节约用水与回收 P_2O_5，使磷的收率提高 $2\% \sim$

4%。其封闭循环流程如图 6-6 所示。

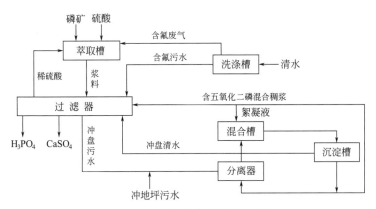

图 6-6 含酸性废水封闭循环流程

（三）磷石膏废渣的处理

磷酸或磷铵的生产中，磷矿粉用浓硫酸分解生成磷酸和磷石膏渣（主要成分为硫酸钙和磷矿中的不溶物）。要实现磷肥生产的整个过程的清洁化，必须将大量的磷石膏废渣无害化、资源化。目前成功的清洁生产工艺是用磷石膏渣生产水泥和硫酸。具体过程为：利用磷石膏中的 $CaSO_4$，向其中加入还原剂焦炭，经 $1150℃$ 燃烧还原分解成 CaO 和 SO_2 气体，SO_2 气体经净化、干燥、转化、吸收等步骤制得硫酸。在燃烧过程中 CaO 与物料中的 SiO_2、Al_2O_3 和 Fe_2O_3 进行矿化反应，生成水泥熟料，经研磨制得水泥产品。其主要反应如下：

$$2CaSO_4 + C \longrightarrow 2CaO + 2SO_2 \uparrow + CO_2 \uparrow \qquad (6-8)$$

$$SO_2 + \frac{1}{2}O_2 \longrightarrow SO_3 + Q \qquad (6-9)$$

$$SO_3 + H_2O \longrightarrow H_2SO_4 \qquad (6-10)$$

磷石膏联产水泥的工艺流程如图 6-7 所示。

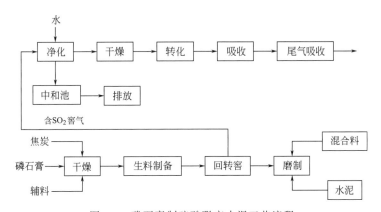

图 6-7 磷石膏制硫酸联产水泥工艺流程

该工艺从根本上综合利用石膏资源，解决了环境污染问题，实现了磷铵-石膏-硫酸的往复循环。这对我国湿法磷酸和高浓度复合肥的发展起了重大推动作用，成为无机化工生产的典范。

二、 烧碱的清洁生产工艺

烧碱是重要的化工基础原料，我国最早应用的传统生产方法有水银法和隔膜法，其中水银法生产的产品质量好，但污染严重，现基本被淘汰。隔膜法虽不存在汞的污染，但也有石棉绒和铅的污染，且隔膜法电解生产的碱液仅含 10％左右的 NaOH，要制成 30％～50％的成品碱液需加热浓缩，该过程要消耗大量的蒸汽，一般蒸汽的消耗为 5t/t（30％烧碱液），而且产品含盐多、质量差。目前，大多数烧碱厂采用先进的新工艺——离子膜法生产，离子膜法可直接制得含 NaOH 浓度为 30％的烧碱溶液，若要制得含量为 50％的烧碱溶液，经三次蒸发器浓缩即可，其蒸汽的消耗量仅为 0.6t/t 烧碱。它的总能耗比隔膜法低 1/3 左右，而且产品质量好。

离子膜法采用高聚物制成的离子交换膜，它能使溶液中的离子在电场的作用下做选择性的定向运动。电解槽中所用的离子膜材料是用聚四氟乙烯和磺化或羧化全氟乙烯酯的共聚物制成的耐腐蚀、高强度的膜材料，使用寿命可达两年。阳极材料是采用先进的 DSA 金属阳极，耐腐蚀，效率高，电能消耗比隔膜法低 1000kW·h/t 液碱，被列入清洁生产工艺。

离子膜电解制烧碱工艺流程如图 6-8 所示。

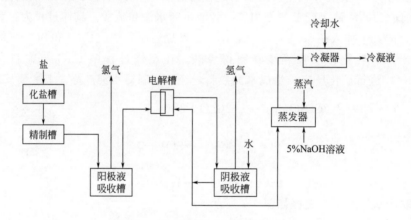

图 6-8　离子膜电解制烧碱工艺流程

离子膜电解法生产工艺不仅避免了水银法造成的金属汞污染和隔膜法石棉污染，而且经济效益显著，一个年产 2 万吨的生产装置每年可创利达 1700 万元。

三、 铬酸酐的清洁生产工艺

铬盐也是一种重要的无机化学品，在国民经济中占有重要的地位，其用途极广，市场需求量很大。尤其是铬酸酐占整个铬盐产品的 60％以上，主要用于金属镀铬、金属钝化、制造催化剂、铬黄染料和氧化铬绿以及氧化剂、媒染剂等。我国生产铬盐主要采用传统工艺，其缺点是能耗大，技术落后，污染严重。特别是铬酸酐的生产，采用的是硫酸、重铬酸钠熔融法，该工艺的硫酸利用率仅为 50％左右，而且还排放大量的世界公认的高毒重金属离子 Cr^{6+}，对环境污染严重，同时还会产生氯化铬酸、氯化氢和氯气等有害气体。该工艺反应温度较高，设备腐蚀严重，铬酸酐的热分解会影响产品的收率和质量。

目前成功的清洁生产工艺是以铬酸钠为原料，经过循环碳铵法制得铬酸铵晶体，将钠离子转化成碳酸氢钠回收利用。利用铬酸铵易受热分解转化的特点，经氧化钙处理得到铬酸钙，将氨气回收全部循环使用，然后用硫酸处理铬酸钙，得到纯度大于 99.9% 的铬酸酐产品，硫酸的利用率达 100%，无硫酸氢钠排放。主要反应式为：

$$Na_2CrO_4 + 2NH_3 + 2CO_2 \longrightarrow 2NaHCO_3 \downarrow + (NH_4)_2CrO_4 \tag{6-11}$$

$$(NH_4)_2CrO_4 + CaO \longrightarrow CaCrO_4 + 2NH_3 \uparrow + H_2O \tag{6-12}$$

$$CaCrO_4 + H_2SO_4 \longrightarrow H_2CrO_4 + CaSO_4 \downarrow \tag{6-13}$$

总反应为：

$$Na_2CrO_4 + CaO + 2CO_2 + H_2SO_4 \longrightarrow 2NaHCO_3 + H_2CrO_4 + CaSO_4 \tag{6-14}$$

铬酸酐生产的绿色工艺流程如图 6-9 所示。

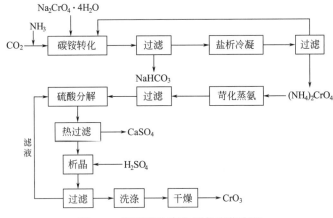

图 6-9 铬酸酐生产的绿色工艺流程

工业上生产铬酸钠会产生大量的铬渣，主要成分为 CaO（30%），MgO（20%），SiO$_2$（11%），Al、Fe 等的氧化物占 6%～8%，Cr$_2$O$_3$ 占 5% 左右，其余为水分。这些铬渣若不及时处理则会造成严重的污染。现在较为成功的处理方式是将其作为玻璃着色剂转化为有用的化工产品。具体工艺过程为：将钠液与其他玻璃原料混合，再经过高温熔融，这时铬渣中的 Cr^{6+} 与原料中的酸性氧化物 SiO$_2$ 作用，并分散于玻璃中使玻璃呈绿色。有毒的 Cr^{6+} 被还原为无毒的 Cr^{3+}，不仅消除了 Cr^{6+} 的污染，还节省了原制玻璃时要加入的铬铁矿料。铬渣中的其他成分也均为玻璃成分，不仅使铬酸钠生产实现了绿色化，并取得了可观的经济效益。

总之，无机化工产品生产厂家大多是属于规模大、"三废"多的企业，虽然有的产品推行了清洁生产的工艺，取得了一定的环境效益和经济效益，但要真正地全部地实现绿色化还需要科研单位、生产企业和政府部门的共同努力。

第四节 有机物清洁生产工艺

人们采用工业化、大规模的生产方式合成了各种不同类型的自然界存在或不存在的有机化合物。例如，人们利用煤炭和石油为原料，大规模地合成了人造纤维、塑料、药物中间体和基本有机化工原料；利用天然动植物提取了各种天然有机化合物。但是，其中绝大多数的有机合成过程都不符合绿色化学的基本原则，不是清洁生产的方式，具体表现为：

① 选用的化工原料对生态系统有害，原料不可再生，且整个生产过程中原子利用率较低，资源浪费较大。

② 整个生产工艺缺乏物料和能源的循环体系和能源的分级利用。

③ 生产过程中排放的废物数量过多，环境污染较严重，对生态系统造成了较大的压力。

科研工作者经多年努力，通过研究开发和对传统工艺的改造，提出了许多绿色化的清洁生产工艺，很多已经用于生产实践中，在此简要介绍几例。

一、 苯甲醛的清洁生产工艺

苯甲醛在化学合成中是一种重要的中间体，由苯甲醛可以合成许多含苯化合物，如三苯甲烷染料、苯基（或氨基）乙酸、安息香醛肟、甲基苯甲基呋喃、乙基苯并咪唑等。传统苯甲醛的合成方法是通过二氯化苄水解而得，生产过程中使用液氯、硫酸和氢氧化钠，工艺流程长，操作难以控制且产率低，同时产生大量的腐蚀性气体氯化氢，不仅严重腐蚀设备，而且对环境造成严重的污染。也有人采用甲苯直接氧化法制备苯甲醛，但副产品苯甲酸的产量大于苯甲醛，收率低。经国内外专家多年研究，提出了甲苯间接电化学氧化法制苯甲醛的绿色清洁生产工艺，已经小规模工业化。

间接电氧化法的基本原理是：在电解槽内将用硫酸过饱和的 $MnSO_4$ 中的 Mn^{2+} 电解氧化成 Mn^{3+}，然后利用 Mn^{3+}/Mn^{2+} 的电极电势在槽外反应器中，以 Mn^{3+} 为氧化剂将甲苯侧链定向氧化生成苯甲醛，Mn^{3+} 被还原为 Mn^{2+}，经油、水、固三相分离，水相经处理后与固相 $MnSO_4$ 一起返回电解槽，补充适量硫酸后再进行电解氧化，使之转化为 Mn^{3+} 氧化剂，再返回氧化反应器继续与甲苯反应，构成水相循环；油相经精馏分出没有反应的甲苯，让其返回反应器与 Mn^{3+} 继续反应，构成油相循环；余下的馏分继续蒸出苯甲醛。整个过程实质上只消耗了原料甲苯、电能和少量的硫酸即得到了产品苯甲醛。其反应式如下：

1. 电解

$$阳极 \quad Mn^{2+} \longrightarrow Mn^{3+} + e \tag{6-15}$$

$$阴极 \quad 2H^+ + 2e \longrightarrow H_2 \uparrow \tag{6-16}$$

2. 氧化反应

$$\text{[苯]}-CH_3 + 4Mn^{3+} + H_2O \longrightarrow \text{[苯]}-CHO + 4Mn^{2+} + 4H^+ \tag{6-17}$$

间接电氧化法生产苯甲醛的工艺流程如图 6-10 所示。

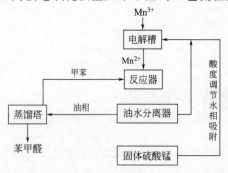

图 6-10 间接电氧化法生产苯甲醛的工艺流程

由生产流程可看出该工艺路线不仅解决了传统生产法的严重污染问题，而且还优化了生产过程和生产设备，减少了投资和能耗，达到了清洁生产目的。

二、 对苯二甲酸二甲酯氧化回收利用

对苯二甲酸二甲酯是制造聚酯树脂、生产聚酯纤维和聚酯薄膜等的重要有机化工原料。

大规模的对苯二甲酸二甲酯的生产工艺是

采用液相氧化法。由于生产中尾气量非常大，对二甲苯的损失还是相当严重的，而且也造成了环境污染。为改变上述现状，研究出了尾气吸收利用工艺，即采用活性炭吸附氧化尾气中的对二甲苯，将回收的对二甲苯返回气化和酯化反应器作为原料，经吸附后对二甲苯在尾气中的含量减少到 $110mg/m^3$ 以下，达到了气体排放标准。吸附装置包括两个吸附器和一套完整的冷凝分离及回收系统。两个吸附器的吸附和解吸过程交替进行，其工艺流程如图 6-11 所示。

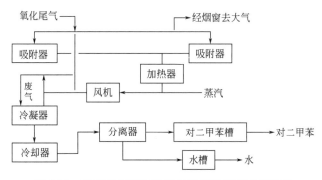

图 6-11　对苯二甲酸二甲酯尾气回收利用工艺流程

该工艺的操作步骤如下。

（1）吸附过程　含有机物的氧化尾气进入吸附器，从上层到下层通过活性炭床层时，气体中的对二甲苯及其他有机气体被吸附，除去有机物后的尾气由高烟囱排入大气。

（2）解吸过程

① 脱附。脱附时蒸汽从吸附器底部进入，从下而上通过活性炭床层，把吸附在床层上的有机物解吸出来，进入冷凝器中被冷凝、冷却，然后进入分离器，送至对二甲苯槽，水层送至水槽，再分别送入对二甲苯储槽和废水槽中。

② 将吸附被置换的不凝性气体送入残渣燃烧装置。

③ 吹扫。过程结束后，一部分有机蒸气仍然在吸附器中，用鼓风机送风来吹扫，扫出的有机蒸气经过冷凝器进入分离器。

④ 干燥。干燥过程是将经过吸附器吸附后的尾气不直接送入大气，而是送至吸附器进行干燥后再送入大气。

⑤ 冷却。将高温的活性炭床层冷却下来，工艺过程与干燥过程相同，只是两个吸附器中间的加热器不再加热。

该工艺的运行不仅消除了生产过程中尾气的污染，减少对二甲苯原料的消耗量，也能产生可观的经济效益。

第五节　精细化学品清洁生产工艺

精细化学品是以通用的化工产品为原料，经过深度加工，得到的小批量、具有独特功能的高附加值产品。由于精细化工产品的生产工艺复杂，步骤多，造成的环境污染也是不可忽视的。有许多需求量大，附加值高，用途广，具有特殊功能的专用化学品的生产，就是因为

"三废"的污染问题没有解决，只能停产。因此，开发绿色的精细化工生产工艺，实现清洁生产是当今世界各国化工和环境领域的热门研究课题之一。

精细化工生产虽然产品众多，工艺复杂，但其工艺都是由若干个精细化学反应单元组合而成，如硝化反应、磺化反应、氯化反应、还原反应、氧化反应、酯化反应、重氮化和偶合反应等。这些单元反应一般都不可避免地会产生废水、废气和废渣，要使这些反应绿色化，目前最好的办法是选择无毒的反应原料、高效的催化剂和无害的溶剂，并且进行工艺条件的优化，使反应过程排放的废物量降至最低，最后配套使用"三废"治理技术和装备，以实现清洁生产，下面举两个例子加以说明。

一、 3,5-二氯苯胺的清洁生产

3,5-二氯苯胺是生产农药和染料的原料，我国传统的生产工艺是以硝基苯胺为起始原料，经氯化得 2,6-二氯-4-硝基苯胺，再经重氮化反应，然后用硫酸铜回流水解脱重氮基得

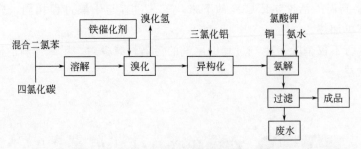

3,5-二氯硝基苯，最后催化加氢还原得到产品 3,5-二氯苯胺。该工艺虽然具有较高的收率，较好的产品质量，但采用的原料毒性大、反应的步骤多、工艺流程长，"三废"排放量大，环境污染严重，不符合清洁生产的要求。最新开发的 3,5-二氯苯胺合成工艺是：以混合二氯苯为原料，在20～40℃条件下滴加等摩尔溴的四氯化碳溶液，进行溴化反应 5h，得到混合二氯溴

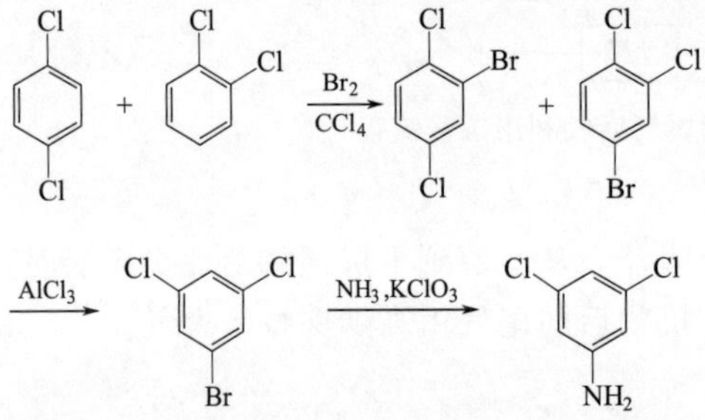

图 6-12　3,5-二氯苯胺生产工艺流程

代苯；再将体系升温至 100～200℃，加入三氯化铝进行异构化反应得 3,5-二氯溴代苯；最后在 130～180℃、2～4MPa 的条件下氨解、过滤得到产品。其反应原理如图 6-12 所示。

根据以上合成路线设计的工艺流程如图 6-13 所示，由其工艺流程可以看出，该工艺选择了价廉易得的混合二氯苯作原料，采用了异构化过程，大大减少了中间反应过程和其他原料，溴化反应中产生的溴化氢通过吸收制得氢溴酸产品，整个生产过程中只排放少量废水，对环境污染程度小，达到了清洁生产的要求，成为绿色工艺。

图 6-13　合成 3,5-二氯苯胺的新工艺流程

二、 碳化硅晶须的清洁生产

碳化硅（SiC）晶须是一种无机新材料，属高科技的精细化学品，晶须是一种细微的高纯单晶短纤维，这种形态是材料所能达到最大强度的形态，因此，晶须作为性能超群的强化

增韧剂，被大量用于各种新型复合材料中，特别是在高温高压下，晶须具有优良的增强增韧特性，是目前其他材料不能替代的。

但是，现在生产碳化硅的工艺还比较落后，无论是国内还是国外都存在原材料转化率低、能耗高、产量低、成本高等问题，最严重的是目前的工艺对环境造成的污染严重，被列入取缔的"污染工程"。四川大学对此进行了深入细致的研究，以绿色化学的原则对碳化硅生产工艺进行重新设计，成功研究出从晶须原料的制备、晶须合成工艺过程到晶须产品都符合清洁生产要求的绿色化学工艺，其工艺流程如图 6-14 所示。

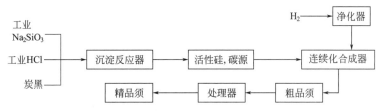

图 6-14　碳化硅（SiC）晶须生产工艺流程

用工业硅酸钠和工业盐酸为原料，采用共沉淀法一步完成硅胶的生成与炭黑的混合，采用连续化工艺，使硅源与碳源的气化反应与碳化硅晶须的合成反应在一个反应器中完成，固体物料与氢气在反应器中逆向流动，氢气循环使用。

碳化硅晶须合成一般在惰性气氛中进行，目前常用氩气作惰性气氛，价格昂贵。本工艺采用了廉价氢气来代替，且使保护气体氢气与反应过程中产生的 CO 反应生成 H_2O，消除了 CO 造成的污染而实现了清洁生产，经实际生产测定，碳化硅晶须的收率达 75％ 以上，生产成本大大降低，产品质量明显优于传统工艺。

第六节　绿色化学评估

如何正确评估化学化工过程的"绿色性"，开发高效的绿色技术，这是实现可持续发展的一个具有重要意义的理论课题。由于绿色化学的评估不仅涉及化学、化学工程、环境科学等学科，还与生物、医学、物理、材料、信息等学科密不可分。尽管进入 21 世纪以后，一些国家成立的专业绿色化学组织开始注重绿色化学化工过程的评估，但迄今还没有形成一个统一的评判标准。本节根据绿色化学的基本原则，对化学化工过程"绿色性"的评估方法进行初步的介绍。

一、　绿色化学评估的基本准则

绿色化学的目标就是利用化学原理和新化工技术从源头上预防污染物的产生，而不是污染物产生后的末端治理。为此，P. T. Anastas 和 J. C. Warner 提出了著名的绿色化学十二原则（具体内容见第二章第二节），作为开发绿色化学品和工艺过程的指导，这些原则涉及合成化学和工艺过程的各个方面，从原料、工艺到产品的绿色化以及生产成本、能源消耗和安全技术等问题，是绿色化学评估的基本准则。

鉴于化学工程科学在实现化学工业绿色化中的实际应用，2003 年在佛罗里达州

Sandestin 召开的绿色化学工程技术会议上,进一步提出了绿色化学工程技术的 9 条附加原则(Sandestin 原则)。

① 产品和工程设计要采取系统分析方法,应将环境影响评价工具视为工程的重要组成部分。

② 设计保护人类健康和社会福利时要考虑如何保护和改善生态系统。

③ 在所有的工程活动中要有"生命周期"的影响。

④ 要确保所有输入和输出的材料与能源是安全和环境友好的。

⑤ 尽可能减少自然资源的消耗。

⑥ 尽量避免产生废物。

⑦ 所开发和实施的工程解决方案应符合当地的实际情况和要求,要得到当地的地理和文化的认同。

⑧ 对工艺的改进革新和发明要符合可持续发展的原则。

⑨ 要使社会团体和资本占有者积极参与工程解决方案的设计和开发。

上述原则已不再局限于绿色化学化工,它已拓展到整个工程领域,更加注重人和自然的和谐,更加重视社会的安全和可持续发展。

二、 生命周期评估

(一) 生命周期评估的含义

生命周期评估(life cycle assessment,LCA)是 20 世纪 70 年代发展起来的评估某一产品(或工业过程)在整个生命周期中对生态环境的影响及减少这些影响的一种方法。生命周期是某一产品从原料的获取和处理、产品生产、产品使用直至最终废弃处理的整个过程,即"从摇篮到坟墓"的全过程。按国际标准化组织(ISO)的定义为生命周期评估是对一个产品系统的生命周期中输入、输出及其潜在的环境影响的综合评估,需要考虑的环境影响信息包括资源利用、人体健康和生态后果。化学品生产的生命周期评估如图 6-15 所示。

LCA 作为预防性的环境保护手段和新的环境管理方法,得到了世界各国的普遍认同。LCA 主要应用于确定和定量化研究物质(包括原材料、中间体、产物、废弃物等)和能量的利用,以及废物的环境排放来评估某一产品(或工业过程)造成的环境负载、能源材料的利用和废物的其他影响,以及环境改善的方法。由于 LCA 能从更广的时间尺度上对产品的全生命周期的环境影响进行全面定量的评估,因此 LCA 是绿色化学评估的重要方法之一,也是国外广泛使用的一种工业生态设计的工具。

(二) 生命周期评估的步骤

LCA 是一种对产品、生产工艺及活动所造成的环境影响进行客观评估的过程,是通过对物质和能量的利用,以及由此造成的环境废物进行辨别和量化而进行的。其具体是通过收集相关的资料和数据,应用科学计算的方法,从资源消耗、人类健康和生态环境影响等方面对产品等的环境影响做出定性和定量的评估,并寻求改善产品等环境性能的机会和途径。

根据 ISO 14040 标准,将 LCA 的实施过程分为四个步骤,如图 6-16 所示。

(1)目标和范围确定 将生命周期评估研究目标和范围清楚地予以确定,使其与预期应

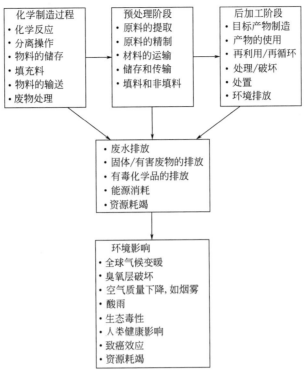

图 6-15　化学品生产的生命周期评估

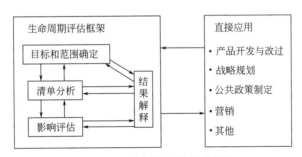

图 6-16　生命周期评估技术框架

用相一致。

（2）清单分析　编制一份与研究的产品系统相关的投入和产出清单（包含资料的收集及整理），以便量化一个产品系统内外的投入与产出关系，这些投入与产出包括资源的使用，以及对空气、水体和土壤的污染排放等。

（3）影响评估　应用清单分析的结果对产品生命周期各个阶段涉及的所有潜在的重大的环境影响进行评估。首先将清单分析的结果归入不同的环境影响类型，然后根据不同环境影响类型的特征进行量化，最后做出分析和判断。一般来说，将清单数据和具体的环境影响相联系，并认识这些影响的实质，评估时应当考虑对人体健康、生态系统及其他方面的影响。

（4）结果解释　将清单分析及影响评估所发现的与研究目的有关的结果进行综合考虑，形成结论性意见，并提出减少环境不良影响的改进措施。这是 LCA 的最终目标，其结果将作为 LCA 研究委托方的决策依据。

生命周期评估主要是为了找出最适宜的预防污染技术，尽可能减少环境的污染，保护生态系统；同时达到合理开发和利用资源、节约不可再生的资源和能源、最大限度地进行原料和废物的循环利用的目的，实现经济、社会的可持续发展。

三、 绿色化学化工过程的评估量度

绿色化学是可持续发展化学，绿色化学的评估是一个多学科交叉的研究领域。要判断一个化学过程是否是绿色的，首先应从人类健康安全方面考虑，考察其是否使用和产生有毒、有害的物质；其次要从生态环境保护方面来考虑，考察其是否向周围环境排放破坏生态系统的污染物；同时还需要从经济发展的角度进行考虑，核算产品的质量密度、能量密度、原料资源利用的合理性以及整体的经济效益等。因此，绿色化学的评估是一个非常复杂的系统工程。

（一） 化学反应过程的绿色化

绿色化学的核心就是要运用化学原理和方法，开发能减少或消除有害物质的使用来生产的环境友好的化学品及其技术的过程，从源头上预防污染，从根本上实现化学工业的"绿色化"。绿色化学过程包括原料的绿色化、化学反应和合成技术的绿色化、工程技术的绿色化以及产品的绿色化等，如图 6-17 所示。

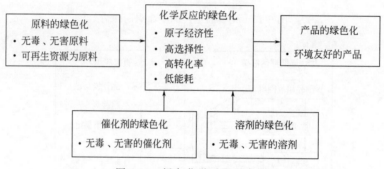

图 6-17　绿色化学过程示意图

（二） 化学化工过程绿色化的评价指标

长期以来，人们习惯于用产物的选择性（S）或产率（Y）作为评价化工反应过程或某一合成工艺优劣的标准，然而这种评价指标是在单纯追求最大经济效益的基础上提出的，它不考虑对环境的影响，无法评判废物的排放数量和性质，往往有些产率很高的工艺过程对生态环境带来的破坏相当严重。显然，把产率（Y）作为唯一的评价指标已不能适应现代化学工业发展的需要。绿色化学作为可持续发展的化学，既追求化学化工过程的最大效益，又坚持从源头上预防污染，实现废物的"零排放"，从而达到环境友好。因此，确立一个化学化工过程"绿色性"的评价指标，是进行化工研究开发和做好评估的首要问题。

1. 原子经济性

原子经济性是绿色化学的重要原理之一，是指导化学工作的主要尺度之一，通过对化学工艺过程的计量分析，合理设计有机合成反应过程，提高反应的原子经济性，可以节省资源和能源，提高化工生产过程的效率。因此，原子经济性是一个有用的评价指标。但是，用原子经济性来考察化工反应过程过于简化，它没有考察产物收率、过量反应物、试剂的使用、溶剂的损失以及能量的消耗等，单纯用原子经济性作为化工反应过程"绿色性"的评价指标还不够全面，应该和其他评价指标结合才能做出科学的判断。

2. 环境因子和环境商

从第二章所述内容可知，从石油化工到医药工业，E 逐步增大，其主要原因是精细化工和医药工业中大量采用化学计量式反应，反应步骤多，原（辅）材料消耗较大。

由于化学反应和过程操作复杂多样，E 必须从实际生产过程中所获得的数据求出，因为 E 不仅与反应有关，也与其他单元操作有关。通常大多数化学反应并非是进行到底的不可逆反应，往往存在一个化学平衡，故实际产率总小于 100%，必然有废物排放。

严格来说，E 只考虑废物的量而不是质，它还不是真正评价环境影响的合理指标。例如，1kg 氯化钠和 1kg 铬盐对环境的影响并不相同。因此，R. A. Sheldon 提出了以环境商（environmental quotient，EQ）及相关方案作为评价一个化工反应过程"绿色性"的重要指标。

3. 质量强度

为了较全面地评价有机合成及其反应过程的"绿色性"，有人提出了反应的质量强度（mass intensity，MI）概念，即获得单位质量产物消耗的所有原料、助剂、溶剂等物质的质量。其可表示为：

$$质量强度（MI）=\frac{在反应或过程中所消耗的物质的总质量（kg）}{产物的质量（kg）}$$

上式中的总质量是指在反应或过程中消耗的所有原（辅）材料等物质的质量，包括反应物、试剂、溶剂、催化剂等的质量，但是水不包括在其中，因为水对环境是无害的。

质量强度考虑了产率、化学计量、溶剂和反应混合物中用到的试剂，也包括了反应物的过量问题。在理想情况下，质量强度应接近于 1。通常，质量强度越小越好，这样生产成本低，能耗少，对环境的影响就比较小。因此，质量强度是一个很有用的评价指标，对评价一种合成工艺或化工生产过程是极为有用的。

由质量强度的定义，可以得出其与 E 的关系式：$E=MI-1$

通过质量强度也可以衍生出绿色化学的一些有用的量度。

（1）质量产率 质量产率（mas productivity，MP）为质量强度倒数的百分数，即：

$$质量产率（MP）=\frac{1}{MI}\times100\%=\frac{产物的质量（kg）}{在反应或过程中所消耗的物质的总质量（kg）}\times100\%$$

（2）反应质量效率 反应质量效率（reaction mass efficiency，RME）是指反应物转变为产物的百分数，可表示为：

$$反应质量效率（RME）=\frac{产物的质量（kg）}{反应物的质量（kg）}\times100\%$$

例如，对于反应 $A+B\longrightarrow C$，有

$$反应质量效率（RME）=\frac{产物\ C\ 的质量}{A\ 的质量+B\ 的质量}\times100\%$$

（3）碳原子效率 由于有机化合物中都含有碳原子，因此也可以用碳原子的转化来表示反应的效率，称为碳原子效率（carbon efficiency，CE），即反应物中的碳原子转变为产物中碳原子的百分数，可表示为：

$$碳原子效率（CE）=\frac{产物的物质的量×产物分子中碳原子的数目}{反应物的物质的质量×反应物分子中碳原子的数目}×100\%$$

例如，10.81g（0.1mol）苯甲醇（$M_r=108.1$）和21.9g（0.115mol）对甲苯磺酰氯（$M_r=190.65$）在500g甲苯和15g三乙胺的混合溶剂中反应，得到23.6g（0.09mol）磺酸酯（$M_r=262.29$），产率为90%。

通过计算可知，该反应的原子经济性（AE）为87.8%，小于100%，是由于形成了副产物HCl；碳原子效率（CE）为83.7%，小于100%，是由于反应物过量（如对甲苯磺酰氯过量15%）和目标产物的产率为90%所致；反应质量效率（RME）为70.9%，是由于反应物过量和产率的关系。

D. J. C. Constable 和 A. D. Curzons 等对28种不同类型化学反应的化学计量、产率、原子经济性、碳原子效率、反应质量效率、质量强度和质量产率等评价指标进行了大量的实验研究，其结果见表6-2。表中的每一个数字都是同一反应类型的三个以上实例的平均值。

表 6-2　不同化学反应类型的各种量度的比较

反应类型	B分子的化学计量/%	产率/%	原子经济性/%	碳原子效率/%	反应质量效率/%	质量强度/(kg/kg)	质量产率/%
酸式盐	135	83	100	83	83	16.0	6.3
碱式盐	273	90	100	89	80	20.4	4.9
氢化	192	89	84	74	74	18.6	5.4
磺化	142	89	89	85	69	16.3	6.1
脱羧	131	85	77	74	68	19.9	5.0
酯化	247	90	91	68	67	11.4	8.8
脑文格	179	91	89	75	66	6.1	16.4
氰化	122	88	77	85	65	13.1	7.6
溴化	214	90	84	87	63	13.9	7.2
N-酰化	257	86	86	67	62	18.8	5.3
S-烷基化	231	85	84	78	61	10.0	10.0
C-烷基化	151	79	88	68	61	14.0	7.1
N-烷基化	120	87	73	76	60	19.5	5.1
O-芳香化	223	84	85	69	58	11.5	8.7
环氧化	142	78	83	74	58	17.0	5.9
硼氢化	211	88	75	70	58	17.8	5.6
碘化	223	96	89	96	56	6.5	15.4
环化	157	79	77	70	56	21.0	4.8
胺化	430	82	87	71	54	11.2	8.9
矿化	231	79	76	76	52	21.5	4.7
碱解	878	88	81	77	52	26.3	3.8
C-酰化	375	86	81	60	51	15.1	6.6
酸解	478	92	76	76	50	10.7	9.3
氯化	314	86	74	83	46	10.5	9.5
消除	279	81	72	58	45	33.8	3.0
格氏反应	180	71	76	55	42	30.0	3.3
解析拆分	139	36	99	32	31	40.1	2.5
N-脱烷基化	2650	92	64	43	27	10.1	9.9

由表6-2可得出以下几点结论。

① 由于化学反应的类型不同，评价指标的对象不同，质量强度、产率、原子经济性、反应质量效率等评价指标不呈现出相关性，因而不能用单一指标来评价一个化工反应过程的"绿色性"。

② 由于反应的特点不同，特别是 N-脱烷基化、解析、拆分等反应过程的评价指标与其

他反应的相差较大。

③ 由于大多数反应过程是在非化学计量（即某些反应物往往过量）的条件下进行的，用原子经济性进行量度和评价缺乏可比性。

④对于有机合成反应来说，碳原子效率作为一个参考性的评价指标，与反应质量效率显示出基本相同的趋势。

⑤反应的产率是合成化学家评价化学反应过程经济性最常用的量度，但评价一个化学化工过程的"绿色性"，必须结合其他评价指标进行综合考虑。反应质量效率很低的反应没有实际意义，因为反应质量效率低，资源和能源消耗大。这对于判断化工反应过程的"绿色性"是有帮助的。

⑥质量产率对企业来说是一个很有用的评价指标，它注重资源的利用率。表 6-3 列举了对 38 种药物合成过程（每一个制药过程平均有 7 步反应）原子经济性和质量产率的比较。尽管整个合成过程的原子经济性还可以，但质量产率仅为 1.5％，这意味着在制药过程中所用原辅材料质量的 98.5％都成为废物。

表 6-3　38 种药物合成过程的原子经济性和质量产率

项目	全过程的平均值/％	范围/％
原子经济性	4.3	21～86
质量产率	1.5	0.1～7.7

⑦ 质量强度对于评价化工过程"绿色性"是一个很有意义的指标，但是不可用单一数据就进行评判，它有一个概率分布范围。由图 6-18 可以看出，对于某些制药过程的研究表明，质量强度在 AE 为 70％～100％时，出现的概率分布最大的区域为 10～20kg/kg。这与环境因子呈现出一定的相关性。

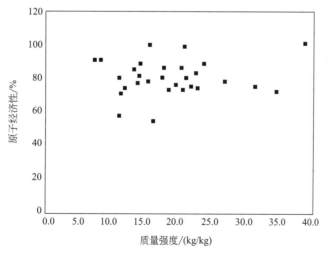

图 6-18　原子经济性与质量强度的关系

（三）绿色化学化工过程的评估实施

1. 绿色化学化工过程的评估系统

根据可持续发展的要求，P. T. Anastas 和 J. C. Warner 等所倡导的绿色化学和工程技术的基本原则，已成为化学化工过程"绿色性"评估的指导性意见和基本准则。由前面的讨论可以清楚地看出，对于绿色化学化工过程"绿色性"的评估，不能是单一的评价指标（见表6-4），它不仅涉及绿色化学工艺和绿色化学工程技术，还包括成本经济关系和环境安全等因素，它是一个完整的评估系统。

① 质量评价指标。质量评价指标包括反应的原子经济性、质量强度、附加的溶剂强度（溶剂质量/产物质量）、废水强度（废水质量/产物质量）、反应质量效率和产物纯度。

② 能量评价指标。能量评价指标包括加热消耗能量（MJ/kg 产物）、冷却消耗能量（MJ/kg 产物）、过程所需电能（MJ/kg 产物）、制冷循环耗能（MJ/kg 产物）。

③ 污染物评价指标。例如，持久性毒物和生物累积性毒物（kg/kg 产物）、温室性气体（kg/kg 产物）。

④ 安全因素。例如，热污染、危险化学品、压力（高压/低压）危害、有害副产物等。

表 6-4　部分"绿色化"指标量度

类别	单位
质量	
总质量(kg)/产品质量(kg)(质量强度)	kg/kg
溶剂总质量(毛重)(kg)/产品质量(kg)	kg/kg
单一产品的质量(kg)×100%/所有反应物的总质量(kg)(反应质量效率)	%
产品摩尔质量(g/mol)×100%/所有反应物的摩尔质量(原子经济性)	%
产物中碳的质量(kg)×100%/关键反应物中碳的总质量(kg)(碳原子效率)	%
能量	
所有能量(MJ)/产品质量(kg)	MJ/kg
溶剂回收所用能量(MJ)/产品质量(kg)	MJ/kg
污染物/用毒物的排放	
长期存在和生物积累的质量(kg)/产品质量(kg)	kg/kg
毒性	
长期存在和生物积累的质量(kg)/(原料 EC_{50}/DDT 控制 EC_{50})	kg
人类健康	
所有原料总量(kg)/允许暴露极限(ACGIH)(μg/g)	kg/(μg/g)
POCP(臭氧光化学反应的可能性)	
总量×溶剂质量(kg)×POCP 值×蒸气压(mmHg)/[产品质量(kg)×蒸气压(甲苯)×POCP(甲苯)]	kg/kg 按甲苯计
温室内气体排放	
总量:能源使用排放的温室气体总质量(kgCO_2 当量/产品质量(kg)	kg/kg
温室气体:(溶剂回收所需能量)(kgCO_2 当量)/产品质量(kg)	(按 CO_2 计)
安全性	
热危害	显著的
试剂危害	显著的
压力(高/低)	显著的
生成有毒副产物	显著的
溶剂	
不同的溶剂数	数量
整体回收效率估算	%
溶剂回收所需能量	MJ/kg
溶剂回收的净质量强度	kg/kg

注：1. EC_{50} 为半数致死浓度，2. ACGIH 为美国政府卫生行业委员会。

2. 成本关系讨论

在讨论化学化工反应过程的评价指标时，只考虑按照质量关系显示的问题来讨论评价标准肯定是不全面的，必须考虑所用原材料的成本影响。以原子经济性评价指标为例，若反应过程的原子经济性较低，必然反映出反应物的分子没有全部结合到目标产物中，使原材料和能源没有得到有效的利用；合成技术复杂，工艺步骤多，流程长；纯化和分离需要除去副产物、未反应物、试剂、溶剂等。这必然增加原材料的管理、废物的处理和环境安全等方面的工作和成本。D. J. C. Constable 和 A. D. Curzons 等通过对 4 种药物的合成研究，探讨了原子经济性和生产成本间的关系，提出了七种成本最小化的模式。

① 模式一：最小的过程化学计量法＋标准产率、反应物化学计量和溶剂。即所有反应物和试剂均按化学计量法进行反应，不得过量，其他成本按实际应用和得到的数据计算。

② 模式二：反应的原子经济性为 100％、标准产率、溶剂回收利用和过程为化学计量法。即反应物全部结合到目标产物中，原子经济性为 100％，其他成本按工厂实际应用和得到的数据计算。

③ 模式三：产率为 100％、溶剂回收利用和过程为化学计量。即成本是基于所用的反应物，过程添加的化学品和溶剂均为标准数量，但产率为 100％。

④ 模式四：溶剂 100％回收利用、标准产率、过程为化学计量。即反应过程中各种溶剂100％回收利用，其他成本均按工厂实际应用和得到的数据计算。

⑤ 模式五：反应的原子经济性为 100％、过程为化学计量和溶剂回收利用。即反应物全部结合到目标产物中，反应的原子经济性为 100％，过程中添加的化学品均为化学计量，不得过量；各种溶剂 100％回收利用。

⑥ 模式六：产率为 100％、溶剂回收利用和过程为化学计量，即成本基于产率为100％，各种溶剂均回收利用，其他成本均按工厂实际应用和得到的数据计算。

⑦ 模式七：产率为 100％、溶剂回收利用、反应物和过程均为化学计量。即理论上的成本最小化模式，各种反应物和过程均为化学计量，所有溶剂 100％回收利用，过程中各步产率均为 100％。

上述七种模式的总成本结果见表 6-5，表中总成本为药物合成过程中实际应用的各种材料的成本。

表 6-5　四种合成药物的成本模式比较

模式	总成本/%			
	药物 1	药物 2	药物 3	药物 4
模式一	86	99	92	97
模式二	87	40	84	69
模式三	71	32	56	57
模式四	63	84	64	55
模式五	36	22	40	21
模式六	34	16	20	11
模式七	20	15	12	8

由表 6-5 可知，产率和化学计量是最重要的成本驱动力，在有些化学过程中其对成本的影响要比原子经济性的影响大得多。理论上的最低成本是在假设没有化学计量过量、溶剂和催化剂全部回收、总产率 100％的情况下得到的。对于合成药物来说，采用高产率的合成反应，减少反应物的过量使用，搞好溶剂的循环和回收利用，是降低生产成本、提高经济效益的有效途径。

实验表明，由于药物合成步骤多，原辅材料用量大，原材料（包括试剂、溶剂等）的成本占药物合成材料总成本的比例很大，如表 6-6 和表 6-7 所示。其中表 6-6 列举了合成药物

3 的各种材料成本的比较，其中还原剂、拆解试剂、材料 3 和溶剂约占总成本的 78.5%。因此，改变药物的合成路线、利用手性合成代替手性拆分、采用清洁合成工艺是提高合成反应原子经济性和降低生产成本更为有效的途径。

表 6-6 药物 3 合成材料成本的比较

反应物	应当用的摩尔当量	结合在药物中的比例/%	各种材料成本占药物总成本的比例/%	未进入产物中反应物成本占总成本的比例/%
中间体 1			12.8	
还原剂	2	43	30.4	
拆解试剂	4.6	5	16.0	
中间体 2	2.2	0	4.5	12
中间体 3	2	27	0.6	49
中间体 4	1	0	0.7	26
材料 1	1	0	1.2	6
材料 2	3	0	0.1	1
材料 3	1	0	10.4	1
材料 4	1	100	0.5	2
材料 5	6	0	0.5	
材料 6	1.2	0	0.0	
材料 7	1	100	0.3	
材料 8	10	14.5	0.3	1
溶剂	2	0	21.7	
其他材料			0.1	

表 6-7 四种药物合成中溶剂成本和未进入产物中的反应物成本的比较

药物	溶剂成本占总成本的比例/%	未进入产物中的反应物成本占总成本的比例/%
药物 1	45	32
药物 2	36	21
药物 3	22	61
药物 4	14	10

3. 技术因素

一个理想的绿色化学过程，应该是全生命周期都是环境友好的。为此，需要加强绿色化学工艺和绿色反应工程技术的联合开发，例如，产品的绿色设计，计算初过程模拟，系统分析，合成优化与控制，设备高效、多功能和微型化，实现高选择性、高效率、高新技术的系统集成。

通常，合成化学家往往注重于合成化学反应的发生条件、反应机理和试剂的应用等问题，而疏忽了围绕着反应进行的相关反应工程技术。一旦合成反应不能正常进行，他们更多关注的是改变反应的条件，而没有很好地研究完成反应的不同设备。对于化学反应过程中的物质和能量的传递、混合、相转移、反应器的设计等问题，化学工程师考虑较多，合成化学家却往往关注得不够。事实上，如果没有合成化学家和化学工程师的通力合作，很多研究开发通常是无效的。只有加强绿色化学工艺和绿色反应工程技术的联合开发，才能真正实现化学化工工程的绿色化。

4. 实例分析

基于上述研究和讨论，A. D. Curzons 和 J. C. Constable 等提出"绿色技术指南"（green technology guide）模式，作为一个专家评价系统，用于绿色化学化工过程的评估，特别是对精细化工的研究开发，具有一定的指导意义。

在精细化学品合成中，羰基化合物和有机金属试剂的反应是经常遇到的反应类型。例如：

$$R_1\!\!\diagdown\!\!C\!\!=\!\!O + M\diagdown\!\!\!\diagup\!\!\!\diagdown_n \longrightarrow R_1\!\!\diagup\!\!\overset{OM}{\underset{R_2}{\diagdown}}\!\!\!\diagup\!\!\!\diagdown_n$$

这个反应在液相中进行，是放热反应，标准反应热约为 -300kJ/mol。主反应和副反应都进行得很快，反应停留时间小于 10s。一些平行的和后续的反应也能发生，所有的化合物均对温度敏感。

（1）质量强度评价　反应过程所用的反应器分别为微型反应器、小型反应器、实验室用间歇式反应器（0.5L 烧瓶）和工业生产用的间歇式反应器（6000L 带搅拌的反应釜）。小型反应器是指功能设计与微型反应器相同，但具有较宽的通道、尺寸，既能保持微型反应器所要求的特征，又能避免物料团聚堵塞。这四类反应器的特征见表 6-8。质量强度的实验结果见表 6-9。

表 6-8　选用的四类反应器的特征

反应器类型	$T/℃$	停留时间	产率/%	比表面积 /(m²/m³)	反应器的大小
微型反应器	-10	$<10\text{s}$	95	10000	$40\mu m \times 220\mu m$
小型反应器	-10	$<10\text{s}$	92	4000	$3\times10^{-5}\text{m}^3$
烧瓶	-40	0.5h	88	80	0.5L
带搅拌的反应釜	-20	5h	72	4	6000L

表 6-9　质量强度结果的比较

质量量度	微型反应器	小型反应器	烧瓶(0.5L)	反应釜(6000L)	理论值
质量强度(不包括溶剂)	2.1	2.17	2.27	2.78	2.00
附加的水强度	0	0	0	0	0
残余物强度(不包括溶剂)	0.10	0.17	0.27	0.78	0
产率/%	95	92	88	72	100

表 6-9 中的质量以物质的量表示，根据质量关系进行换算，假定反应物按等物质的量比加入反应系统进行反应。在微型和小型反应器中，浓度和温度梯度非常高，加快了质量和热量的传递速率，使得反应条件更加均一，副反应少，副产物也少。因此，采用微型反应器技术，使化学转化的速率、选择性和产率都得到了很大的提高。

（2）能量消耗评估　由于该反应是放热反应，反应过程中需要冷却。制冷所需的电能是该反应系统所用能量的主要部分。在该实验中，虽然不需要加热，但对于吸热反应而言，微型反应系统的有关特征是相似的。制冷的主要贡献是满足反应系统冷却所需的能量消耗，可将标准反应热看作是所消耗的总能量的近似。因此由表 6-10 可以看出用于冷却的能耗对于四种反应系统基本是相同的，所不同的是包括制冷所需要的电能，微型反应器所需要的电能相对较少。

表 6-10　四种反应系统能耗比较　　　　　　　　单位：kJ/mol 产物

能量量度	微型反应器	小型反应器	烧瓶(0.5L)	反应釜(6000L)
冷却(带冷却水)	0.42	0.42	0.42	0.42
电能(包括制冷)	0.080	0.080	0.167	0.107

（3）污染物的评估　表 6-11 列出了在整个生命周期内相关的污染物的排放，表中的数

据是 C. Jimtnez Gonzalez 和 M. R. Overcash 根据生命周期评估推算出来的。

表 6-11　可造成环境负担的污染物　　　　　　　　　单位：g/mol 产物

污染物	微型反应器	小型反应器	烧瓶(0.5L)	反应釜(6000L)
CO_2	1.34×10	1.34×10	2.78×10	1.79×10
CO	3.66×10^{-3}	3.66×10^{-3}	7.58×10^{-3}	4.88×10^{-3}
碳氢化合物	4.72×10^{-2}	4.72×10^{-2}	9.76×10^{-2}	6.28×10^{-2}
VOC	3.09×10^{-3}	3.09×10^{-3}	6.40×10^{-3}	4.12×10^{-3}
NO_x	2.85×10^{-2}	2.85×10^{-2}	5.89×10^{-2}	3.79×10^{-2}
SO_x	3.99×10^{-2}	3.99×10^{-2}	5.25×10^{-2}	5.31×10^{-2}
COD	4.07×10^{-2}	4.07×10^{-2}	0.00	0.00
BODS	1.63×10^{-3}	1.63×10^{-3}	0.00	0.00
TDS	5.43×10^{-2}	5.43×10^{-2}	8.42×10^{-2}	5.42×10^{-2}
固体废物	6.01×10^{-1}	6.01×10^{-1}	3.37×10^{-3}	2.17×10^{-3}

由表 6-11 可见，对于挥发性有机化合物（VOC）、碳氢化合物、氮氧化物（NO_x）、硫氧化物（SO_x）、CO 等主要污染物，采用微型反应器技术时的排放量明显低于间歇反应器技术的排放量，也就是说，采用微型反应器技术能更有效地利用资源，从源头上减少和消除污染物的生成，有利于保护生态环境。

（4）安全评估　实践表明，本身体积相对较小的反应系统，通过微型反应器中反应热的有效监控，可以极大地提高反应过程的安全性。在应用过程中，有害物质也可能产生，但通过下游条件的合理设计和控制，可以使有害物质减量化和风险最小化。

（5）微化工技术　随着精细工程技术的开发，能实现高体积产能的微化工技术正受到人们的普遍关注。采用微型反应器技术，有利于工艺过程的监控，改善反应物的停留时间和反应系统的温度分布，提高反应的选择性、产率和产品质量，同时能缩短研究开发的周期，加快新产品和新工艺的开发。

综上所述，应用"绿色技术指南"专家系统进行全面综合评价，其结果见表 6-12，其中"绿色""黄色"和"红色"分别代表优、中和劣，也就是说"绿色"符合可持续发展要求，是环境友好的过程和技术。

表 6-12　设定方案的绿色技术比较

技术选择	环境	安全	效率	能源
微型反应器	绿色	绿色	黄色	绿色
小型反应器	绿色	绿色	绿色	绿色
6000L 反应釜	黄色	黄色	红色	黄色

"绿色技术指南"作为一种评价系统能较好地说明和评估化工反应过程和技术的绿色性，简单明了，容易为使用者所掌握。但是"绿色技术指南"作为一种专家系统理论模型过于简化，对于化学化工过程"绿色性"的评估多限于定性分析，缺少可持续性分析的量化研究，有待进一步的发展和完善。

◆ 参考文献 ◆

[1]　张继红. 绿色化学 [M]. 芜湖：安徽师范大学出版社，2012.

[2]　赵德民. 绿色化工与清洁生产导论 [M]. 杭州：浙江大学出版社，2013.

[3]　胡长伟，李贤均. 绿色化学原理和应用 [M]. 北京：中国石化出版社，2002.

［4］贡长生，张克立主编.绿色化学化工实用技术　［M］.北京：化学工业出版社，2002.

［5］朱宪.绿色化学工艺　［M］.北京：化学工业出版社，2001.

［6］杨家玲.绿色化学与技术　［M］.北京：北京邮电大学出版社，2001.

［7］周淑晶，白术杰，栾芳.绿色化学与绿色环保［M］.哈尔滨：哈尔滨地图出版社，2006.

［8］仲崇立.绿色化学导论　［M］.北京：化学工业出版社，2000.

［9］陈樗，汪家权，胡献国.生命周期评价与环境保护.安徽建筑工业学院学报（自然科学版），2004，12（5），8-10.

第七章 绿色能源

随着世界人口持续增长，能源和食品问题将成为 21 世纪人们面临的主要难题。人类对能源需求的日益增加和传统能源的不可再生性，使得能源问题成为当前面临的头等大事。因此，在节能的同时，开发、使用新能源减少对传统能源的依赖势在必行。

第一节 新能源分类及发展

一、新能源分类

1981 年联合国在肯尼亚首都内罗毕召开的能源会议上提出了新能源和可再生能源的概念。可再生能源（renewable energy）是指人类利用后能够再一次在自然界产生或出现的能源。它们大多为太阳能、水能、风能、地热能、海洋能等自然能源。另外，生物质由于要有其生存的适宜环境或人工的栽培才可继续萌发、繁衍，供人类继续利用，因此生物质是有条件的可再生能源。新能源是指在新技术基础上加以开发利用的可再生能源，包括太阳能、生物质能、水能、风能、地热能、波浪能、洋流能、潮汐能以及海洋表面与深层之间的热循环等；此外，还有氢能、沼气、酒精、甲醇等。煤炭、石油、天然气、水能、核电等能源为常规能源。随着常规能源的有限性以及环境问题的日益突出，具有环保和可再生特征的新能源越来越受到各国的重视。

新能源不同于目前使用的传统能源，具有丰富的来源，几乎是取之不尽，用之不竭，并且对环境的污染很小，是一种与生态环境相协调的清洁能源。根据分类方式的不同，新能源可以分为以下几种类型（表 7-1）。

表 7-1 能源分类

类别		常规能源	新能源
一次能源	可再生能源	水力能　生物质能	太阳能　海洋能　风能　地热
	非可再生能源	煤炭　石油　天然气　油页岩 沥青砂　核裂变燃料	核聚变能量
二次能源		煤炭制品　石油制品　发酵酒精　沼气　氢能电力　激光　等离子体	

1. 按能源的形成和来源分类

① 来自太阳辐射的能量，如：太阳能、煤、石油、天然气、水能、风能、生物能等。

② 来自地球内部的能量，如：核能、地热能。

③ 天体引力能，如：潮汐能。

2. 按开发利用状况分类

① 常规能源，如：煤、石油、天然气、水能、生物能等。

② 新能源，如：核能、地热、海洋能、太阳能、沼气、风能等。

3. 按属性分类

① 可再生能源，如：太阳能、地热、水能、风能、生物能、海洋能等。

② 非可再生能源，如：煤、石油、天然气、核能、油页岩、沥青砂等。

4. 按转换传递过程分类

① 一次能源，直接来自自然界的能源，如：煤、石油、天然气、水能、风能、核能、海洋能、生物能等。

② 二次能源，如：沼气、汽油、柴油、焦炭、煤气、蒸汽、火电、水电、核电、太阳能发电、潮汐发电、波浪发电等。

二、 我国新能源利用发展现状和趋势

我国新能源利用始于 20 世纪 50 年代末的沼气利用，但新能源产业在我国规模化发展却是在近几年的时间。相对于发达国家，我国新能源产业化发展起步较晚，技术相对落后，总体产业化程度不高，但由于，我国具备丰富的天然资源优势和巨大的市场需求空间，在国家相关政策引导扶持下，新能源领域成为投资热点，技术利用水平正逐步提高，具有较大的发展空间。目前我国新能源发展较快，可以形成产业的新能源主要包括水能（主要指小型水电站）、风能、生物质能、太阳能、地热能等。其中太阳能、风能和生物质能是利用比较广泛的可循环利用的清洁能源。新能源产业的发展既是整个能源供应系统的有效补充手段，也是环境治理和生态保护的重要措施，是满足人类社会可持续发展需要的最终能源选择。

我国新能源产业普遍存在产业链不完整或上下游产业链无法对接问题。矛盾比较突出的是风电和光伏发电产业。相对于发达国家，我国新能源利用技术平均水平偏低。目前，我国新能源利用的大部分核心技术和设备制造依赖进口，国产化程度不高，而技术和设备部分一般占新能源投资的绝对比重，导致我国新能源利用成本高，同类产出产品竞争能力弱。各类新能源产业投入商业运行的发展状况如表 7-2 所示。

表 7-2　各类新能源产业发展状况

分类	投入商业运行的程度
水力发电	产业化程度高,非常成熟,盈利稳定,毛利率高
风力发电	规模不断增长,设备成本高,靠补贴电价,仅能维持盈亏平衡
太阳能	热利用较为成熟,处于世界领先地位,光伏发电受成本高制约,产业化程度不高
生物燃油	大多数地区处于研制阶段
乙醇	处于试点推广阶段,靠国家补贴盈利
地热能利用	拥有地热资源的地区已经多开发,多依靠国家补贴
热泵	小部分地区正在小规模推广

为促进我国新能源的发展，国家出台了一系列措施，为新能源的发展提供了有利环境。

1. 国家政策将为新能源发展创造有利环境

为优化国内能源利用结构，促进我国经济可持续发展，我国公布实施了《可再生能源

法》，制定了可再生能源发电优先上网、全额收购、价格优惠及社会公摊的政策。建立了可再生能源发展专项资金，支持资源调查、技术研发、试点示范工程建设和农村可再生能源开发利用。发布《国家中长期科学技术发展规划纲要（2006～2020年）》，编制完成了《可再生能源中长期发展规划》，提出到2010年使可再生能源消费量达到能源消费总量的10%，到2020年达到15%的发展目标。

2. 自主技术研发将为新能源发展奠定技术基础

近两年，我国新能源利用技术取得了突破性进展，在引进国外先进技术的基础上，自主研发能力持续提高，为新能源持续利用奠定技术基础。

我国风电制造产业技术发展迅速，风电机组生产和零部件生产能力迅速提高。2006年5月，2MW风电增速齿轮箱在重庆齿轮箱有限责任公司问世，填补了我国该项技术的空白；2006年11月13日，国内第一套在自己制造的模具上生产的1.5MW风力机叶片在上海玻璃钢研究院诞生，表明了我国已经具备了自主研制生产兆瓦级风力机叶片的能力。2007年，继2006年我国1.5MW变速恒频双馈风力电机组，"兆瓦级变速恒频风力发电机组控制系统及变流器"成功通过鉴定后，我国拥有自主知识产权的2MW变速恒频风力发电机组安装试用，正式并入国家电网运行，该机组是目前中国最大功率的风力发电机组。

3. 产业龙头带动与民营企业异军突起将为新能源发展注入动力

新能源发展已经成为国内各产业巨头和民间资本重点投资对象，发展新能源产业成为企业发展的重要战略之一。

新能源发电，特别是风力发电受到国内发电集团追捧，我国五大发电集团均不同程度进入风力发电领域。截至2014年，中国大唐集团公司风电总装机规模超过1.2亿千瓦；2007年9月，华电集团成立华电新能源公司，负责华电集团新能源项目的投资、建设、生产及电力销售；华能集团成立华能新能源产业控股有限公司，从事水电、风电、城市垃圾发电、太阳能利用及其他新能源项目的投资、开发、组织、生产、经营、工程建设。中粮集团通过资本运作，控股参股了国家投资建设的3家乙醇企业。中国石化和中国石油也分别在广西、新疆、河北、四川等地建设生物燃料生产企业。民营企业以其敏锐的市场嗅觉和果断的决策机制已占据了国内生物燃料的半壁江山，从事生物能源开发的民营企业已有数十家。各大产业巨头和民营企业凭借自身的市场优势和产业洞察力进入新能源领域，为新能源在中国的持续发展提供了良好的生长空间。

由于受到新能源利用技术条件限制以及产业链断接等因素影响，我国部分新能源开发离产业化利用还有一段距离，但同时，迅速成长壮大的新能源企业、国家发展政策对新能源的倾斜以及逐步成熟的新能源技术将进一步推动我国新能源产业化发展进程。

4. 2020年之前新能源行业发展仍将保持高速增长

近年来，世界各国都在关注能源气候变化问题。在国家政策支持下，我国以风电、光伏发电、核电、生物质能发电为主的新能源发电规模迅速攀升，装机容量占全国电力总装机容量的比例不断提高。

我国新能源发展的总体目标是到2020年，力争使我国单位国内生产总值二氧化碳排放比2005年下降40%～45%，非化石能源占一次能源消费的比重达到15%左右。新能源将以其清洁、可持续的特性成为替代化石能源的最优选择，而生产成本不断降低也为新能源的快速发展提供了基础。未来十年我国新能源行业仍将保持较快增长速度。

第二节 清洁燃料

交通工具所消耗的能源占总能源消耗的比例是相当大的。国民经济的持续快速发展，带动了汽车工业的快速发展，同时也带来了汽车排气污染等问题，汽车排放的污染物对人类的身体健康造成了很大危害。著名的美国洛杉矶光化学烟雾污染事件，就是由于汽车尾气和工业废气排放造成的。我国的城市大气污染也日趋严重，煤烟、工业扬尘、汽车尾气排放是危害空气的三大污染源，其中大约 63％的 CO（一氧化碳）、50％的 NO$_x$（氮氧化合物）、73％的烃类（包括有机挥发物 VOC）、80％的铅（烷基铅）来自于汽车尾气，汽车排放污染已成为城市大气的主要污染源之一。我国已于 2000 年 1 月 1 日开始执行实施新的汽车排放污染物控制标准（GB 14761—1999）。规定 2000 年 7 月 1 日起全国范围内停止生产、使用和销售含铅汽油。

一、 清洁汽油

所谓无铅汽油，是指提炼过程中没有添加含铅抗爆剂的汽油，而是添加甲基叔丁基醚（MTBE）作为高辛烷值组分。这种组分沸点低，可以改善汽油的蒸发性能，对汽车的启动、加速以及提高发动机的功率都有利。无铅汽油还可以减少汽车废气中的一氧化碳和氮氧化物的含量，大大减轻了对环境的污染。无铅汽油虽然基本上消除了汽车尾气的铅污染，但并没有从根本上解决汽车尾气的其他污染问题。无铅汽油在燃烧时仍能排放有害气体、颗粒物和冷凝物三大物质，对环境、人体健康的危害依然存在。其中，以一氧化碳、碳氢化合物、氮氧化物有害气体为主。颗粒物以聚合的碳粒为核心，呈分散状，60％～80％的颗粒物直径小于 2μm，可长期悬浮于空气中，易被人体吸入。冷凝物指尾气中的一些有机物，包括未燃油、醛类、苯、多环芳烃、苯并（α）芘等多种污染物，在高温尾气中呈气态，遇外界冷气可凝结，通常吸附在颗粒物上，可随颗粒物吸入到人体肺脏深处长期滞留，具有一定的致癌性。其次，为了维持去铅后汽油辛烷值的稳定，需对原油进行催化裂化、烷基化等精炼，由此又不可避免地造成烯烃、芳烃类物质含量的增加，从而增加了尾气中烯烃、甲醛、苯及苯环类物质的排放，而且芳烃燃烧时产生较高的温度，不仅增加了尾气中的氮氧化物，还可使汽油燃烧不完全。

当前世界各国非常重视提高燃料的质量，推荐使用清洁汽油。英国 1990 年通过了清洁空气法修正案，美国环境保护署提出了使用新配方汽油（RFG）的要求。RFG 规定的指标：氧含量，质量分数最低 2.1％；芳烃，体积分数最高 25％；苯，体积分数最高 1.0％；烯烃，12％（体积分数），蒸气压，44～68.9kPa。中国国家环保总局也已于 1999 年颁布了《车用汽油有害物质控制标准》，该标准要求车用汽油氧含量不小于 2.7％，硫含量不大于 0.08％（质量分数），苯含量不大于 2.5％（体积分数），芳烃含量不大于 40％（体积分数），烯烃含量不大于 35％（体积分数）。新标准的实施将使我国汽车尾气污染大幅度下降。配合采用电喷发动机（电子控制汽油喷射式发动机）和三元催化装置，将使燃油更充分的燃烧，使尾气污染减少。

目前，清洁汽油生产技术主要包括催化裂化、催化重整、烷基化、异构化技术等。从近期看，催化裂化（FCC）仍是生产清洁汽油调和组分的主要手段；催化重整则是提高辛烷值的重要手段。由于未来清洁汽油对芳烃含量有所限制，催化重整生成油作为清洁汽油调和组分的比例会下降。异构烷烃，特别是多支链的异构烷烃，辛烷值高、蒸气压低、不含烯烃和芳烃，是清洁汽油的理想组分，因此，异丁烷与丁烯烷基化以及低碳烷烃的异构化在未来清洁汽油生产中将发挥日益重要的作用。

汽油调和组分中烯烃的主要来源是催化裂化汽油，因此要降低汽油的烯烃含量，采用新型催化剂后，可使催化裂化汽油中的烯烃降低 $8\%\sim12\%$（体积分数），而且丙烯、丁烯收率和汽油辛烷值不损失。而采用催化裂化轻汽油深度醚化工艺，烯烃可减少一半以上。将催化裂化汽油中的 C_5 以下富含烷烃馏分进行烷化也可以减少烯烃含量。但是催化裂化汽油的硫含量较高（其中 85% 以上的硫集中在尾端重馏分中），对总体汽油硫含量的贡献率为 $40\%\sim90\%$。要想降低汽油的硫含量，首先就要降低催化裂化汽油的硫含量。

常规催化裂化汽油加氢脱硫技术所得的汽油辛烷值已经降低很多，20 世纪 90 年代以来成功开发了 SCANFining、Prime-G、ISAL、OCTGAIN 等多种催化裂化汽油选择性加氢技术，脱硫率均可达到 90% 以上，辛烷值损失较小。催化蒸馏加氢脱硫（CDHDS）技术是加氢脱硫技术的一大突破，其硫含量可降低 95% 以上，而抗爆指数 $(R+M)/2$ 只损失 1.0 个单位。催化裂化汽油吸附脱硫技术在国外已完成中试和工业装置设计，装置投资和操作费用都远低于加氢精制。美国、日本等国家现正大力研究催化裂化汽油生物脱硫技术。

2003 年 8 月，由上海石化与石油化工科学研究院共同开发的催化裂化汽油选择加氢脱硫技术（RSDS）在上海石化已实现工业化生产，从而使我国的清洁汽油生产技术达到世界先进水平。由该项技术生产的清洁汽油中硫的含量为 52×10^{-12}，烯烃含量为 17.8%，大大优于发达国家普遍采用的《世界燃油规范》Ⅱ类汽油的标准要求。

二、 天然气及液化石油气

天然气、液化石油气（LPG）是常用的工业及民用燃料，也可以作为汽车代用燃料。天然气的主要成分为甲烷，纯度较高，含 80% 甲烷，其他烷烃约占 1.5%。LPG 主要成分是丙烷、丙烯、丁烷、丁烯等化合物。利用天然气、液化石油气代替汽油作为机动车燃料具有以下优点。

① 资源丰富、污染小。据统计，2015 年年底，全世界可开采的天然气储量为 197 万亿立方米，我国已探明的储为 4.9 万亿立方米，在今后相当长的时间内，有充足的能源保障。同时，天然气或液化石油气以气态方式进入发动机，能与空气完全混合，从而使其燃烧充分，大大降低废气排放。与汽油发动机相比，其碳氢化合物的排放可下降 90% 左右，CO 下降 80%，NO_x 下降 40%，且无铅污染，是一种理想的清洁能源。

② 抗爆性能好，燃料经济。天然气、液化石油气辛烷值大于 100，高于汽油 $5\%\sim10\%$，具有很强的抗爆性。天然气储量丰富，开采运输方便，相同发热量情况下天然气、液化石油气价格低于汽油价格，可比燃油汽车节约燃料费约 50%。

③ 技术成熟。天然气、液化石油气汽车对发动机改动幅度不大，技术已基本成熟。

④ 使用安全。

⑤ 汽车发动机寿命延长。

三、二甲醚

二甲醚（DME）是一种较理想的汽车代用燃料。目前它主要用作溶剂、制冷剂、抛射剂和合成其他化工产品的中间体。由于二甲醚分子中含氧，组分单一，因此燃烧性能好，热效率高，燃烧过程中无残留物、无黑烟，CO、NO$_x$ 排量低，是公认的清洁能源，近年来许多国家已将其作为代替柴油、液化石油气的潜在能源来开发和应用。

1. 替代柴油发动机的燃料

使用柴油发动机的汽车的主要问题是尾气氮氧化物的排放和颗粒物质黑烟的生成。研究表明，二甲醚是柴油发动机理想的替代燃料。二甲醚十六烷值大于 55，具有优良的压缩性，非常适合压燃式发动机，可用作柴油机的代用燃料。

2. 替代液化石油气作民用清洁燃料

二甲醚的物理性质与液化石油气相似，可替代液化石油气作为民用清洁燃料。其特点一是可燃性好，燃烧充分、完全，无碳析出，几乎无残留物，废气无毒；二是液化压力低，常温下二甲醚蒸气压力约为 0.5MPa，低于液化气和天然气，在室温下就可压缩成液体，可用液化气储罐灌装，能确保运输安全，同时因其常温下为气体，不需预热，随用随开，快捷方便；三是无毒性，二甲醚对人体呼吸道、皮肤有轻微刺激作用，但对人体无毒性反应；四是安全、可以控制，其爆炸下限是液化气的 2.3 倍，爆炸隐患大大缩小；五是燃烧值高。

第三节　氢能

许多科学家都认为，21 世纪最有前途的能源有两种：一种是氢能，另一种是受控核聚变能。而这两种能源都与氢元素息息相关，前者直接利用氢，后者则利用氢的同位素氘。

氢位于元素周期表之首，它的原子序数为 1，在常温常压下为气态，在超低温高压下又可成为液态。在所有元素中，氢的重量最轻，在标准状态下，它的密度为 0.0899g/L；在 −252.7℃时，可成为液体；若将压力增大到数百个大气压，液氢就可变为金属氢。氢广泛蕴藏于浩瀚的海洋之中。海洋的总体积约为 13.7 亿立方千米，若把其中的氢提炼出来，约有 1.4×10^{17}t，所产生的热量是地球上矿物燃料的 9000 倍。此外，氢还广泛存在于各种矿物燃料（煤、石油、天然气）及各种生物质中。

氢是一种极为优越的新能源，其主要优点有：①燃烧热值高，每千克氢燃烧后能放出 142.35kJ 的热量，约为汽油的 3 倍，酒精的 3.9 倍，焦炭的 4.5 倍，是所有化石燃料、化工燃料和生物燃料中最高的；②清洁无污染，燃烧的产物是水，对环境无任何污染；③资源丰富，氢气可以由水分解制取，而水是地球上最为丰富的资源；④适用范围广，既可以通过燃烧产生热能，在热力发动机中产生机械功，又可以作为能源材料用于燃料电池；⑤用氢代替煤和石油，不需对现有的技术装备做重大的改造，现在的内燃机稍加改装即可使用。

虽然氢气被认为是未来最为理想的高效清洁能源。而且氢气燃料电池驱动的汽车已经问世。但由于生产氢气的成本较高，无论烃类制氢或电解制氢作为燃料使用，都缺乏竞争力，因此研究廉价获取氢的方法是解决以氢气为燃料的关键。

开发氢能的关键技术包括两方面：一方面要解决制氢问题，另一方面要解决氢的贮存及运输问题。

一、 制氢工艺

（一） 电解水制氢

制氢工艺对氢气能否作为燃料广泛使用起了决定作用。由于水取之不尽，而且氢燃烧放出能量后又生成水，不会造成环境污染，通过电解水大规模生产氢无疑是最可行的。然而，水分子中的氢氧键的键能很大，电解时要消耗大量的电力，比燃烧氢气本身所产生的能量还要多。如果这些电力来自火力发电站，无论是从经济上还是对环境的影响上来看都是不可取的。

1986 年在加拿大魁北克省启动了"水力氢试验计划"，该计划由加拿大和欧洲合作，利用魁北克省丰富的水力资源提供电力，并用高性能离子交换膜电解水，所产生的氢气吸附在一种贮氢合金内，运往消费地欧洲。据报导，用该工艺方法生产氢的成本，已接近天然气的生产成本。美国夏威夷大学开发了一种光电制氢工艺，用一片很薄的半导体悬于水中，仅利用太阳能就能产生出氢。

在科罗拉多州的政府氢实验室及迈阿密大学的实验室里，用光线照射过的某些微生物从水中产生出氢气和氧气。1993 年，日本通产省开始实施"氢利用清洁能源计划"。该计划将在太平洋上赤道位置建立"太阳光发电岛"，以太阳能电解水制得的氢，去推动以氢作为燃料的燃气轮机，建成新型的火力发电站。

以水为原料利用热化学循环分解水的制氢方法也是比较有前途的制氢方法，该法避免了水直接热分解所需的高温（4000K 以上），且可降低电耗。该方法是在水反应系统中加入中间物，经历不同的反应阶段，最终将水分解为氢和氧，中间物不消耗，各阶段反应温度均较低。如美国通用原子能公司（GA 公司）提出的硫-碘热化学制氢循环，反应式如下：

$$2H_2O + SO_2 + I_2 \xrightarrow{350K} H_2SO_4 + 2HI$$

$$H_2SO_4 \xrightarrow{1123 \sim 1223K} H_2O + SO_2 + \frac{1}{2}O_2$$

$$2HI \xrightarrow{580K} H_2 + I_2$$

$$净反应为：H_2O \longrightarrow H_2 + \frac{1}{2}O_2$$

近年已先后研究开发了 20 多种热化学循环法，有的已进入中试阶段，我国在该领域基本属于空白，正积极赶上。

光化学制氢是以水为原料，光催化分解制取氢气的方法。光催化过程是指在含有催化剂的反应体系内，光照下促使水解制得氢气。从 1970 年开始国外就有研究报道，近年来，我国中科院感光所等单位也开展了相关研究。该方法具有开发前景，但目前尚处于基础研究阶段。

以煤、石油及天然气为原料制取氢气仍是当今制取氢气最主要的方法，但其储量有限，且制氢过程会对环境造成污染。制得的氢气主要作为化工原料，如合成氨、合成甲醇等。用矿物燃料制氢的方法包括含氢气体的制造、气体中 CO 组分变换反应及氢气提纯等。该方法在我国具有成熟的工艺，并建有工业化生产装置。近年来，煤地下气化方法制氢已为人们所重视，该技术具有资源利用率高及对地表环境破坏小等优点。

（二）生物质制氢

生物法制氢和热化学法制氢是生物质制氢的两种主要方法。生物法制氢根据所利用的产氢微生物不同，分为厌氧发酵生物制氢和光合生物制氢。生物法制氢前景广阔，但目前还只限于实验室研究。生物制氢技术主要以制糖废液、纤维素废液和污泥废液为原料，采用微生物培养法制取氢气，关键是保持氢化酶的稳定性，以便能采用通常的发酵法生产制氢。目前国外的研究主要集中于固定化微生物制氢技术，现在已发现以废丙烯酰胺将氢产生菌——丁酸梭菌包埋固定化，可用于由葡萄糖发酵生产氢气。最近又发现用琼脂固定化微生物生产氢气的速度是聚丙烯酰胺固定化菌种的 3 倍。利用这种固定化氢产生菌，可以用工业废水中的有机物有效地生产氢气。国内以厌氧活性污泥为原料的有机废水发酵法制氢技术研究取得了重要突破，实现了具有中试规模的连续非固定菌生物制氢，生产成本据称已低于电解法制氢。

生物质热化学制氢是从煤的气化-热解制氢衍生而来的，即通过施加外界影响，促进生物质结构发生变化生成煤或油、气等反应，生成焦炭、液体油或生物燃气等组分。

1. 生物质热化学（气化-热解）制氢原理

生物质热化学气化-热解制氢是在一定的热力学条件下，将组成生物质的碳氢化合物转化成特定比例的 CO 和 H_2 的可燃气体，并且将伴生的焦油经过催化裂化进一步转化为小分子气体，同时将 CO 通过蒸汽重整（水煤气反应）转化为氢气的过程。与煤相比，生物质在本质上具有更高的活性，更适合于热化学转化制氢。

生物质热化学制氢的基本方法是将生物质原料压制成型，在气化炉（或裂解炉）中进行气化或热裂解反应，获得富氢燃料气，再将富氢燃料气中的氢气与其他气体通过变压吸附或变温吸附分离，获得高品质氢气。由于变压吸附或变温吸附分离过程是很成熟的技术工艺，因此研究的重点往往放在获得理想组分与产率的富氢燃料气上。生物质热化学制氢的典型过程主要包括生物质气化过程、合成气催化交换过程和氢气分离与净化过程。这三个过程决定最终氢气的产量和质量。

2. 生物质热化学制氢技术

生物质热化学制氢技术主要包括以下几种。

（1）一级气化法制氢 生物质在某一反应器内被气化介质直接气化后，获得富氢气体的过程。富氢气体再经过变压吸附分离获得满足需要的高纯度氢气。这种气化反应器结构简单，反应过程容易实现，操作方便。在相同气化温度下，生成燃料气的热值与各组分的含量随生物质种类及气化介质的不同而不同。

（2）二级气化法制氢 生物质在第一级反应器内被直接气化后，再进入第二级反应器发生裂化或蒸汽重整反应的过程。该技术的重点是对一级气化法制得的燃料气进行再转化，可得氢含量为 25%～45% 的富氢燃料气。

（3）一级快速热解法制氢　生物质在某一反应器内被直接快速热解（>5℃）后，获得富氢气体的过程。反应的原理类似于一级气化法，但热解过程在隔绝氧气条件下进行，温度较低，产物分布不同。一般情况下，产品气中氢气含量适中，体积分数约为 30%。

（4）二级快速热解法制氢　生物质在第一级反应器内被直接快速热解后，再进入第二级反应器发生焦油裂化和蒸汽重整反应生成富氢气体的过程。获得的富氢气体中氢气体积分数可达 55%。

（5）闪速热解-气化法制氢　生物质在第一级反应器内直接闪速热解（<1s），立即冷凝后获得的生物油、半焦及气体产物再进入第二级反应器发生催化蒸汽气化反应的过程。

（6）超临界水气化法制氢　将生物质、水和催化剂在一个高压反应器内反应获得富氢气体的过程。由于超临界水可以溶解大部分的有机成分和气体，反应后只剩下极少量的残碳，因此气化率可达 100%，进行气体分离后，产物中氢气的含量可高达 50%～60%。是一种新型和高效的制氢技术。

二、 贮氢方法

氢的规模储运是氢作为能源应用的另一大难题。氢气很轻，它必须经过压缩或在极低的温度下（20.4K）液化，其浓度才能达到成为一种有用燃料的要求。由于液氢在生产、液化及储存方面都比较困难，使得液氢的使用成本相当高，且危险性极大，目前主要作为燃料应用在航天、远程导弹等方面。

到目前为止，高压容器贮氢仍是贮存氢气的主要方法，贮氢压力为 12～20MPa，一般一个大气压力为 20MPa 的高压钢瓶贮氢重量只占其中的 1.6%，其单位体积贮氢能力和能量密度均较低，安全性差。因此，利用一般的高压容器贮氢作为汽车、飞机等交通工具的燃料，无论在经济上还是在安全性上都不太适合。

当前最有希望的贮氢方法是利用金属氢化物方式贮氢，即采用贮氢合金材料。该类材料在一定的温度和压力条件下，能够大量"吸收"氢气，与金属反应生成金属氢化物，将氢原子贮存于金属结晶间隙中，同时放出热量。而后，再将这些金属氢化物加热，它们又会分解，将贮存在其中的氢释放出来。

贮氢合金的贮氢能力很强。单位体积贮氢的密度，是相同温度、压力条件下气态氢的1000 倍。由于贮氢合金都是固体，因此它贮氢时既不用大而笨重的钢瓶，又不需要极低的温度条件，需要贮氢时只需金属与氢反应生成金属氢化物，需要用氢时通过加热或减压使贮存于其中的氢释放出来，如同蓄电池的充、放电，因此贮氢合金是一种理想贮氢的材料。

目前研究发展中的贮氢合金，主要有钛系贮氢合金、锆系贮氢合金、铁系贮氢合金、镁系贮氢合金及稀土系贮氢合金。其中接近实用化的有钛铁合金、镧镍合金和镁镍合金。钛铁合金是一种比较便宜而实用的贮氢材料，在室温附近，它的分解压只需几个大气压。用它来取代有易爆危险和体积庞大的氢气瓶，重量可以减轻一半。镁镍合金也是一种具有很好的贮氢能力且价格比较便宜的材料。氢镁结合生成二氢化镁，100kg 二氢化镁所含的氢可供汽车行驶数百公里的路程。不足之处是，它的放氢温度比较高，氢气释放速度比较慢。

贮氢合金不光有贮氢的本领，而且还有将贮氢过程中的化学能转换成机械能或热能的能量转换功能。贮氢合金在吸氢时放热，在放氢时吸热，利用这种放热-吸热循环，可进行热的贮存和传输，制造制冷或采暖设备。贮氢合金还可以用于提纯和回收氢气，它可将氢气提纯到很高的纯度。例如，采用贮氢合金，可以以很低的成本获得纯度高于 99.9999％ 的高纯氢。

第四节　太阳能和风能

一、太阳能

太阳能属于一次性能源，是典型的可再生的绿色能源。太阳能也是各种可再生能源中最重要的基本能源，生物质能、风能、海洋能、水能等都来自太阳能，矿物燃料也是通过生物的化石形式保存下来的亿万年以前的太阳能，因此是人类可利用的丰富的能源。太阳能是太阳内部连续不断的核聚变反应过程产生的能量。经测算，太阳能释放出相当于 10 万亿千瓦的能量，总辐射能量大约在 3.8×10^{23} kW，辐射到地球表面的能量虽只有它的二十二亿分之一，能量仍大约有 100 万亿千瓦，也就是说太阳每秒钟照射到地球上的能量就相当于 500 万吨标准煤，相当于全世界目前发电总量的 8 万倍。研究报告称，全球对集中式太阳能发电的投资在未来 5 年内将达到 200 亿美元。我国的太阳能产业近年来发展迅速，产业规模跃居世界首位。

中国太阳能热水器利用居世界首位，热水器保有量一直以来都占据世界总保有量的一半以上，2007 年，中国太阳能热水器年生产能力已超过 2300 万平方米，运行保有量达到 9000 万平方米。全国有 3000 多家太阳能热水器生产企业，年总产值近 200 亿元。我国光伏产业近年来发展迅速，其中的太阳能电池生产近年来发展速度惊人，引起世界瞩目。2007 年年底，中国太阳能电池的累计装机达到 100MW，2013 年年底，中国光伏发电新增装机容量达到 10.66GW，光伏发电累计装机容量达到 17.16GW，位居世界第二。其中，大规模光伏电站累计装机容量达到 11.18GW，分布式光伏发电累计装机容量达到 5.98GW。2013 年光伏电池生产能力达 40GW，在世界上排在第三位。

应用太阳能既不会导致"温室效应"和全球性气候变化，也不会造成环境污染，随着矿物燃料资源的逐渐枯竭，太阳能将是人类赖以生存的最有前途的能源。因此，太阳能的大规模开发利用是面向未来，实现可持续发展的必然选择。但太阳能也是一个有限的能源，因为其一旦枯竭，则永不可再补充。但太阳的寿命至少尚有 40 亿年，相对于人类历史的有限年代而言，太阳可长期持续地放热，因此被认为是最重要的可再生能源之一。目前已开发出多种利用太阳能的技术，如太阳灶、太阳房、太阳热水器、太阳干燥器、太阳炉、太阳节能电池等。但太阳能因其分散、密度低，受昼夜和季节变化影响大，难以贮存等原因而使其利用受到一定限制。

太阳能利用主要可分为光热转换、光电转换和光化学转换。

（一）太阳能光热转换

太阳能光热转换是指将太阳光直接或通过聚光照射于集热器上，使光能直接转化为热能。目前太阳能光热转换技术应用最广的就是太阳能热水器和太阳能热发电技术。太阳能热水器是人类利用太阳能的最古老方式之一，但是较有系统的研究直到 1950 年才开始。初期以平板式集热器为主，现多采用真空管集热器，它是由若干支真空集热管组装在一起构成的。为了增加太阳光的采集量，有的在真空集热管的背部还加装了反光板。这种真空集热器受外界气温影响较小，能够全年使用，它不仅可以把水加热，也能加热空气，最高温度可达200℃。太阳能热水器由于不耗能、安全、无污染及使用经济等优势，得到人们的认可，大有取代传统的燃气热水器和电热水器的趋势。

聚焦集热器是利用金属或其他材料制成碟型反光镜，将阳光反射到某一焦点，就可以得到100℃以上的温度，如果镜面的方向能够随着太阳的位置变化而自动调整，太阳能的利用率可更高。利用该法发展的太阳灶可用来做饭、烧水或加热各种物体。例如，现在世界上最大的抛物面型反射聚光器有9层楼高，总面积2500m²，焦点温度高达4000℃，许多金属都可以被熔化。

用太阳热能来发电是太阳能应用的另一主要课题，由于入射到地球表面的太阳能是广泛而分散的，要充分收集并使之变成热能来发电，就必须采取一种能把太阳光反射并集中在一起的系统。目前主要有塔式太阳能热发电系统、槽式太阳能热发电系统及盘式太阳能热发电系统三种。塔式太阳能热发电是主要的太阳热发电系统之一，该系统是将集能器置于塔顶，主要由反射镜阵列、高塔、集能器、蓄热器、发电机组等部件组成。采用多组按一定规律排列的反射镜阵列，由计算机控制反射镜自动跟踪太阳，使太阳光集中于集能器的窗口，集能器将吸收的光能转变成热能后，使加热盘管内流动着的介质（水或其他介质）产生蒸汽。一部分热量用来带动汽轮发电机组发电，另一部分热量则被贮存在蓄热器里，以备没有阳光时发电用。槽式太阳能热发电系统是直接利用线槽型聚焦式反射镜将阳光聚焦，照射在一个置于线聚焦的集热管上来收集太阳能，从而产生较高温度来推动热发电设备。美国、以色列、德国等已兴建的几座试验电站表明，此种系统可设计成集中式大型发电系统（数百万瓦），或设计成小系统（数千瓦），应用较为灵活，发电成本可降到5~6美分/（千瓦·时），经不断完善后，有望实现商业化。盘式太阳能热发电系统是利用抛物面型的聚光镜将太阳热集中，在焦点处设置一部斯特林发电机直接发电。该系统功率较小，一般为5~50kW，可以单独分散发电，也可以组成较大的发电系统。盘式太阳能热发电系统应用空间与光伏发电系统相比，具有气动阻力低、发射质量小、运行费用便宜及发电效率高等优点。但是由于抛物面型的聚光镜的反射面构造复杂，制造成本较高，目前已有国外公司将抛物面型反射面改为薄膜反射面及氢骨架而使得成本大为降低，因此盘式太阳能热发电系统具有一定的实际应用前景。

此外，目前还发展了太阳能热离子发电和海水温差发电等技术。

（二）太阳能光电转换

太阳能光电转换是指太阳的辐射能光子通过半导体的光电效应或者光化学效应原理直接把光转换成电能，通常叫作"光生伏打效应"，太阳能电池就是利用这种效应制成的。当太阳光照射到半导体上时，部分被表面反射掉，部分被半导体吸收或透过，被吸收的太阳光，有一些会变成热。另一些光子则同组成半导体的原子价电子碰撞，于是产生电子-空穴对。这样，光能就以产生电子-空穴对的形式转变为电能，如果半导体内存在PN结，则在P型和N型交界处向两边形成势垒电场，能将电子驱向N区，空穴驱向P区，从而使得N区有过剩的电子，P区有过剩的空穴，在PN结附近形成与势垒电场方向相反的光生电场。光生电场的一部分除抵消势垒电场外，还使P型层带正电，N型层带负电，在N区与P区之间的薄层产生所谓光生伏打电动势。若分别在 P 型层和 N 型层焊上金属引线，接近负载，则外电路便有电流通过。如此形成的一个个电池元件，把它们串联、并联起来，就能产生一定的电压和电流，输出功率。

半导体材料对光电转换效率的高低是制造太阳能电池的关键。目前，技术最成熟、广泛使用的光电转换材料是以单晶硅、多晶硅和非晶硅为主。1941 年首次报道了硅太阳电池，1954 年科学家又成功研制出光电转换效率达 6％的单晶硅太阳能电池，1958 年太阳能电池被成功应用于卫星供电。下面介绍几种比较常见的太阳能电池。

（1）单晶硅太阳能电池　单晶硅太阳能电池以 99.999％的高纯单晶硅棒为原料。制作时将单晶硅棒切成厚约 0.3mm 的薄片。然后经过成形、抛磨、清洗等工序制成待加工的原料硅片，再在硅片上掺杂和扩散微量的硼、磷、锑等，这样就在硅片上形成 PN 结。然后采用丝网印刷，将精确配好的银浆印在硅片上做成栅线，经过烧结，同时制成背电极，并在有栅线的一面覆上防反射涂层，以减少光子被光滑的硅片表面反射掉。将制成的单晶硅太阳能电池的单片体按所需要的规格组装成太阳能电池组件（太阳能电池板），用串联和并联的方法构成一定的输出电压和电流。最后用钢化玻璃以及防水树脂进行封装，其使用寿命一般可达 15 年。太阳能电池组件可组成各种大小不同的太阳能电池方阵，亦称太阳能电池阵列。目前单晶硅太阳能电池的光电转换效率为 15％左右，实验室可达 24％。

（2）多晶硅太阳能电池　多晶硅太阳能电池的制作工艺与单晶硅太阳能电池差不多，其光电转换效率稍低于单晶硅太阳能电池，约 12％，实验室可达 18.6％，但是由于材料制造简便，电耗低，总的生产成本较低，因此也得到了大力的发展。

（3）非晶硅太阳能电池　非晶硅太阳能电池是 1976 年出现的新型薄膜式太阳能电池，它与单晶硅和多晶硅太阳能电池的制作方法完全不同，硅材料消耗很少，电耗更低，它的主要优点是在弱光条件下也能发电。但其主要缺点是光电转换效率偏低，为 10％左右，且不够稳定，随着时间的延长，其转换效率衰减。因此它主要被应用于如袖珍式电子计算器、电子钟表及复印机等的弱光电源。如果能有效解决效率衰减问题，非晶硅太阳能电池将会因其成本低，重量轻，应用方便等特点而得到极大的发展。

（4）多元化合物太阳能电池　多元化合物太阳能电池指不是用单一元素半导体材料制成的太阳能电池。现在各国研究的品种繁多，大多数尚未工业化生产，主要有以下几种：硫化镉太阳能电池、砷化镓太阳能电池、铜铟硒太阳能电池。

光伏发电不消耗燃料，不受地域限制，规模大小随意，可以独立发电或并网发电，无噪声、无污染，建设周期短，不用架设输电线路，安全可靠，维护简便，可以无人值守，具有其他发电方法无可比拟的优点。它是大规模利用太阳能的重要技术基础。

光伏发电不仅可应用于如海上导航，牧区电围网，微波通讯，管道阴极保护等一些特殊领域。随着技术的逐渐成熟和价格的下降，光伏发电的应用领域可扩大到以下四个方面：①消费性产品，如非晶硅太阳能电池供电的计算器，太阳能钟表，太阳能照明灯具，太阳能收音机、电视机等，这类产品约占世界光伏产品销售量的 14％；②远离电网居民供电系统，包括家庭分散供电和独立光伏电站集中供电，其占世界光伏产品销售量的 35％；③离网工业供电系统，其占世界光伏产品销售量的 33％；④并网光伏发电系统，其占世界光伏产品销售量的 18％。

由于太阳光线在穿越地球大气层过程中，能量衰减较大，到达地球表面的太阳能能量分布密度小，兴建大型的地面光伏电站要占用巨大面积，且受季节、昼夜及天气等气象条件影响较大。相对而言，外层空间太阳能具有能流密度大、持续稳定、不受昼夜气候影响、洁净、无污染等优点，随着人类征服太空能力的加强，利用空间太阳能发电 SPS（solar power system）已越来越受到世界各国的关注。

在地球附近的外层空间兴建光伏电站，可以使用与地面光伏电站基本相同的太阳能电池，并且由于外层空间处于高真空状态，可使用大面积的太阳能电池板，而不必担心占用耕地，电池寿命长，电流稳定，效率高。是如何将转化的巨大电能传送到地面上来是空间光伏电站目前迫切需要解决的关键问题之一。现已提出用无线电能传输技术（WPT），将太阳能转换的电能转换为微波集束能或激光能，并根据需要将束向控制在所需电能的地区，在当地再通过微波或激光接受装置进一步转换成电能，输入电网或直接满足不同用户需要，由于用于传送能量的微波低于手机发出的微波，因此对人体无害。因此，地面的接收天线非常庞大，直径可达几千米，可建在沙漠或海洋中，然后通过普通电缆将电传送到其他地方。WPT 技术在理论上是可行的，但离真正实用在技术上尚有较大距离。

（三）太阳能光化学转换

太阳能光化学转换包括：光合作用、光电化学作用、光敏化学作用及光分解反应等。生物质能就是太阳能以化学能形式贮存在生物中的一种能量形式。如植物的光合作用是利用太阳能的最基本形式，它利用蒸气中的二氧化碳和土壤中的水将吸收的太阳能转换为碳水化合物而储存。每年通过光合作用贮存在植物的枝、茎、叶中的太阳能，相当于全世界每年耗能量的 10 倍。

太阳能转化为化学能的另一个途径是通过分解水或其他途径转换成氢能，即太阳能制氢，这是当前很有前途的太阳能光化学转换方法。其主要方法如下：

（1）太阳能电解水制氢 电解水制氢是目前应用较广且比较成熟的方法，效率较高（75％～85％），但耗电很大，而用常规电制氢，从能量利用方面来看是不可取的。所以，只有当太阳能发电的成本大幅度下降后，才能实现大规模电解水制氢。

（2）太阳能热分解水制氢 将水或水蒸气加热到 3000K 以上，使水中的氢和氧分解。这种方法制氢效率高，但需要高倍聚光器才能获得如此高的温度，一般不采用这种方法制氢。

（3）太阳能热化学循环制氢 为了降低太阳能直接热分解水制氢要求的高温，科学家发展了一种热化学循环制氢方法，即在水中加入一种或几种中间物，然后加热到较低温度，经历不同的反应阶段，最终将水分解成氢和氧，而中间物不消耗，可循环使用。热化学循环分解的温度大致为 900～1200K，这是普通旋转抛物面镜聚光器比较容易达到的温度，其分解水的效率在 17.5％～75.5％。其主要缺点是中间物的还原，即使按 99.9％～99.99％还原，也还要作 0.1％～0.01％的补充，这将影响氢的价格，并造成环境污染。

（4）太阳能光化学分解水制氢 这一制氢过程与上述热化学循环制氢有相似之处，在水中添加某种光敏物质作催化剂，增加对阳光中长波光能的吸收，利用光化学反应制氢。日本有人利用碘对光的敏感性，设计了一套包括光化学、热电反应的综合制氢流程，每小时可产氢 97L，效率达 10％左右。

（5）太阳能光电化学电池分解水制氢 1972 年，日本本多健一等人利用 N 型二氧化钛半导体电极作阳极，而以铂黑作阴极，制成太阳能光电化学电池，在太阳光照射下，阴极产生氢气，阳极产生氧气，两电极用导线连接便有电流通过，即光电化学电池在太阳光的照射下同时实现了分解水制氢、制氧和获得电能。但是，光电化学电池制氢效率很低，仅为0.4%，只能吸收太阳光中的紫外光和近紫外光，且电极易受腐蚀，性能不稳定，所以尚未达到实用要求。

（6）太阳光络合催化分解水制氢　科学家发现三联吡啶络合物的激发态具有电子转移能力，并从络合催化电荷转移反应，提出利用这一过程进行光解水制氢。这种络合物是一种催化剂，它的作用是吸收光能、产生电荷分离及电荷转移和集结，并通过一系列偶联过程，最终使水分解为氢和氧。目前该技术尚不成熟，相关研究工作还在继续进行。

（7）生物光合作用制氢　40多年前发现绿藻在无氧条件下，经太阳光照射可以放出氧气；十多年前又发现，兰绿藻等许多藻类在无氧环境中，在一定条件下会有光合放氢作用。目前，对于光合作用和藻类放氢机理还不十分清楚，而藻类放氢的效率很低，因此要实现工业化产氢还不现实。据估计，如果能把藻类光合作用产氢效率提高到10%，则每天每平方米藻类可产9mol的氢，用5万平方千米的藻类接受太阳能，通过光合放氢工程即可满足美国的全部燃料需要。

二、 风能

风是地球上的一种自然现象，它是由太阳辐射热引起的。当太阳光照射到地球表面，地球表面各处受热不同，产生温差，从而引起大气的对流运动形成风。据估计到达地球的太阳能中虽然只有大约2%转化为风能，但其总量仍是十分可观的。全球的风能约为2.74×10^9MW，其中可利用的风能为2×10^9MW，比地球上可开发利用的水能总量还要大10倍。

风能也属于一次能源，和太阳能一样都是典型的可再生的绿色能源。我国是世界上最早利用风能的国家之一。公元前数世纪我国人民就利用风力提水、灌溉、磨面、存米，用风帆推动船舶前进。到了宋代更是进入我国应用风车的全盛时代，当时流行的垂直轴风车，一直沿用至今。在国外，公元前2世纪，古波斯人就利用垂直轴风车碾米。10世纪伊斯兰人用风车提水，11世纪风车在中东已获得广泛的应用。13世纪风车才传至欧洲，到了14世纪已成为欧洲不可缺少的原动机。后来由于蒸汽机的出现，使得欧洲风车数急剧下降。但是在今天，风车仍然在许多国家得到广泛的应用。

自1973年世界石油危机以来，在常规能源告急和全球生态环境恶化的双重压力下，风能作为新能源的一部分才重新有了长足的发展。风能是利用风力机将风能转化为电能、热能、机械能等各种形式的能量，而风力发电是主要的开发利用方式。风力专家认为到2050年，风力可提供世界电能的10%。风能作为一种无污染和可再生的新能源，具有安全可靠、经济性高、建筑与操作简单等优点，但风能的利用有一定的限制，包括分散、间歇、能量密度不高、风力不均匀及无风期的备用设备等。

风力发电是中国发展最快的发电技术。仅2006年一年新增装机容量就增长一倍。中国已经建成了100多个风电场，2006年共安装1450台风机，新增总装机容量达到1.3GW，占全球新增装机的8.9%。截至2013年，风电累计装机容量9174万kW，发电装机规模从2004年的世界第十位升至2013年的第一位。我国的风能总储量列世界第三位，有广阔的开发前景，内蒙古、青海、黑龙江、甘肃等省区风能储量居我国前列。

目前，风力发电成本低于太阳能发电，与火力发电和水力发电相比，无论是建设成本还是使用成本均基本相当或略高一些，但其突出的环保性能却是火力发电所无法比拟的，而且，随着风力发电技术的不断进步和成熟，风力发电的成本还会继续下降，目前风力发电的成本约为每千瓦时 4～6 美分。因此，风力发电日益受到重视，风力发电已成为世界上发展最迅速的能源采集方式之一。

第五节　生物质能源

生物质（biomass）是指有机物中除了化石燃料以外的所有来源于动植物、能再生的物质。生物质能则是指直接或间接地通过绿色植物的光合作用，把太阳能转化为化学能后固定贮藏在生物体内的能量。

随着石油资源的逐渐枯竭和全球严重的环境污染问题的出现，人类深刻的认识到必须寻找能代替石油、煤、天然气等化石能源的新的、可持续利用的能源资源。而随着当今生物技术的飞跃发展和进步，人们认识到代替石化能源的将是那些曾被人们当为废物的农作物秸秆、木材加工废料以及城市有机废弃物等生物质。就目前技术水平来看，可再生生物质资源的利用在成本上还难以与石油资源竞争。但随着石油价格上涨，地球环境对石油等矿物燃料所产生的污染的承受能力趋于极限，特别是生物技术的突破，可再生生物质资源替代石油等矿物资源将成为现实。而生物催化选择性高、副反应少、反应条件温和、设备简单，是值得发展的绿色生产技术。

目前，许多国家高度重视对生物质能的开发利用，联合国开发计划署、世界能源委员会、美国能源部都把它当作可再生能源的首要选择。联合国粮农组织认为，生物质能有可能成为未来可持续能源系统的主要能源，扩大其利用是减排二氧化碳的最主要的途径，应大规模植树造林和种植能源作物，并使生物质能从"穷人的燃料"变成高品位现代能源。预计到本世纪中叶，采用新技术生产的各种生物质替代燃料将占全球总耗能的 40% 以上。

2006 年年底，我国生物质发电装机容量为 220 万千瓦，占全国发电装机容量的 0.35%，约占全世界生物质发电总装机容量的 4%。2013 年年底，国内生物质发电装机容量为 850 万千瓦。到 2015 年，生物质能年利用量超过 5000 万吨标准煤。其中，生物质发电装机容量 1300 万千瓦、年发电量约 780 亿千瓦时，生物质年供气 220 亿立方米，生物质成型燃料 1000 万吨，生物液体燃料 500 万吨。到 2020 年，我国生物质发电总装机容量要达到 3000 万千瓦，年替代 2800 万吨标准煤。2006 年我国乙醇总产量约 350 万吨，其中燃料乙醇产量达到 130 万吨。2010 年，我国燃料乙醇产量达到 180 万吨，2014 年，年产量约 216 万吨，生物柴油年产量约 121 万吨。目前，中国紧随美国、巴西、欧盟之后，乙醇年产量位列世界第四，以废弃油脂为原料生产的生物柴油达到 10 万吨，农村沼气产量突破 130 亿立方米。

一、　生物质能源的特点

生物质由 C、H、O、N、S 等元素组成，是空气中二氧化碳、水和太阳光光合作用的产物。其挥发性高，碳活性高，硫、氮含量低（S 0.1%～1.5%，N 0.5%～3.0%），灰分低（0.1%～3.0%）。

① 可再生性。生物质能由于通过植物的光合作用可以再生，与风能、太阳能等同属可再生能源，资源丰富，可保证能源的永续利用；据统计，全球可再生能源资源可以转换为二次能源约 185.55 亿吨，相当于全球天然气和煤等化石燃料年消费量的 2 倍，其中生物质能占 35%，位居首位。

② 污染小，节能、环保效果好。用生物质能代替化石燃料，由于生物质的硫含量、氮含量低，燃烧过程中生成的 SO_x、NO_x 较少，不仅可以永续使用，而且环保和生态效果突出。

③ 分布广泛，利用方便，利用形式多样化。不受像煤炭的地域限制，可充分利用生物质能。

④ 生物质燃料总量十分丰富。生物质能是世界第四大能源，仅次于煤炭、石油和天然气。根据生物学家估算，地球陆地每年生产 1000 亿～1250 亿吨生物质；海洋每年生产 500 亿吨生物质。生物质能源的年生产量远远超过全世界总能源需求量，相当于目前世界总能耗的 10 倍。2010 年，我国可开发为能源的生物质资源达 3 亿吨。

⑤ 相关技术已成熟，可贮性好。薪材和作物秸秆直燃历史悠久，通过发酵生产沼气用于炊事和照明在农村也很普遍，在美国、巴西利用甘蔗、玉米等制造燃料乙醇代替车用汽油已具规模。另外，与太阳能、风能相比，生物质能突出的优点是可贮存。

二、 生物质能源的分类

依据来源的不同，可以将适合于能源利用的生物质分为林业资源、农业资源、生活污水和工业有机废水、城市固体废物和畜禽粪便等五大类。

① 林业资源。林业生物质资源是指森林生长和林业生产过程中提供的生物质能源，包括薪炭林、在森林抚育和间伐作业中的零散木材、残留的树枝、树叶和木屑等；木材采运和加工过程中的枝丫、锯末、木屑、梢头、板皮和截头等；林业副产品的废物，如果壳和果核等。

② 农业资源。农业生物质资源是指农业作物（包括能源作物）；农业生产过程中的废物，如农作物收获时残留在农田内的农作物秸秆（玉米秸、高粱秸、麦秸、稻草、豆秸和棉秆等）；农业加工业的废物，如农业生产过程中剩余的稻壳等。能源植物泛指各种用以提供能源的植物，通常包括草本能源作物、油料作物、制取碳氢化合物的植物和水生植物等几类。

③ 生活污水和工业有机废水。生活污水主要由城镇居民生活、商业和服务业的各种排水组成，如冷却水、洗浴排水、盥洗排水、洗衣排水、厨房排水、粪便污水等。工业有机废水主要是酒精、酿酒、制糖、食品、制药、造纸及屠宰等行业生产过程中排出的废水等，其中都富含有机物。

④ 城市固体废物。城市固体废物主要是由城镇居民生活垃圾，商业、服务业垃圾和少量建筑业垃圾等固体废物构成。其组成成分比较复杂，受当地居民的平均生活水平、能源消费结构、城镇建设、自然条件、传统习惯以及季节变化等因素影响。

⑤ 畜禽粪便。畜禽粪便是畜禽排泄物的总称，它是其他形态生物质（主要是粮食、农作物秸秆和牧草等）的转化形式，包括畜禽排出的粪便、尿及其与垫草的混合物。

生物质燃料中可燃烧部分主要是纤维素、半纤维素、木质素。按质量计算，纤维素占生物质的 40%～50%，半纤维素占生物质的 20%～40%，木质素占生物质的 10%～25%。

三、 生物质能源利用技术

目前发展中的开发利用技术主要是，通过热化学转换技术转换成可燃气体、焦油等，通过生物化学转换技术转换成沼气、酒精等，通过压块细密成型技术压缩成高密度固体燃料等。生物质能技术的研发成为世界热门课题，许多国家都制定了相应的开发研究计划，如日本的阳光计划、美国的能源农场和巴西的酒精能源计划等。

生物质资源主要分为两类：淀粉和纤维素。当前已能将淀粉通过降解成葡萄糖，然后再以葡萄糖为原料，经过细菌发酵和（或）酶进行催化，生产出人们所需的化学物质，该技术已经有一定的研究基础。和淀粉一样，纤维素也可以用来生产所需的化学物质，但是更为困难。目前以生物质资源生产的化学品数量还不足化学品年生产量的 2%，应大力开发生物质资源的利用技术。

可再生生物质资源主要利用的是谷物淀粉类，而作为植物重要组成部分的木质素由于极其稳定，降解十分困难而利用得不多。虽然现在已发现一些细菌和真菌含有可使木质素降解的木质素过氧化酶、锰过氧化酶、漆酶等，但其降解效率较低，而且由于酶催化剂稳定性较差，对反应条件，如温度、培养液浓度和 pH 值等要求苛刻，价格昂贵，且将酶和产物从反应液中分离出来也十分困难，从而阻碍了可再生生物质资源的利用。因此纤维素特别是木质素的酶解反应方法的研究、酶和微生物的固载化、高效生物反应器和分离技术的开发将是今后研究的热点。

目前已成功开发了以谷物淀粉为原料发酵制造酒精的新方法。用酒精替代部分汽油组成的混合燃料（10%～15% 的酒精和 85%～90% 汽油）已用做汽车燃料。利用有机废弃物（包括农、林废弃物、垃圾、粪便等）通过细菌发酵分解方式生产甲烷的造气工厂已成功运转。据报道，美国俄克拉荷马州一家回收处理工厂，已建成一套牛粪转化为沼气的生产装置。10 万头牛的粪便每日可转化生成 $5 \times 10^4 \, m^3$ 沼气，可满足当地 3 万户家庭使用。

Texas A&M 大学的研制人员开发了一种可将生物质转化为动物饲料、化工产品和燃料的技术，这一反应过程如图 7-1 所示。

这些废弃的生物质包括城市固体垃圾，下水道中的污物、粪便和农作物秸秆等。这些看似废物的资源随着处理技术的不断进步，除可消除它们对环境造成的污染外，还将带来良好的经济效益。

这些废弃生物质如稻草、玉米秸秆等用石灰处理后，可用作动物饲料来取代玉米饲料。然后将石灰处理的生物质再在厌氧发酵罐中经微生物发酵可转化为挥发性的乙酸钙、丙酸钙、丁酸钙等脂肪酸（VFA）盐。这些盐经浓缩后，可经过三条路线转化为人们所需的化工产品或燃料：一是 VFA 盐经酸化释放出乙酸、丙酸、丁酸；二是通过将 VFA 盐加热转化为丙酮、甲乙酮和二乙酮等酮类物质；三是将酮加氢转化为相应的异丙醇、异丁醇和异戊醇等，它们可作为化工产品或燃料。这些工艺技术对人类健康和环境保护都是有益的。

利用废弃的生物质生产化工原料既经济，又可消

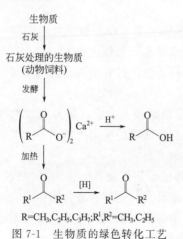

图 7-1　生物质的绿色转化工艺

除城市垃圾和下水道污物等对环境造成的负面影响。此外从生物质制成的含氧化合物作燃料燃烧更干净、充分，不会使环境中二氧化碳含量增加，有利于减轻全球温室效应。因此，利用生物质制取化学品将不可再生的石油和天然气资源留给子孙后代是长久造福于人类的事业。

第六节　海洋能

海洋能指依附在海水中的可再生能源，海洋通过各种物理过程接收、储存和散发能量，以潮汐、波浪、温度差、盐度梯度、海流等形式存在于海洋之中。海洋能包括潮汐能、海流能、波浪能、海水温差能和盐差能等，它是一种可再生的巨大能源。海洋潮汐能来源于月亮与太阳对地球海水的吸引力以及地球的自转引起海水会周期性地做有节奏的垂直涨落的现象。目前利用海洋能发电初步形成规模的主要是潮汐发电，据统计，全球海洋潮汐能的储藏量在 27 亿千瓦左右，全世界潮汐发电总装机容量约 30 万千瓦，每年的发电量可达 33480 亿千瓦。根据估算，世界沿岸各国尚未被开发利用的潮汐能要比目前世界全部的水力发电量大一倍。除潮汐能外，海洋波浪能、海流能也可以用来发电，目前相对来说容量不大。统计显示，全世界海洋中可开发利用的波浪能约为 27 亿～30 亿千瓦。目前，一些发达国家如法国、英国、美国、加拿大、俄罗斯和阿根廷等国度已经建造了潮汐发电站。

我国的潮汐能量也相当的可观，蕴藏量为 1.1 亿千瓦，可开发利用量约 2100 万千瓦，每年可发电 580 亿度。浙江、福建两省岸线曲折，潮差较大，那里的潮汐能占全国沿海的 80%。浙江省的潮汐能蕴藏量尤其丰富，约有 1000 万千瓦，钱塘江大潮差达 8.9 米，是建设潮汐电站最理想的河口。20 世纪 50 年代后期，我国曾出现过利用潮汐能发电的高潮，沿海诸省市兴建了 42 个小型潮汐电站，总装机容量达 500 千瓦。70 年代初再度出现潮汐发电热潮，至今仍有 8 座潮汐电站在使用，总装机容量为 7245 千瓦。其中规模较大的有浙江江厦电站、山东半岛白沙口电站和广东甘竹滩洪潮电站。

据估算，我国可供利用的海洋能量还有：潮流能 1000 万千瓦、波浪能 7000 万千瓦、海流能 2000 万千瓦、温差能 1.5 亿千瓦和盐差能约为 1 亿千瓦。据计算，全世界海洋中可开发利用的波浪能约为 27 亿～30 亿千瓦，而我国近海域波浪能的蕴藏量约为 1.5 亿千瓦，可开发利用量约 3000 万～3500 万千瓦。目前，一些发达国家已经开始建造小型的波浪发电站。将温差和盐差的能量转换为能源的问题，目前正在研究开发之中。

第七节　地热能

地球是一个巨大的热库，通过火山爆发和温泉等途径将内部的热量——地热能不断地输送到地面。据估计，每年输送到地面的热能相当于燃烧 370 亿吨煤释放的能量，数量相当惊人。地热能是来自地球深处的可再生热能，起源于地球的熔岩浆和放射性物质的衰变。地热能可分为地下热岩地热能与地下热液地热能两种，地下热液地热能是目前开发得最多的。目前地热能的利用主要有两种方式，一是用于发电，二是用于热水供应及供暖、水源热泵和地源热泵供热、制冷等，近5年来全世界地热能量利用年均增长约13％。我国地热能储量丰富，开发利用前景广阔。目前，我国除青海、云南等少数省区外，其他省区都在不同程度地推广地源热泵技术。

不同温度的地热流体可利用的范围如下：200～400℃，直接发电及综合利用；150～200℃，双循环发电、制冷、工业干燥、工业热加工；100～150℃，双循环发电、供暖、制冷、工业干燥、脱水加工、回收盐类、生产罐头食品；50～100℃，供暖、温室、家庭用热水，工业干燥；20～50℃，沐浴、水产养殖、饲养牲畜、土壤加温、脱水加工。

为促进我国地热能开发利用，国家能源局、财政部、国土资源部等单位发布了《促进地热能开发利用的指导意见》。其主要目标为：到2015年，基本查清全国地热能资源情况和分布特点，建立国家地热能资源数据和信息服务体系。全国地热供暖面积达到5亿平方米，地热发电装机容量达到10万千瓦，地热能年利用量达2000万吨标准煤，形成地热能资源评价、开发利用技术、关键设备制造、产业服务等比较完整的产业体系。到2020年，地热能开发利用量达5000万吨标准煤，形成完善的地热能开发利用技术和产业体系。积极开发利用地热能对缓解我国能源资源压力、实现非化石能源目标、推进能源生产和消费革命、促进生态文明建设具有重要的现实意义和长远的战略意义。

目前世界上约有20个国家在利用地热能源发电、产生工业蒸气与加热。地热能源具有潜在的可再生性、低温室效应、低气体排放及低费用等优点。但也存在容易获得的地热能源很稀少及潜在的污染（如产生的 H_2S、氨等引起的空气污染，溶解的盐类及重金属引起的水污染等）等缺点。

◆ 参考文献 ◆

[1] 贡长生. 现代化学工业 [M]. 武汉：华中科技大学出版社，2008.

[2] 沈玉龙，曹文华. 绿色化学. 第二版 [M]. 北京：中国环境科学出版社，2009.

[3] Anastas P T，et al. 绿色化学：理论与应用 [M]. 北京：科学出版社，2002.

[4] 余文英. 我国发展可再生能源的必要性 [J]. 电子产品可靠性与环境试验，2013，31(5)：67-70.

[5] 仲崇立. 绿色化学导论 [M]. 北京：化学工业出版社，2000.

[6] 贡长生，张克生. 绿色化学化工实用技术 [M]. 北京：化学工业出版社，2002.

[7] 张正，等. 浅谈浅层地热能及其开发利用的建议 [J]. 安徽地质，2013，23(3)：231-233.

[8] 杨家玲. 绿色化学与技术 [M]. 北京：北京邮电大学出版社，2001.

[9] 周淑晶，白术杰，栾芳. 绿色化学与绿色环保 [M]. 哈尔滨：哈尔滨地图出版社，2006.

[10] 周菁，李昊. 太阳能发展分析报告 [J]. 应用技术，2014，2；95-96.

[11] 梁刚，萧芦. 2015年世界石油储产量及天然气储量表 [J] 国际石油经济，2016，24，（1）：104-105.

[12] Chang V S，Burr B and Holtzapple M T，Appl Biochem Biotechnol，1997，63-65：3.

附 录 美国总统绿色化学挑战奖

一、 美国总统绿色化学挑战奖

美国总统绿色化学挑战奖于 1995 年由美国总统克林顿发起，1996 年首次颁奖，每年一次，用来奖励在化学品的设计、制造和使用过程中溶入绿色化学的基本原则并在源头上减少或消除化学污染物卓有成效的化学家和企业。所设奖项包括更新合成路线奖、改进溶剂/反应条件奖、设计更安全化学品奖、小企业奖和学术奖共 5 项。迄今为止已颁发 20 届。2015年新增气候变化奖。

二、 历届获奖情况简介

1. 更新合成路线奖（alternative synthetic pathways award）

年 份	获奖公司	获奖内容
1996	Monsanto 公司	不用 HCN 为原料,生产除草剂——氨基二乙酸钠
1997	BASF 与 Hoechst 合营公司	消炎药(ibuprofen)新工艺,原子利用率从 40% 升至 80%
1998	FlexsysAmerica 橡胶制品公司	4-氨基二苯胺(4-ADPA)新工艺,用苯胺与硝基苯直接合成,不需加入氯或溴作氧化剂
1999	Lilly 实验室	抗痉挛药(anticonvulsion)新工艺,避免了大量溶剂使用和污染物产生,采用生物酶固定化催化剂
2000	Roche Colorado 公司	抗病毒药(gallcicloui)新工艺,将反应物和中间产物数量从 22 种降低至 11种,气体排放减少 66%,固体废物减少 89%,4/5 中间产物可循环利用
2001	Bayer 和 Bayer AG 公司	可生物降解的螯合剂-氨基二琥珀酸盐,100% 无废物释放,用作助洗剂、漂白稳定剂、肥料添加剂等
2002	Pfizer 公司	开发了合成 sertraline(重要药物 zoloft 的有效成分)的新工艺,将原有的三步变为一步,大大减少了污染,提高了工人的安全性
2003	Süd-Chemie Inc. 公司	固体氧化物催化剂合成的无废水工艺
2004	Bristol-Myers Squibb 公司(BMS)	开发成功了制备抗癌药 Taxol 主成分 paclitaxel 的绿色工艺
2005	Archer Daniels Midland Company (ADM)、Novozymes 公司和 Merck&Co.,Inc. 公司	酶催化酯交换技术生产低游离脂肪酸油脂和重新设计、高效立体选择性合成药物 Emend 的活性成分 aprepitanto
2006	Merck 公司	使用新的绿色途径合成 β-氨基酸生产 Januvia™ 药品中的活性成分
2007	俄勒冈州立大学（CFP）的 Kaichang Li 教授	对自然界大量存在的、可再生的大豆蛋白中的部分氨基酸进行改性,发明了一种新的环境友好的胶黏剂

续表

年份	获奖公司	获奖内容
2008	Battelle 公司	合成了一种以大豆为原料的墨粉,其性能与传统墨粉相比没有任何差别,最重要的是墨粉容易从纸张上脱除
2009	伊士曼化学品公司	该公司开发了一种无需溶剂的生物催化工艺来生产化妆品和个人护理产品所需的酯类组分
2010	美国陶氏化学公司和德国巴斯夫公司	他们共同研发了利用过氧化氢作为氧化剂制备环氧丙烷的新路线(HP-PO)
2011	日诺麦提卡(Genomatica)公司	以更低的成本利用可再生原料生产基础化学产品
2012	加利福尼亚州大学的 Tang 教授和 CodexiS 公司	开发了一种使用工程酶和低成本原料合成辛伐他丁的工艺
2013	生命技术公司	合成了安全、可持续的用于生产 PCR 试剂的化学物质
2014	Solazyme 公司	利用微藻发酵,从中提取出了专用基础油
2015	朗泽科技公司	发展了新的气体发酵技术

2. 改进溶剂/反应条件奖 (alternative solvents and reaction conditions a ward)

年份	获奖公司	获奖内容
1996	Dow 化学公司	用 CO_2 代替氟氯烃作苯乙烯泡沫塑料发泡剂
1997	Imation 公司(明尼苏达州)	发明光热法曝光胶片,显影只需加热,称 Dryview 技术,不需化学显影、定影
1998	阿贡国家实验室	高效高选择性乳酸酯工艺,可代替各种溶剂用量的80%,目前美国此类溶剂用量为380万吨
1999	Naclo Chem. Co.	开发带电聚丙烯酰胺的水基生产过程,用于废水处理除去悬浮固体及污染物
2000	Bayer Corp. Pittsburgh	开发了两组分水性多羟基化合物涂膜技术
2001	Novozymes 公司	利用果胶裂解酶进行棉纤维润湿脱脂 biopreparation 工艺,纺织厂节水30%~50%
2002	Cargill Dow LLC 公司	开发了一种 Nature Works PLA(聚乳酸)的绿色生产工艺,产率高,不用有机溶剂。PLA 可降解,由可再生资源制备,可替代传统的石化制品
2003	DuPont 公司	微生物法生产 1,3-丙二醇
2004	Buchman Laboratories International 公司	酵素 Optimyze 的创新技术去除由回收纸制再生纸过程中常遇到的"黏着物"
2005	BASF 公司	开发了一种可由紫外光(UV)固化的、单组分、低挥发性有机物(VOC)的汽车表面修整底漆
2006	Codexis 公司	通过3种生物催化剂的直接优化来生产立普妥的活性成分——阿托伐他汀的关键手性中间体
2007	HIT 公司	开发被称为 NxCat™ 的技术,使用钯-铂金催化剂可高效使氧气和氢气反应直接生成 H_2O_2
2008	纳尔科(Nalco)公司	开发了 3D TRSASR 技术来持续监控循环冷却水的状况,必要时加入化学药剂
2009	CEM 公司	该公司发明了一种用于食品分析过程中蛋白质快速自动检测方法,这种方法减少了有毒试剂和能源的使用
2010	默克公司和克迪科斯公司	两家公司研制了一种改进的转氨酶,使2型糖尿病的治疗药物——西他列汀合成条件更符合绿色化学要求
2011	科腾(Kraton)高性能聚合物有限公司	创新了聚合物膜技术
2012	Cytec 公司	研发出 MAXHT 阻垢剂而使使用其技术的18家工厂每年可以节省万亿BTU(英国热量单位),减少数百万磅的有害酸性废物

续表

年份	获奖公司	获奖内容
2013	陶氏化学公司	开发了 EVOQUETM 预复合聚合物技术
2014	QD Vision 有限公司	制造一种更环保的量子点用于合成高能效显示器和照明的产品——量子纳米级发光二极管
2015	美国德州石化 Soltex 公司	使用新型高效固态催化剂的固定床反应系统

3. 设计更安全化学品奖（designing safer chemical award）

年份	获奖公司	获奖内容
1996	Rohm & Haas 公司	环境友好海洋生物防腐剂，用于船舶表面防海洋动植物附着，选出 4,5-二氯-2-正辛基 4-异噻唑啉-3-酮（DC01）代替三丁基氧化锡（TBTO）
1997	Albright & wilson 公司（弗吉尼亚州）	开发四羟甲基硫酸磷（THPS）的杀生物药剂，它有良性毒理，选择毒性（对人体毒性小）
1998	Rohm 和 Haas 公司	开发二酰基肼杀虫剂（confirm），除毛虫外对所有生物无害
1999	Dow Agrosciences LLC（Dow Chem. CO 子公司）	开发 Spinosad 高选择性、环境友好杀虫剂，对毛虫、苍蝇有害，而不影响益虫，环境中不累积，不挥发
2000	Dow Agrosciences	开发 hexaflum 白蚁诱饵，抑制昆虫角质素合成，使其在脱皮时死亡，为低害杀虫剂
2001	PPG 工业集团	把阳离子电沉积涂料用于汽车工业，用钇（在地壳中比铅丰富）代替铅、铬、镍而抗腐蚀性强
2002	Chemical Specialties 公司（CSI）	采用环境友好的碱式四元铜盐（ACQ）替代有毒害性的铬砷合剂（CCA）作为木材防腐剂
2003	Shaw Industries Inc. 公司	"EcoWorx(tm)地毯片"，这是一种"从摇篮到摇篮"的产品
2004	Engelhard 公司	推出 Rightfit 系列颜料，具有良好的分散性、尺寸稳定性、热稳定性及彼此相容性等优点，生产成本也比高性能颜料低
2005	Archer Daniels Midland Company 公司	一种可减少乳胶涂料挥发性有机物的、非挥发性的、反应性聚结剂—Archer RC™
2006	S C Johnson & Son 公司	开发的"绿色清单"可用来评定产品中各个组分对环境和人体健康的影响程度
2007	Cargill 公司	以植物油为基础制备 BiOH™ 系列多元醇，成功地制备具有良好柔韧性的泡沫聚氨酯
2008	陶氏益农（Dow Agro Sciences）公司	开发了一种绿色化学合成法来生产新的杀虫剂，即 Spinetoram 杀虫剂
2009	Procter & Gamble 和 Cook C. mposites & Polymers 两家公司	开发出一种名为 Chemp MPS 的涂料配方
2010	克拉克公司	合成了一种改进型的多杀菌素，针对蚊子幼虫的灭杀非常有效
2011	美国宣伟（Sherwin-Williams）公司	贡献在于水性丙烯酸醇酸树脂合成技术
2012	Buckman 国际公司	开发了能够在生产优质纸和纸板时减少对能源和木纤维需要的技术
2013	嘉洁公司	合成了一种用于高压电力变压器的植物油电解质绝缘液体
2014	索伯格公司（The Solberg Company）	制造出一种高浓缩无卤 RE-HEALINGTM 灭火泡沫
2015	Hybrid 涂料科技公司和 Nanotech 工业公司	研发了不含异氰酸酯的聚氨酯（也称为"绿色聚氨酯"）

4. 小企业奖（small business award）

年份	获奖公司	获奖内容
1996	Donlar 公司	开发 2 种生产热聚天门冬氨酸代替聚丙烯酸，它可被生物降解
1997	Legacy System 公司	开发冷却臭氧过程，除硅晶片上有机物，清洁蚀刻电路板，代替溶剂清洗
1998	Pyrocool 技术公司	推出 Pyrocool FEF 灭火剂和制冷剂，环境友好产品
1999	Biofine 公司	废纤维素转化成乙酰丙酸新技术，用于处理造纸废物、垃圾、废纸、废木材，产率可达 70%～90%，可代替双酚 A 用于高分子材料（双酚 A 破坏内分泌系统）
2000	Revlon 公司	发明 Enbirogluv 玻璃印花技术，原料不含重金属，成分有生物降解性，美观耐久
2001	EDEN 生物子公司	Harpin(无毒性蛋白质)技术，用于激发植物自然分泌防御系统，抗病虫害，已批准使用的 Messenger 产品已由 40 多种农作物证明有效
2002	SC Fluids 公司	超临界 CO_2 用于半导体工业中光致抗蚀剂的去除技术
2003	AgraQuest Inc. 公司	一种高效、环境友好的生物杀真菌剂 Serenade(r)
2004	Jeneil Biosurfactant 公司	以低成本商业化生产一系列低毒性的天然表面活性剂产品
2005	Metabolix,Inc. 公司	利用生物技术制造天然塑料——聚羟基烷酸酯(PHA)
2006	Arkon 咨询与 NuPro 技术公司	在苯胺印刷工业中使用环境安全并易回收的溶剂
2007	NovaSterilis 公司	将环境友好型的超临界二氧化碳技术用于高效医学灭菌并商业化
2008	SiGNa 化学公司	开发了一种包埋技术来稳定这类碱金属
2009	绿色能源系统公司	开发了新的将植物糖类转换成常规碳氢燃料的绿色合成路线
2010	LS9,Inc. 公司	使用微生物技术，在石油基柴油基础上生产可再生石油燃料和化学品
2011	生物琥珀(BioAmber)公司	生物基琥珀酸的一体化生产及其卜游应用
2012	Elevance 可再生科学公司	在有利的成本下，应用复分解催化生产高效、专业绿色化学品，而被授予小企业奖
2013	法拉第公司(Farady Technology.,Inc.)	开发低毒性的三价铬生产高性能铬涂层加工技术，在不降低使用性能的同时，减少百万磅六价铬而被授予小企业奖
2014	阿米瑞斯(Amyris)公司	利用自己的专利菌株，工业化规模地把糖类发酵成达到石油燃料标准的可再生柴油——金合欢烷
2015	任马提科斯(Renmatix)公司	该公司使用超临界水制糖的"植物玫瑰"工艺而被授予小企业奖

5. 学术奖（academic award）

年份	获奖者	获奖内容
1996	TaxasA&M 大学 M. Holtzapple 教授	把废生物质转化为饲料、化学品与燃料(用石灰水或高压低温液氨处理纤维素，使其膨化，再酶降解)
1997	北卡罗来纳大学 J. M. Desimone 教授	开发能溶于 CO_2 的表面活性剂，用于微电子和光谱清洗
1998	斯坦福大学 Trost 教授	创立了"原子经济"概念
1999	Carnegie Mellon 大学 Collins 教授	发展了一系列 Fe(Ⅲ)配位化合物(TAML 活性剂)增强过氧化氢的氧化能力，低温下(55℃)活化 H_2O_2 漂白木浆
2000	Scripps 研究所的 Chihuey Wong 教授	开发了不可逆的酶催化的酯转化反应，用于药品生产

续表

年　份	获奖者	获奖内容
2001	Tulane 大学 Chao Jun Li(李朝军)教授	发展了"准自然"催化作用,开发在空气和水中应用的过渡金属催化剂,用于以水为溶剂的多种合成反应
2002	Pittsburgh 大学 Eric J. Beckman 教授	建立了一种简单的模式,可以用来筛选能以低压 CO_2 做溶剂的有机物质,从而拓宽 CO_2 的应用领域
2003	纽约布鲁克林的技术大学的 Richard A Gross	温和、选择性聚合的新选择——脂肪酶催化聚合
2004	Georgia 技术研究院的 C. A. Eckert 和 C. L. Loitta	以一系列崭新、环境友好并且可调的溶剂如超临界二氧化碳、近临界水及二氧化碳膨胀液体等取代传统化学溶剂
2005	阿拉巴马州大学的教授 Robin D. Rogers	一种使用离子液体溶解和加工纤维素为高级材料的平台策略
2006	密苏里州——哥伦比亚大学 Galen　J. Suppes 教授	利用甘油制备丙二醇和丙酮醇单体
2007	Krische 教授	将传统有机金属试剂变为手性加氢催化剂,使加成反应在高手性选择性下进行,并生成了碳碳键
2008	美国密歇根州立大学的 Robert E. Maleczka,J. 与 Milton R. Smith 教授	开发出了复杂硼酸酯类化合物的合成反应新技术
2009	美国卡耐基-梅隆大学的 Matyjaszewski 教授	研成功一种使用铜催化剂和环境友好型还原剂的聚合工艺,该工艺使用抗坏血酸(维生素 C)作为还原剂,需要较少的催化剂,为采用更绿色的方法合成先进的高分子材料打开了大门
2010	加州大学洛杉矶分校廖俊智教授领导的团队	利用生物技术开发了利用二氧化碳合成长链醇的方法,实现了二氧化碳的循环利用
2011	加州大学圣塔芭芭拉分校 Bruce H Lipshutz 教授	贡献在于争取结束对有机溶剂的依赖
2012	美国康奈尔大学的 Coates 教授;Waymouth 教授和 Hedrick 博士	前者使用一氧化碳和二氧化碳合成的可降解聚合物被授予年度学术奖;后者因为研究利用二氧化碳生物合成高碳醇的方法也被授予了年度学术奖
2013	美国特拉法州德拉瓦大学的 Richard P. Wool 教授	可持续大分子聚合物与复合材料的优化设计,生产生物基材料
2014	威斯康星大学-麦迪逊分校的 Shannon,S. Stah 教授	改进催化方法,将氧气作为氧化剂用于有机合成
2015	科罗拉多州立大学陈友仁教授(Eugene Chen)	使用植物基原料生产可再生化学品和液体燃料而没有废物产生,也无需金属参与的技术

6. 气候变化奖（climate change award）

年　份	获奖者	获奖内容
2015	阿吉罗(Algenol)尔公司	开发了可持续乙醇和原油生产工艺